湖北省学术著作出版专项资金资助项目
长江科学技术文库（第二辑）

齿轮精密塑性成形理论与技术

Theory and Technology of Precision Plastic Forming of Gears

华林　韩星会　冯玮◎著

長江出版傳媒
湖北科学技术出版社

图书在版编目(CIP)数据

齿轮精密塑性成形理论与技术 / 华林，韩星会，冯玮著. —武汉：湖北科学技术出版社，2021.8
ISBN 978-7-5706-0634-4

Ⅰ. ①齿…　Ⅱ. ①华…　②韩…　③冯…　Ⅲ. ①齿轮—成型　Ⅳ. ①TH132.41

中国版本图书馆 CIP 数据核字(2019)第 053894 号

齿轮精密塑性成形理论与技术
CHILUN JINGMI SUXING CHENGXING LILUN YU JISHU

责任编辑：宋志阳　勾爱萍　　封面设计：曾雅明

出版发行：湖北科学技术出版社　　电话：027-787679468
地　　址：武汉市雄楚大街 268 号
(湖北出版文化城 B 座 13—14 层)　　邮编：430070
网　　址：http://www.hbstp.com.cn

印　　刷：湖北新华印务有限公司　　邮编：430035

787×1092　1/16　　11 印张　260 千字
2021 年 8 月第 1 版　　2021 年 8 月第 1 次印刷

定价：160.00 元

序

齿轮是力能和运动传递核心基础零件，其质量直接影响到装备工作性能和服役寿命。随着飞机、舰船、坦克、高铁、工程机械、高档汽车等高端装备向高速、重载、轻量化方向发展，对齿轮的传动性能和疲劳寿命要求不断提高，如何制造高性能齿轮已成为国际高端装备发展的重要课题。

齿轮传统制造技术为切削加工，但切削加工不能细化基体晶粒，而且切断金属流线，难以制造高性能、长寿命齿轮。精密塑性成形不仅效率高、成本低，而且可以制造晶粒组织细化、金属流线连续、几何精度精确高的表面完整性齿轮，是国际高性能齿轮制造技术的重要发展方向。该书作者长期从事齿轮精密塑性成形理论和技术研究，以斜齿圆柱齿轮、直齿圆锥齿轮、螺旋圆锥齿轮、非回转齿轮以及直齿非圆锥齿轮等为对象，揭示了齿轮精密塑性成形的几何学运动学规律、金属流动和齿形充填规律、几何精度和微观组织演变规律，建立了齿轮宏观几何精度和微观组织性能协同精密塑性成形理论，发明了齿轮无切削精密塑性成形技术，完善了齿轮精密塑性成形工艺设计和质量控制方法，实现了高性能齿轮无切削精密塑性成形制造。

该书是作者在齿轮精密塑性成形理论和技术方面多年研究成果的总结，对于高性能齿轮精密塑性成形制造技术研究、应用与推广具有较高的参考价值，对于推进我国齿轮先进制造技术发展具有重要意义。我很高兴为该书作序，衷心期望作者在齿轮先进制造技术研发中取得更多突破，为我国齿轮工业强基工程发展做出更大贡献。

熊有伦

中国科学院院士

2020 年 10 月

前　言

齿轮是航空、航天、舰船、高铁、风电、汽车、机床等许多装备力能和运动传递的关键基础零件，其质量直接决定了装备的工作性能和服役寿命。齿轮传统制造技术为切削加工，但切削加工不能细化基体晶粒，而且切断金属流线，严重损害表面完整性，难以制造高性能长寿命齿轮。精密塑性成形技术不仅可以直接成形高精度齿形，实现齿轮近净成形，而且可以细化基体晶粒，形成沿齿面连续分布的金属流线，从而大幅提高齿轮的工作性能和服役寿命，成为国际高性能齿轮制造技术的重要发展方向。

本书作者所在研究团队长期从事齿轮精密塑性成形理论、技术与装备研究，先后承担了国家杰出青年科学基金项目、国家自然科学基金项目、国家科技支撑计划项目、两机专项项目等多项研究课题，相关研究成果在多家企业得到推广应用，产生了显著的经济效益和社会效益，并获得国家科技进步二等奖。

本书是作者在齿轮精密塑性成形技术方面多年研究成果的总结，具体内容涵盖了斜齿圆柱齿轮、直齿锥齿轮、螺旋锥齿轮、非回转齿轮以及直齿非圆锥齿轮等多种齿轮精密塑性成形技术，如齿轮冷摆辗、冷锻和热锻精密塑性成形技术。本书共 7 章：第 1 至 3 章分别阐述了直齿锥齿轮、螺旋锥齿轮和非回转齿轮冷摆辗成形理论与技术；第 4 章阐述了冷摆辗机几何学运动学问题；第 5、6 章分别阐述了斜齿圆柱齿轮冷锻成形和温锻成形理论与技术；第 7 章阐述了直齿非圆锥齿轮热锻成形理论与技术。

本书的研究工作得到了毛华杰教授、赵玉民教授、朱春东教授、庄武豪博士、胡亚雄博士以及邓小宾、董丽颖、张心昌硕士等的支持，作者在此一并致谢！

由于齿轮精密塑性成形技术还处于快速发展阶段，作者的研究工作难免不够全面和准确，敬请读者批评指正。

著者

2020 年 4 月

目　　录

第 1 章
直齿锥齿轮冷摆辗成形

直齿锥齿轮是动力和运动传递的机械关键基础零件，可以实现两相交轴或交错轴之间动力和运动传递，具有结构紧凑、传动平稳、效率高、寿命长等优点，已经广泛用于机械、汽车、火车、舰船、航空、航天、仪器仪表等工业领域。直齿锥齿轮传统的制造方法是切削加工，切削加工材料利用率低、生产效率低、能耗大、生产成本高，而且切削加工不能细化齿轮基体晶粒，不能形成沿齿面分布的金属流线，难以制造高性能、长寿命直齿锥齿轮。

冷摆辗是齿轮类零件先进制造技术的发展方向之一。它是在室温下借助于冷摆辗机，使毛坯在上模（摆头）摆动和下模轴向进给的共同作用下产生连续局部塑性变形直接成形齿形的精密塑性成形新技术。它具有生产效率高、材料利用率高、成本低、齿面金属流线连续、齿轮内部组织细化、齿轮力学性能优良等优点。

本章以直齿锥齿轮冷摆辗精密塑性成形为对象，通过有限元模拟计算和物理实验，揭示直齿锥齿轮冷摆辗塑性变形和成形规律以及微观组织演化规律。

1.1　直齿锥齿轮冷摆辗有限元模型

直齿锥齿轮冷摆辗成形是一个多因素耦合作用下的复杂金属成形过程。有限元法能够提供一个简单又高效的方法来详尽地研究直齿锥齿轮冷摆辗成形工艺，获取成形过程中全方位的成形信息。对于有限元模拟来说，建立既符合实际又能兼顾计算精度和效率的冷摆辗有限元分析模型是实现锥齿轮冷摆辗成形数值模拟的关键。一个完整的有限元建模过程包括：选取合适的有限元软件、构建精确的几何模型及材料模型、确定合理的边界条件及工艺参数。

1.1.1　网格划分

相对于冷摆辗成形中的大塑性变形来说，弹性变形量相对较小，因此在有限元模拟过程中可以忽略弹性变形。本章选取刚塑性通用有限元软件 DEFORM-3D 进行直齿锥齿轮冷摆辗成形过程的数值模拟。

根据零件实际几何形状及尺寸，采用通用 CAD 造型软件 Pro/E 进行几何建模及模型装配，再将模型中上模、下模及初始毛坯在装配模式下保存为 STL 格式文件，这样可以避免在 DEFORM-3D 中烦琐且复杂的装配定位工作。最后，将这些 STL 格式文件导入到 DEFORM-3D 的前处理器进行有限元建模。本章建立的有限元模型如图 1-1 所示。

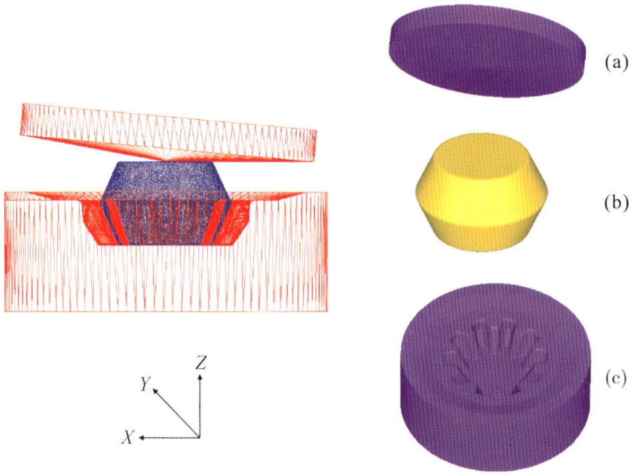

(a)上模;(b)毛坯;(c)下模

图 1-1 直齿锥齿轮冷摆辗三维有限元模型

1.1.2 材料模型

在直齿锥齿轮冷摆辗成形过程中,模具只发生较小的弹性变形。为了节省计算资源、降低计算成本,在模拟中将上模、下模设置为刚性体(rigid-body);相反,毛坯发生较大的塑性变形,因此将其设置为塑性体(plastic-body),毛坯材料为经过球化退火的 20CrMnTi 钢,其真实应力-应变曲线如图 1-2 所示,材料属性如表 1-1 所示。

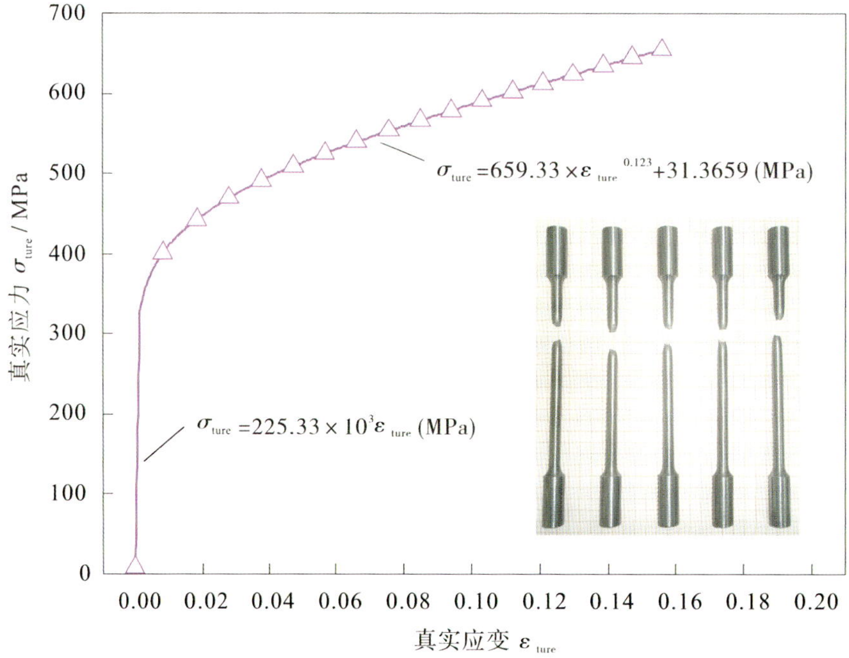

图 1-2 20CrMnTi 钢的真实应力-应变曲线

表 1-1　20CrMnTi 钢的常用材料性能参数

热处理方式	等温球化退火
泊松比 μ	0. 3
密度 ρ /$kg \cdot m^{-3}$	7 800
屈服强度 σ_s /MPa	325. 68
极限强度 σ_b /MPa	521. 17
杨氏模量 E /GPa	225. 5

1. 1. 3　摩擦条件

由于直齿锥齿轮冷摆辗是一个大塑性变形金属成形过程,因此采用常剪切摩擦定律来定量表征毛坯与模具间的摩擦边界,其表达式定义如下:

$$f = m_f k \tag{1-1}$$

式中,f——摩擦应力;

m_f——摩擦因子;

k——剪切屈服应力。

直齿锥齿轮冷摆辗在实际生产过程中,常常采用二硫化钼(MoS_2)作为润滑剂。本书采用圆环压缩试验来定量评估毛坯与模具间的摩擦因子值,根据图 1-3、表 1-2,毛坯与模具间的摩擦因子值 m 设置为 0. 14。

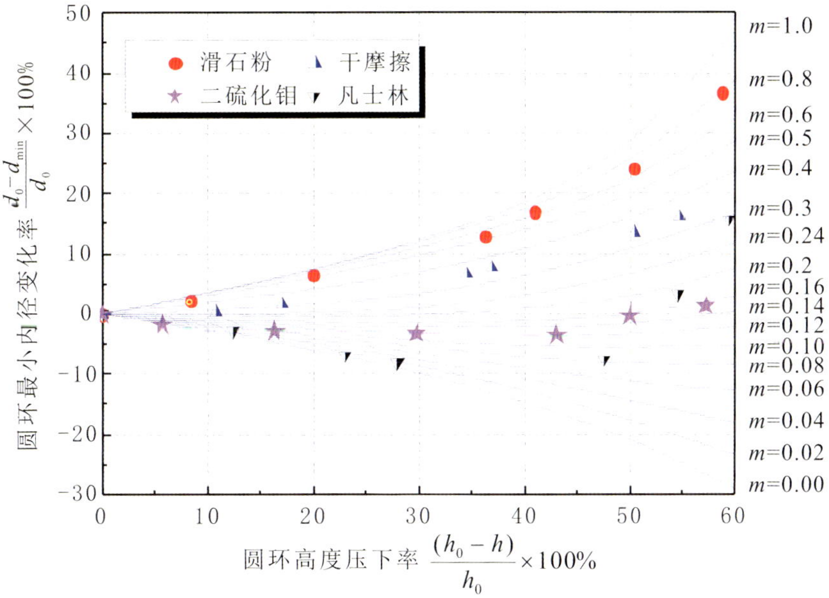

图 1-3　圆环压缩试验结果与摩擦因子标定曲线

表 1-2　不同润滑剂条件下 20CrMnTi 钢在体积成形时的摩擦边界

润滑条件	摩擦系数	摩擦因子
滑石粉	0. 30～0. 40	0. 60～0. 80

续表

润滑条件	摩擦系数	摩擦因子
干摩擦	0.15	0.35
二硫化钼	0.075	0.14
凡士林	—	—

1.1.4 其他工艺参数

为实现直齿锥齿轮冷摆辗整个成形过程(包括模具填充及表面精整两个阶段)的模拟,图 1-4 给出了模拟过程中上模转速与下模进给速度的设计方案。表 1-3 为有限元模型所对应的一系列基本参数。

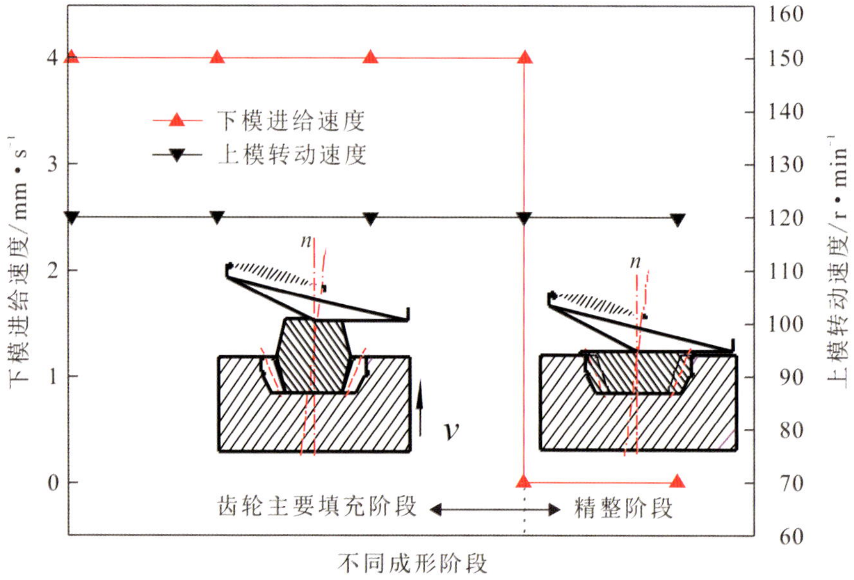

图 1-4 上模转速及下模进给速度设计

表 1-3 有限元模型所对应的基本参数

模拟参数	数值
下模进给速度 v/mm·s^{-1}	4
上模转速 n/r·min^{-1}	120
上模倾角 γ/(°)	2
摩擦类型	剪切摩擦
摩擦因子 m	0.14
网格总数	136 538
时间步长/s	0.02

1.2 直齿锥齿轮冷摆辗毛坯优化设计

基于上述有限元模型,首先从模具填充情况及成形载荷两方面对毛坯形状进行优化研究。然后,通过对齿轮成形过程、金属流动速度场及等效应变场分布的详尽分析,全面揭示直齿锥齿轮冷摆辗成形的变形机制。

1.2.1　坯料优化方案

众所周知,毛坯形状对于成形载荷及锻件质量都有着非常重要的影响。为了降低成形载荷,提高锻件成形质量,就必须对毛坯形状进行优化。本节将采用有限元模拟方法对直齿锥齿轮冷摆辗毛坯进行优化设计。为了便于加工及研究,将毛坯设计成对称型形状,如图 1-5 所示。图中 D_1、D_2、H 是毛坯形状的几何参数,其中 D_1、D_2 是决定毛坯形状的基本参数,根据体积不变原理从而可以确定毛坯高度值 H。本节设计了 5 组参数进行优化比较,如表 1-4 所示。另外,图 1-6 是不同毛坯设计下毛坯与下模的初始相对位置。

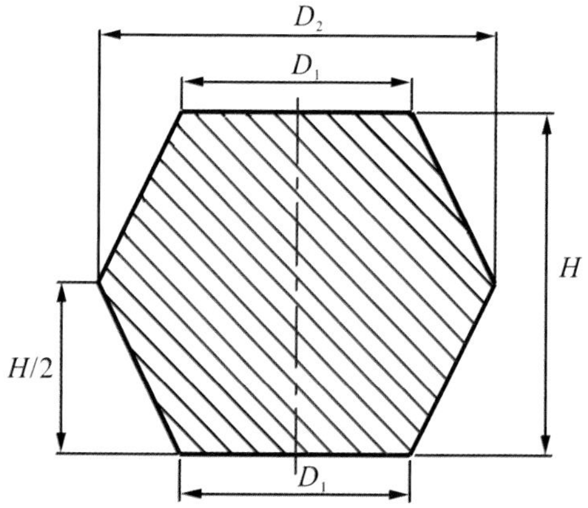

图 1-5　毛坯形状示意图

表 1-4　毛坯几何参数变量

设计	D_1/mm	D_2/mm	H/mm	$i=D_1/D_2$
1	15.82	56.48	36.62	0.28
2	31.06	50.03	31.58	0.62
3	35.30	49.05	29.50	0.72
4	35.30	45.71	32.05	0.77
5	35.30	42.67	34.69	0.83

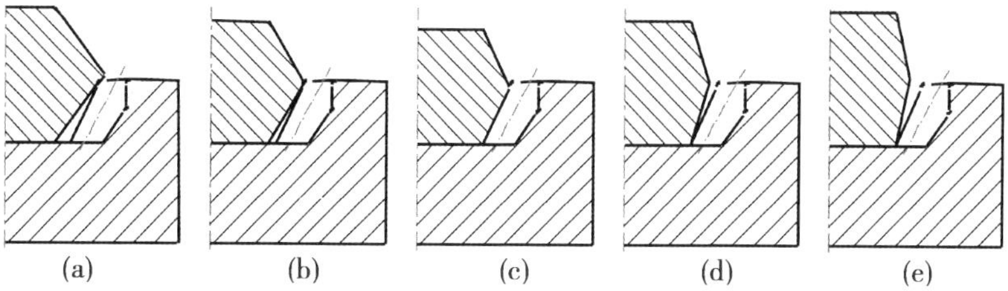

(a)设计 1;(b)设计 2;(c)设计 3;(d)设计 4;(e)设计 5

图 1-6　不同毛坯设计下毛坯与下模的初始相对位置

1.2.2 毛坯形状对齿形填充的影响

毛坯形状对于直齿锥齿轮冷摆辗成形过程中齿形填充有很大的影响。图 1-7 为不同毛坯设计下齿形最终填充情况，其中布满蓝色节点的区域代表毛坯与下模的接触区域，反之则表示毛坯未与下模接触区域。从图 1-7 中可以看出，经过最后精整阶段后，毛坯未与下模接触区域主要集中在齿轮锻件小端齿顶附近。齿轮锻件小端齿顶处的未接触区域是由于齿形填充不完全造成的，因此该区域的大小能够很好地反映齿形的填充特性。从图 1-7 中可以明显地看出毛坯形状对最终齿形填充效果的影响是不一样的。当 D_1 较小而 D_2 较大，也就是 i 值较小时，齿形未完全充满[图 1-7(a)～(c)]；随着 i 值的增大，齿形也逐渐完全被蓝色节点覆盖，也即增大 i 值可获得更好的齿形填充效果[如图 1-7(d)、(e)]。这主要是由于不同毛坯与下模的接触模式不同从而引起金属流动速度场不同所导致的。当 i 值较小时，大端齿形的填充先于小端齿形完成，金属很容易流向飞边区域而形成较大的飞边；反之，增大 i 值有利于阻止冷摆辗成形过程中金属流向飞边区域，从而保证获得更好的齿形填充效果。

根据体积不变原理，如果锻件形成较大的飞边，那么必然导致较少的金属流向齿形区域形成完整齿形，反之亦然。所以飞边大小可作为评价齿形填充效果的一项重要指标。借助于软件提供的测量工具测量了终锻件“花瓣”形飞边的最大与最小直径，即 L_{max} 和 L_{min}[图 1-7(a)]，测量结果如表 1-5 所示。很明显，对应较小 i 值的毛坯在冷摆辗终成形后形成了较大的飞边，从而导致齿形的填充不足。这一结果与上述直接观察蓝色节点区域得到的结论完全一致。从图 1-7 也可以看出，采用设计 4 和设计 5 的毛坯能够获得较好的齿形填充效果。

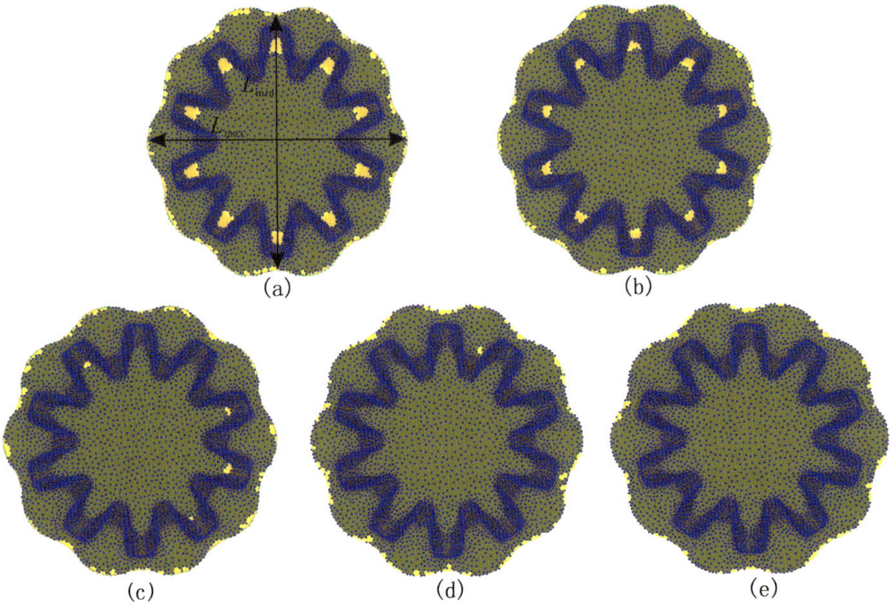

(a)设计 1；(b)设计 2；(c)设计 3；(d)设计 4；(e)设计 5

图 1-7 不同毛坯设计下齿形最终填充情况

表 1-5　不同毛坯设计下飞边的最大与最小直径　单位：mm

设计	L_{max}	L_{min}
1	77.589 6	72.188 7
2	76.968 5	72.019 4
3	76.307 5	71.906 6
4	75.983 6	71.886 7
5	75.964 7	71.835 1

1.2.3　毛坯形状对成形载荷的影响

成形载荷是选取合理成形设备及确定合适工艺规程的重要参考指标之一。图 1-8 为设计 4 的毛坯冷摆辗成形过程中轴向锻造力随时间演化曲线。由于不同毛坯设计下的轴向锻造力曲线变化趋势完全相同，所以没有给出其余四条变化曲线。从图 1-8 可以明显看出，整个直齿锥齿轮冷摆辗成形过程可划分为四个阶段。第一阶段，也就是锻造成形初期，上模与工件局部发生接触，接触区域金属发生塑性变形，因此轴向锻造力迅速从零增加到某一值。随着变形的增加，工件进入到第二阶段，即稳定变形阶段，因此该阶段轴向锻造力增加缓慢。第三阶段，由于模具型腔内金属填充阻力显著增大，轴向锻造力急剧增加，并达到最大值。在成形最后阶段，即精整阶段，下模停止了轴向进给，导致轴向锻造力迅速降低。另外，从图 1-8 还可以看出轴向锻造力变化曲线随时间呈现轻微的波动，这是由于直齿锥齿轮冷摆辗成形过程是一个复杂动态接触、高度非线性、非稳态变形过程。

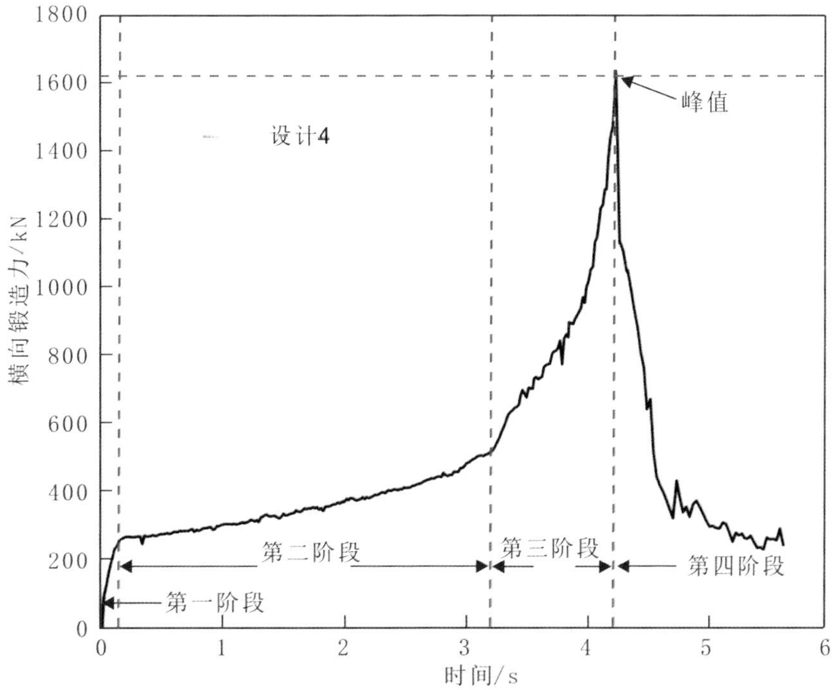

图 1-8　冷摆辗成形过程中轴向锻造力随时间演化曲线

成形过程中的最大成形载荷也作为优化毛坯的一项重要评价指标。为此,研究了不同毛坯设计下冷摆辗成形过程的最大轴向锻造力,如图 1-9 所示。从图中可以清楚地看到,设计 4 下的毛坯对应的最大轴向锻造力是最小的,为 1 630kN。相比之下,设计 1 所需的最大轴向锻造力最大,为 1 940kN。

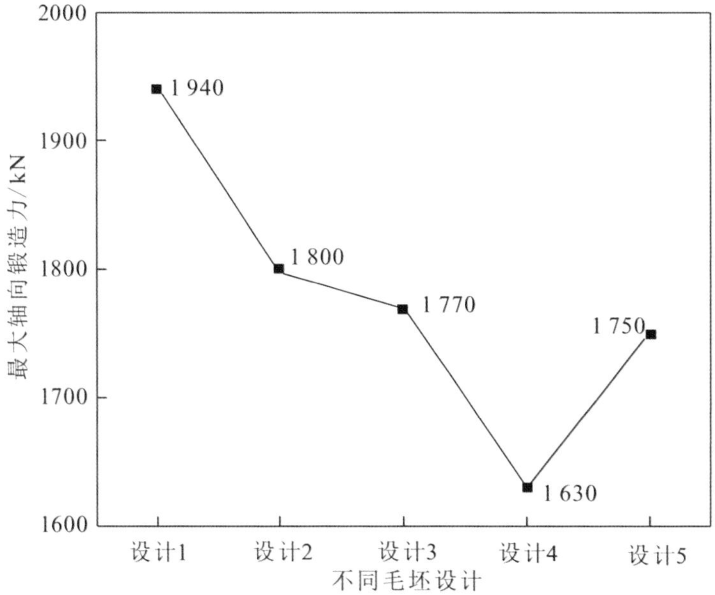

图 1-9　不同毛坯设计下冷摆辗成形过程的最大轴向锻造力

综合考虑毛坯形状尺寸对直齿锥齿轮冷摆辗齿形填充和成形载荷的影响,选取设计 4 作为最优毛坯以保证较优的齿形填充效果及较低的成形载荷。因此,在后续研究中将针对设计 4 下的毛坯来进行直齿锥齿轮冷摆辗成形有限元数值模拟,从而揭示直齿锥齿轮冷摆辗成形机制及优化工艺参数。

1.3　直齿锥齿轮冷摆辗成形机制

1.3.1　直齿锥齿轮冷摆辗齿形成形过程

图 1-10 列出了直齿锥齿轮冷摆辗成形过程中毛坯网格变化。从图中可以很直观地看出,在直齿锥齿轮冷摆辗成形初期,上模与工件上表面先发生接触,因此接触区域的网格先发生变形,从而导致工件高度减小、工件上表面直径略微增加;同时下模与毛坯的下侧面发生接触,该区域的金属开始屈服变形[图 1-10(b)];由于上模与工件接触区域小,靠近上模的金属流动速度比靠近下模的金属流动速度大,从而导致上表面直径显著增大[(图 1-10(c)、(d)]。这是冷摆辗主要变形特征,即所谓的“蘑菇形”效应。随着成形过程的继续,工件进入稳定成形阶段,齿形轮廓逐渐形成[图 1-10(d)]。同时,从图 1-10(b)~(d)可以看出,下模与工件的接触始于齿形小端,并逐渐向大端扩展。从图 1-10(e)可以看到大端齿形的完全填充先于小端齿形的完全填充,而且在齿形之间也开始形成飞边。在成形的最后阶段,由于金属径向流动阻力急剧增大,迫使多余金属选择具有较小流

动阻力的路径流动，从而填充小端齿形型腔以获得完整的齿形[图1-10(f)]。

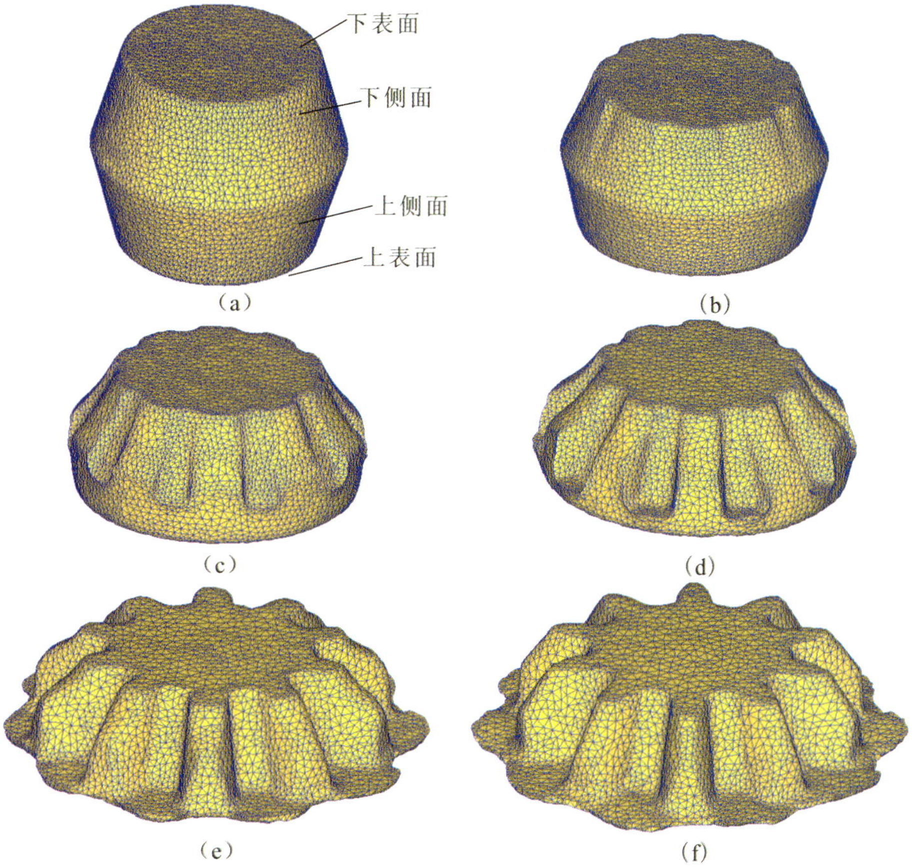

(a) t=0s；(b) t=1.25s；(c) t=2.22s；(d) t=2.92s；(e) t=4.10s；(f) t=5.62s

图1-10　冷摆辗成形过程中的毛坯网格变化

从上述分析可以看出，冷摆辗成形过程中齿形的填充顺序是齿轮大端首先完成齿形填充，并逐渐向小端齿形过渡，小端齿形最后完成填充，这一现象主要是由“蘑菇形”效应所导致的。

1.3.2　直齿锥齿轮冷摆辗金属流动速度场

在DEFORM-3D软件中，采用带箭头的矢量线段来表示金属流动速度场，其中箭头的方向代表金属流动速度的方向，而箭头的颜色则代表金属流动速度的大小，因此可以很直观地反映内部金属流动属性。在冷摆辗成形过程中，承受局部载荷的工件变形区可分为：直接与上模接触的主动变形区及未与上模接触的被动变形区[图1-11(a)]。作为一种增量成形工艺，冷摆辗成形过程中的金属流动速度场比传统锻造过程更加复杂。因此，为了揭示直齿锥齿轮冷摆辗成形过程的金属流动规律，需要对金属流动速度场进行详细的研究。

图1-11所示为直齿锥齿轮冷摆辗成形过程中金属流动速度场分布。从图中可以清

楚地看到在整个冷摆辗成形过程中,主动变形区的流动速度远远大于被动变形区的流动速度。造成这种速度差异的原因是因为在上模的不断转动与下模的不断进给作用下,主动变形区承受局部重载,从而导致该区域金属发生塑性变形,金属流动剧烈;相比之下,被动变形区金属只发生微小的塑性变形。同时,从图中还可以看到主动变形区与被动变形区的金属流动方向也不相同:在精整阶段之前,主动变形区金属流动方向主要为径向往外流动以填充模具型腔,从而导致工件上端直径显著增大[图 1-11(a)~(d)],这也是导致"蘑菇形"效应的直接原因。在最后精整阶段,由于径向流动阻力的激增,主动变形区金属流动以轴向流动为主,这有助于模具型腔的完全填充[图 1-11(e)]。而在整个成形过程中,被动变形区的金属由于受到主动变形区金属的侧向压力作用,使得该区域金属以很小的流动速度朝着背离模具型腔的方向流动[图 1-11(a)~(e)]。

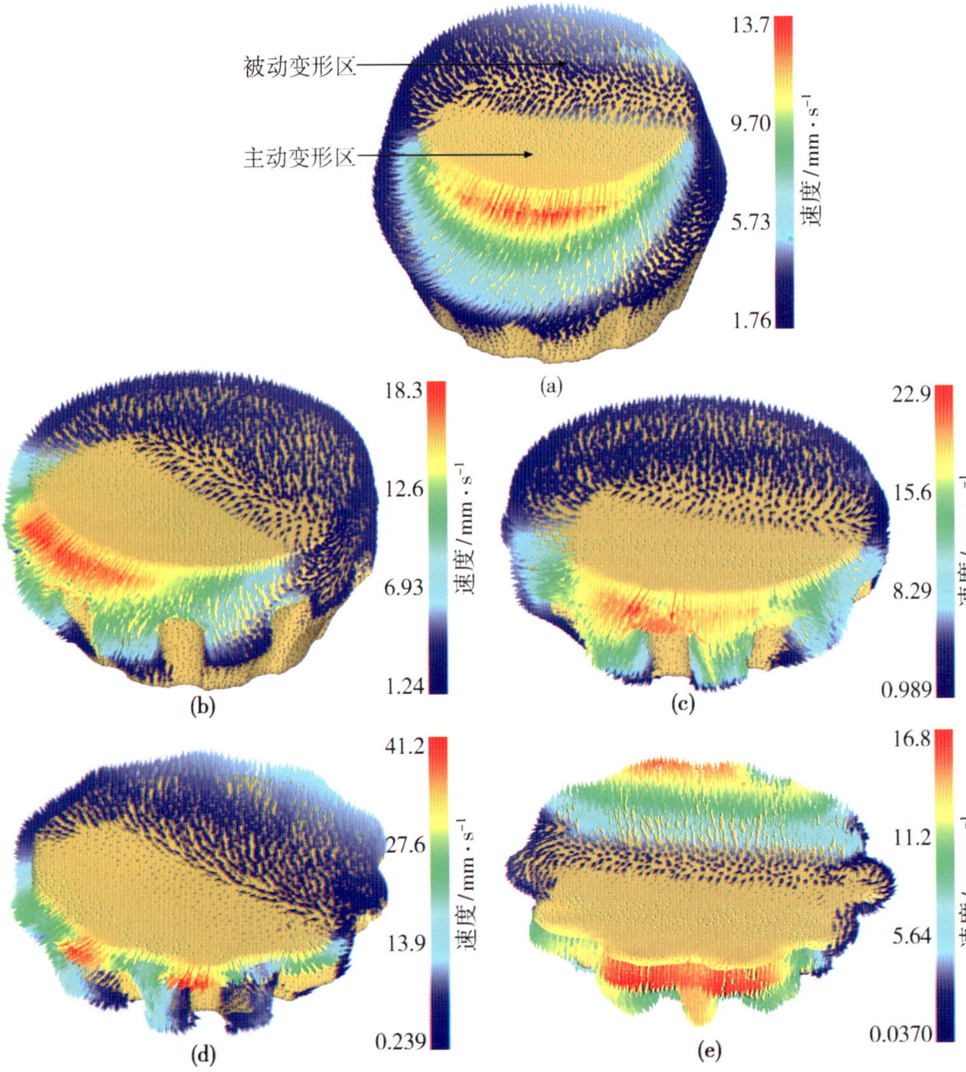

(a) $t=1.00$s;(b) $t=2.22$s;(c) $t=2.92$s;(d) $t=4.10$s;(e) $t=5.62$s

图 1-11　直齿锥齿轮冷摆辗成形速度场分布

1.3.3　直齿锥齿轮冷摆辗应力场

直齿锥齿轮冷摆辗成形过程中不同部位受力情况不同。图 1-12 所示为直齿锥齿轮冷摆辗成形过程中等效应力分布情况。从图中可以看出,冷摆辗成形时下模首先与工件的下侧面接触,因此该处金属最先发生屈服而进入塑性变形状态,具有较大的等效应力[图 1-12(a)]。在下模轴向进给与上模转动共同作用下,工件等效应力逐渐增大,如图 1-12(b)~(e)所示。从图 1-12 还可以看出,在整个直齿锥齿轮冷摆辗成形过程中,齿根处等效应力始终大于其他部位等效应力,且齿轮大端齿根处等效应力始终最大。

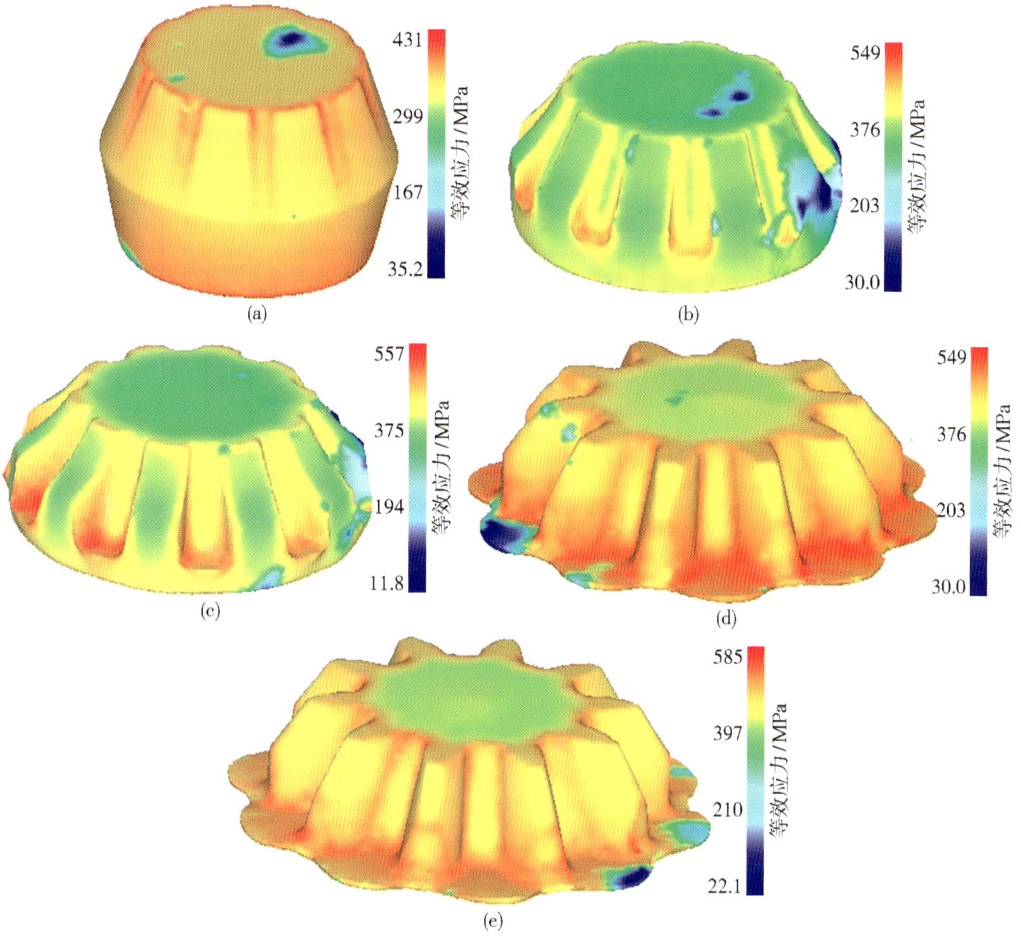

(a) t=0.25s;(b) t=1.00s;(c) t=2.92s;(d) t=4.10s;(e) t=5.62s

图 1-12　直齿锥齿轮冷摆辗成形过程中等效应力分布

1.3.4　直齿锥齿轮冷摆辗等效应变场

图 1-13 所示为直齿锥齿轮冷摆辗成形过程中等效应变(PEEQ)分布情况。正如前面所提到的,冷摆辗成形时下模首先与工件下侧面接触,因此该处金属最先发生屈服而进入塑性变形状态,也就是说塑性变形区首先在这个区域形成[图 1-13(a)]。在下模轴向进

给与上模转动共同作用下,塑性变形区沿着圆周方向与齿形方向扩展[图 1-13(b)]。随着下模轴向进给的增加,塑性变形区穿透了整个工件的下侧面[图 1-13(c)]。当齿形轮廓开始出现后,由于“蘑菇形”效应齿轮大端齿根处的等效应变迅速积累[图 1-13(d)]。因为齿轮大端齿形先于齿轮小端成形,相应地前者积累的等效应变值也大于后者[图 1-13(e)]。在冷摆辗成形最后阶段,整个齿形区域都成为塑性变形区[图 1-13(f)]。

另外,从图 1-13 还可以看出,齿轮大端齿根区域的等效应变值是最大的,这表明该区域的金属材料经历了最大限度地塑性变形;相比之下,由于毛坯的中心区域金属材料未与模具型腔接触而产生较小塑性变形,所以该区域的等效应变值自始至终都是最小的。

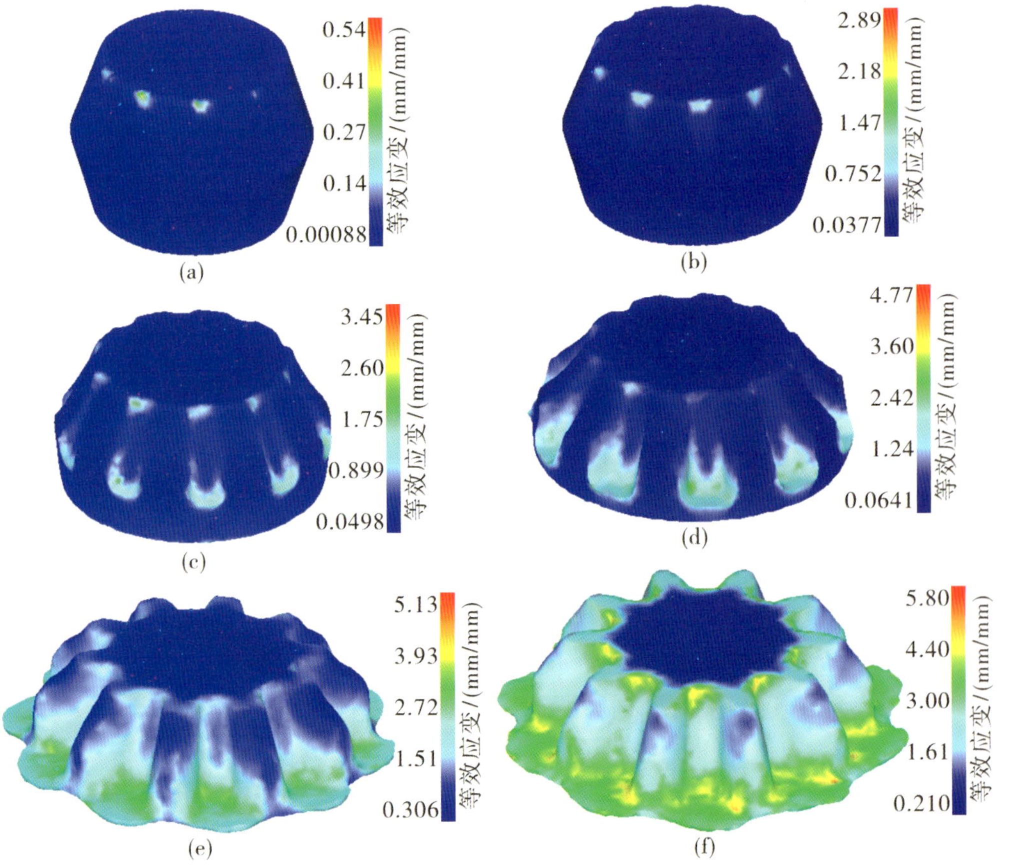

(a) $t=0.25$s;(b) $t=1.00$s;(c) $t=2.22$s;(d) $t=2.92$s;(e) $t=4.10$s;(f) $t=5.62$s

图 1-13　直齿锥齿轮冷摆辗成形过程中等效应变分布

1.3.5　工艺参数对直齿锥齿轮冷摆辗的影响规律

基于上述建立的有限元模型,系统地研究了冷摆辗主要工艺参数对直齿锥齿轮冷摆辗成形过程中成形载荷、模具填充及成形质量等指标的影响规律。主要工艺参数包括:上模旋转速度 n,下模进给速度 v,上模倾角 γ 及毛坯与模具间的摩擦因子 m。

1. 计算条件

条件 1:为了研究上模转速 n 对冷摆辗成形过程的影响规律,选取 $n=\{20,30,40,60,$

120,240,480} r/min, v=4mm/s, γ=2°, m=0.14。

条件2:为了研究下模进给速度 v 对冷摆辗成形过程的影响规律,选取 v={0.5,1,2,4,6,8,12} mm/s, n=60r/min, γ=2°, m=0.14。

条件3:为了研究上模倾角 γ 对冷摆辗成形过程的影响规律,选取 γ={0.25,1,2,3,4,6,8}(°), v={2,4,8} mm/s, n=60r/min, m=0.14。

条件4:为了研究摩擦因子 m 对冷摆辗成形过程的影响规律,选取 m={0.05,0.1,0.14,0.3,0.4,0.5,0.7}, v={2,4,8} mm/s, n=60r/min, γ=2°。

2. 工艺参数对成形载荷的影响规律

图1-14给出了上模转速 n 及下模进给速度 v 对直齿锥齿轮冷摆辗成形过程中最大轴向锻造力及最大锻造力矩的影响。从图1-14可以很直观地看出:只要每转进给量 S 保持不变,那么不论是 v 变化还是 n 变化,它们对最大成形载荷的影响规律几乎保持不变,这一现象与圆柱、圆环形工件冷摆辗规律相一致。因此,n 和 v 对最大成形载荷的影响可以归结为每转进给量 S 的影响。对图1-14的进一步观察可以发现:在进给速度 v 小于6mm/r时,最大成形载荷随 S 的增加而迅速增加;当 S 大于6mm/r时,最大成形载荷依然随 S 的增加而增加,只是增加速度有所减缓。最大成形载荷之所以会随着 S 的增大而增大是因为单位时间内参与塑形变形的金属总量会随 S 的增加而增加,因此需要更多的能量来使得变形区内金属发生塑性变形,从而增大了成形载荷。

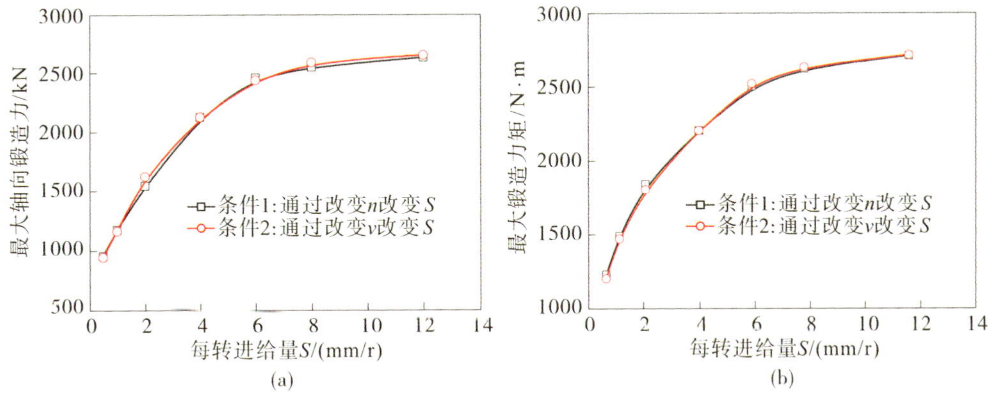

(a) n 和 v 对最大轴向锻造力的影响;(b) n 和 v 对最大锻造力矩的影响

图1-14　n 和 v 对直齿锥齿轮冷摆辗成形过程中最大成形载荷的影响

图1-15所示为 γ 和 S 对直齿锥齿轮冷摆辗成形过程中最大成形载荷的交互影响。从图中可以看出,直齿锥齿轮冷摆辗成形过程中的最大轴向锻造力及最大锻造力矩均随着 γ 的增加而减小。这主要是因为毛坯与上模的接触面积随着 γ 的增加而减小(图1-16),也就是毛坯的塑形变形区减小了,因此产生塑性变形所需的能量减少,导致成形载荷降低。进一步观察图1-15还可以发现:对于一个给定的 S 值,当 γ 小于4°时,随着 γ 值增大,最大成形载荷快速减小;然而,当 γ 大于4°时,最大成形载荷缓慢减小。另外,对于一个给定的 γ 值,较大的 S 对应较大的最大成形载荷,这和图1-14所得结论是一致的。

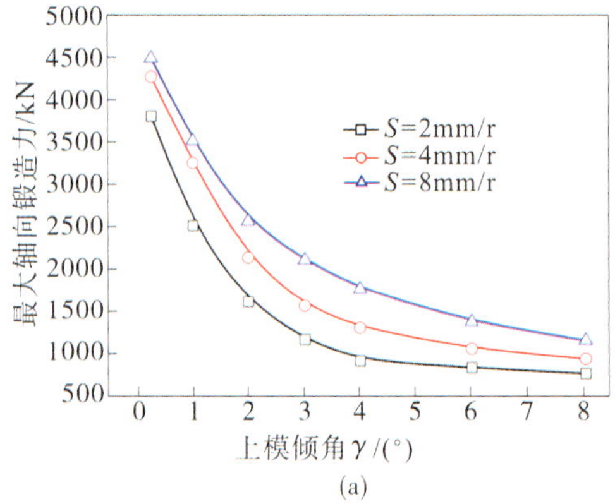

(a)γ 和 S 对最大轴向锻造力的交互影响;(b)γ 和 S 对最大锻造力矩的交互影响

图 1-15　γ 和 S 对直齿锥齿轮冷摆辗成形过程中最大成形载荷的交互影响

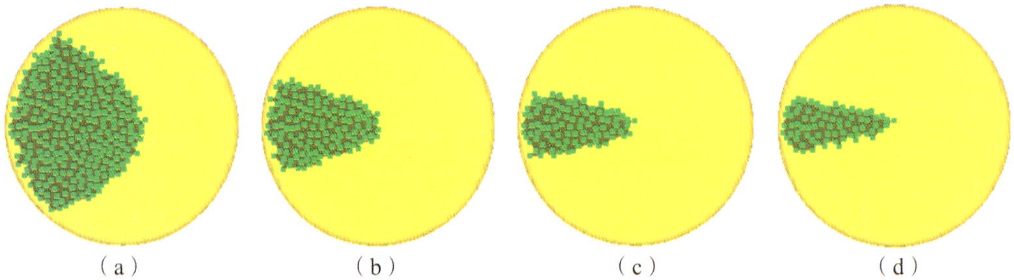

(a)γ=0.25°;(b)γ=1°;(c)γ=3°;(d)γ=4°

图 1-16　γ 对冷摆辗上模与毛坯之间接触面积的影响

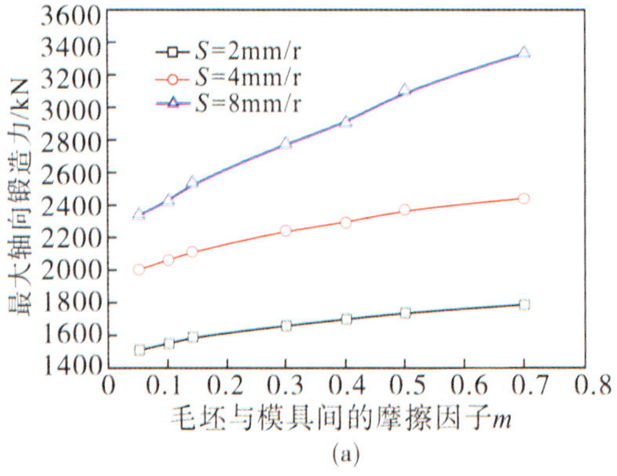

(a)m 和 S 对最大轴向锻造力的交互影响;(b)m 和 S 对最大锻造力矩的交互影响

图 1-17　m 和 S 对直齿锥齿轮冷摆辗成形过程中最大成形载荷的交互影响

图 1-17 所示为 m 和 S 对直齿锥齿轮冷摆辗成形过程中最大成形载荷的交互影响。从图中可以明显看出:对于一个给定的 S 值,最大成形载荷随着 m 的增加而增加。这是由于金属填充模具型腔的流动阻力会随着 m 的增大而增大。仔细观察图 1-17 还可以发现:在较大的 S 值条件下,最大成形载荷随 m 的变化范围比较小的 S 值条件下最大成形载荷随 m 的变化范围大。这就说明在较大进给速度下,冷摆辗最大成形载荷对摩擦因子

m 更加敏感。因此，在实际齿轮冷摆辗生产过程中，为了提高生产效率，在选取较大进给速度的同时，一定要采取有效的润滑措施以降低成形载荷。

3. 工艺参数对模具填充的影响规律

在直齿锥齿轮冷摆辗成形过程的后期，锻件上会逐渐出现飞边（图 1-18）。不同工艺参数下飞边大小尺寸差异很大。当飞边尺寸较大时，即更多金属流向飞边区域，则相应地填充齿形型腔的金属量就减少，反之亦然。因此飞边大小可以作为评价模具填充效果的一项重要指标。另外，当金属径向往外流动时，由于各个位置金属流动阻力不同，从而导致齿轮锻件上的飞边呈现“花瓣形”效应。为了评价各工艺参数对模具填充的影响，本书定义了一个定量评价指标 φ，如图 1-18 所示。很明显，φ 值越大，则“花瓣形”效应就越明显，反之亦然。

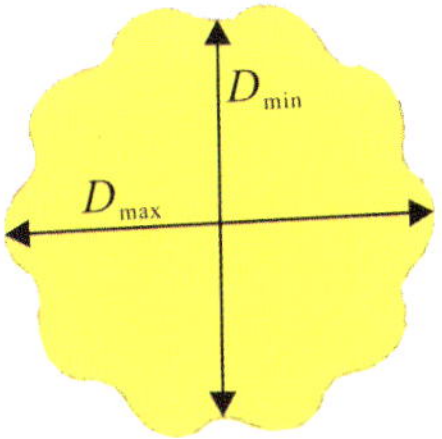

$$\varphi=\frac{D_{max}-D_{min}}{D_{min}}$$

D_{max} 为最大飞边直径

D_{min} 为最小飞边直径

图 1-18　直齿锥齿轮终锻件飞边的“花瓣形”效应

图 1-19 给出了 *n* 和 *v* 对直齿锥齿轮冷摆辗成形过程中模具填充的影响，也即对最大飞边直径和最小飞边直径的影响。从图 1-19 可以看出，不论是改变 *n* 还是改变 *v*，只要 *S* 保持一定，它们对于最大飞边直径和最小飞边直径的影响是相同的。因此，*n* 和 *v* 对飞边大小的影响可以归结为 *S* 的影响。随着 *S* 的增大，最大飞边直径与最小飞边直径均减小，这表明增大每转进给量 *S* 有利于模具齿形型腔的填充。这是因为当 *S* 较小时，金属塑性变形主要集中在靠近毛坯上表面的区域，“蘑菇”效应很明显，最终导致终锻件出现较大尺寸的飞边；当增大每转进给量 *S* 时，毛坯从上表面至下表面的变形更加均匀，“蘑菇”效应减弱，这使得更多的金属流向齿形，齿形型腔得到完整填充，因此终锻件飞边的尺寸也就相应地减小。

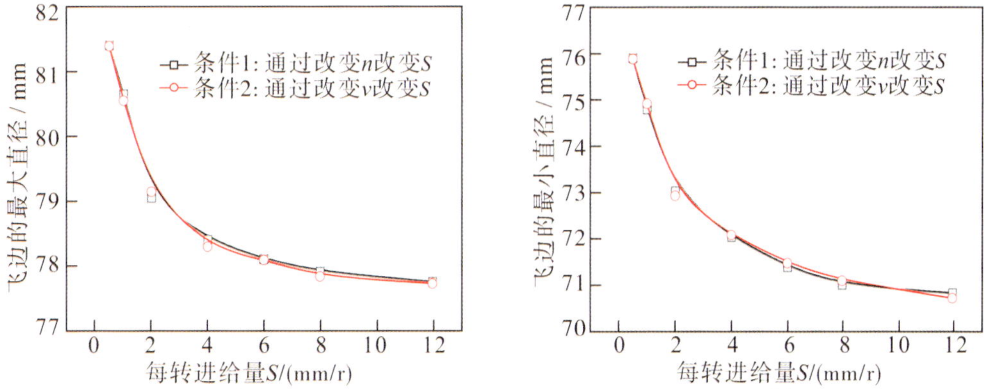

（a）*n* 和 *v* 对飞边的最大直径影响；（b）*n* 和 *v* 对飞边的最小直径影响

图 1-19　*n* 和 *v* 对直齿锥齿轮冷摆辗成形过程中模具填充的影响

图 1-20 所示为 S 对冷摆辗终锻件飞边"花瓣形"效应的影响。从图中很容易看出 φ 值随着 S 的增大而增大，也就是说"花瓣形"效应变得更加明显。图 1-21 给出了不同 S 下冷摆辗终锻件的"花瓣形"飞边。当 S 为 0.5mm/r 时，飞边的最大直径与最小直径几乎相等，故"花瓣形"效应很不明显；而当 S 增加到 12mm/r 时，飞边的最大直径与最小直径的差异变得很大，因此"花瓣形"效应非常明显。

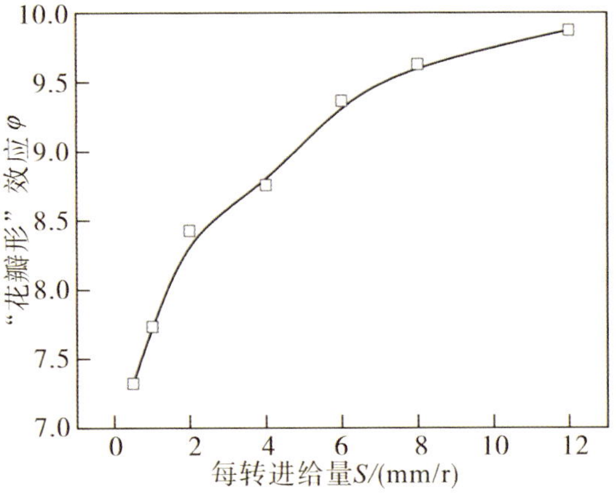

图 1-20　S 对冷摆辗终锻件飞边"花瓣形"效应的影响

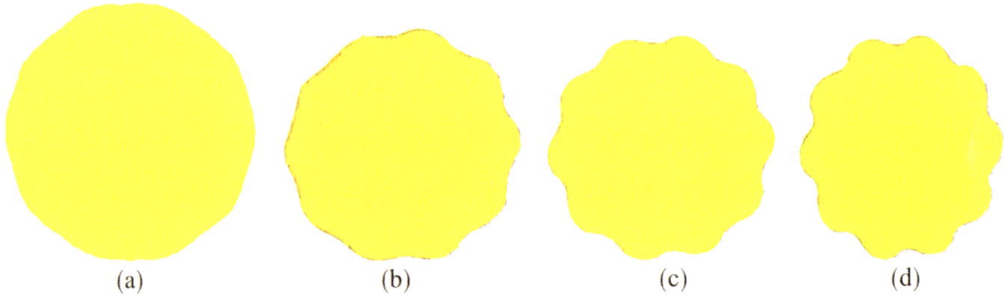

(a) S=0.5mm/r；(b) S=2mm/r；(c) S=8mm/r；(d) S=12mm/r

图 1-21　不同 S 下的冷摆辗终锻件的"花瓣形"飞边

图 1-22 给出了 γ 和 S 对直齿锥齿轮冷摆辗成形过程中模具填充的交互影响。如图所示，对于一个给定的 S 值，最大飞边直径与最小飞边直径均随 γ 的增大而增大，这表明更多的金属流向飞边区域形成飞边。换句话说，随着 γ 的增大，模具齿形型腔的完全填充就变得愈加困难。造成这种现象是由于当上模倾角 γ 较大时，塑性变形区主要集中于毛坯的上部区域，产生很明显的"蘑菇"效应，从而导致飞边直径的增大。当上模倾角 γ 较小时，毛坯从上表面至下表面的变形更加均匀，"蘑菇"效应减弱，这使得更多的金属流向齿形，齿形型腔得到完整填充，因此终锻件飞边的尺寸也就相应地减小。进一步观察图 1-22 可以看出：对于一个给定的上模倾角 γ，较大的每转进给量 S 将产生相对较小的飞边直径，这与图 1-19 所得结论相一致。

通过比较图 1-22(a) 和(b) 还可以发现：随着 γ 的增大，最小飞边直径的增长速度比最大飞边直径快，从而造成 φ 值的减小，也即"花瓣形"效应变得更不明显，如图 1-23 与图 1-24 所示。另外，从图 1-23 还可以得到与图 1-20 一致的结论，即对于同一个 γ 值，S 值越大，φ 值就越大。

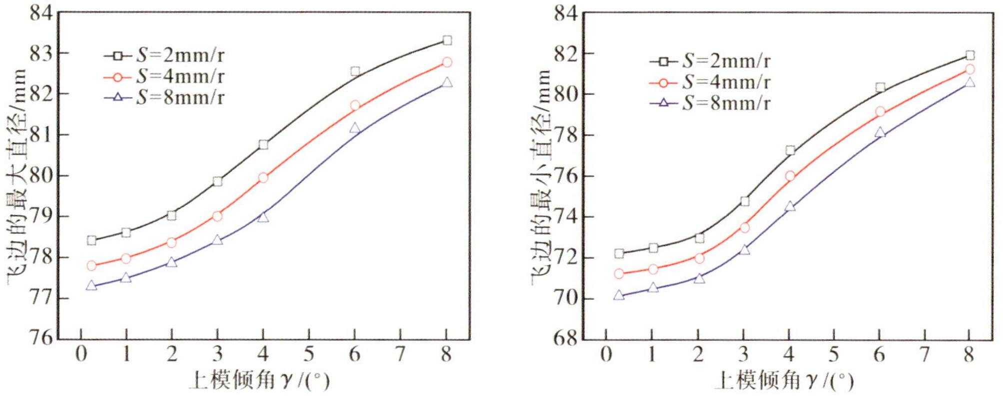

图 1-22　γ 和 S 对直齿锥齿轮冷摆辗成形过程中模具填充的交互影响

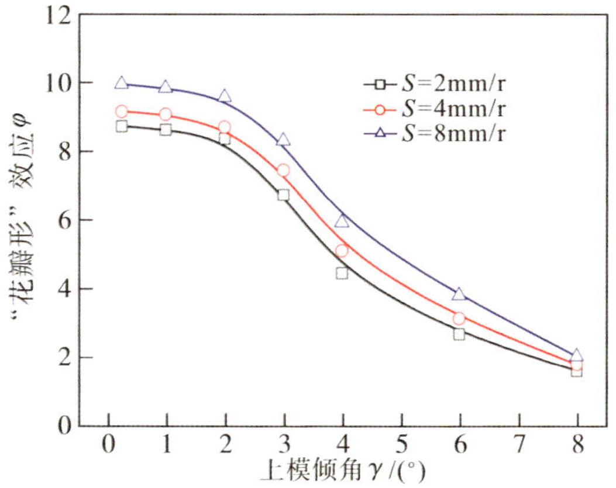

图 1-23　γ 和 S 对冷摆辗终锻件飞边"花瓣形"效应的交互影响

(a)　(b)　(c)　(d)

(a)γ=1°;(b)γ=3°;(c)γ=6°;(d)γ=8°

图 1-24　不同 γ 下的冷摆辗终锻件的"花瓣形"飞边

图 1-25 所示为 m 和 S 对直齿锥齿轮冷摆辗成形过程中模具填充的交互影响。从图中可以看出,最大飞边直径及最小飞边直径均随 m 增大而增大,也即增大 m 将不利于模具齿形型腔的填充。这主要是因为当 m 增大时,毛坯与上下模之间的金属流动阻力均随之增大;然而,在冷摆辗成形过程中,毛坯与上模之间以滚动摩擦为主,而毛坯与下模之间以滑动摩擦为主,因此毛坯与下模间金属流动阻力对摩擦更加敏感。因此,随着 m 的增大,毛坯与下模间金属流动阻力更大,毛坯与上模间金属更容易径向向外流动形成"花瓣形"飞边。

图 1-26 所示为 m 和 S 对冷摆辗终锻件飞边“花瓣形”效应的交互影响。从图中可以看出，随着 m 的增大，φ 值逐渐减小，也即“花瓣形”效应越来越不明显了。另外，从图 1-26 还可以看出，对于一个确定的 m 值，S 越大 φ 值越小。图 1-27 为不同 m 下冷摆辗终锻件的“花瓣形”飞边。当 m 为 0.05 时，飞边的最大直径与最小直径的差异最大，因此“花瓣形”效应最为明显；反之，当 m 增加到 0.7 时，飞边最大直径与最小直径的差异非常小，因此最终飞边几乎不存在“花瓣形”效应。

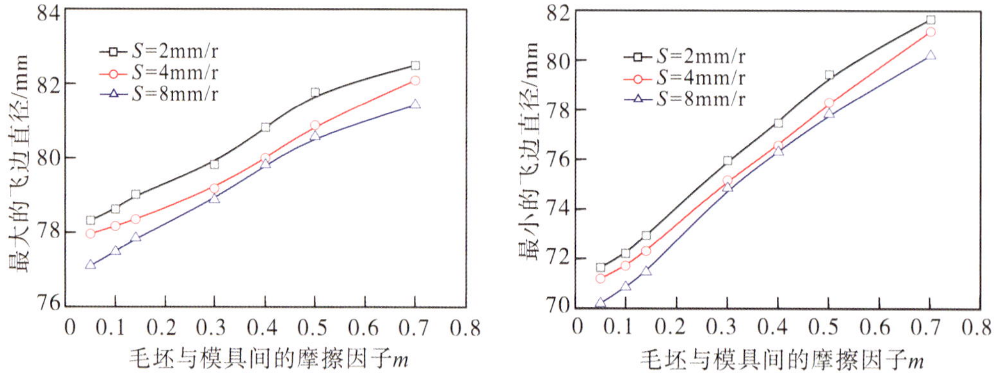

(a)m 和 S 对最大飞边直径的交互影响；(b)m 和 S 对最小飞边直径的交互影响

图 1-25　m 和 S 对冷摆辗成形过程中模具填充的交互影响

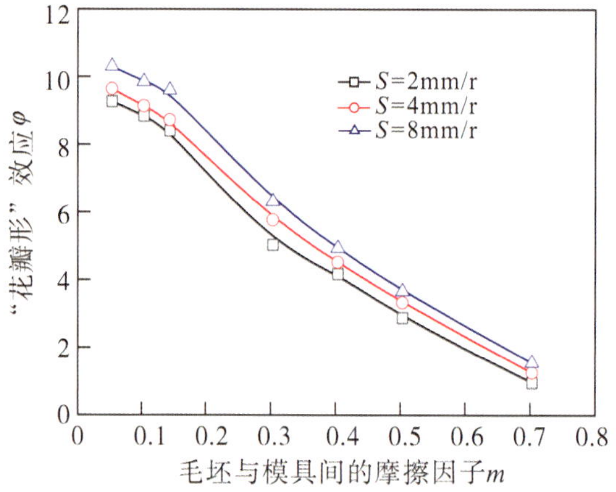

图 1-26　m 和 S 对冷摆辗终锻件飞边“花瓣形”效应的交互影响

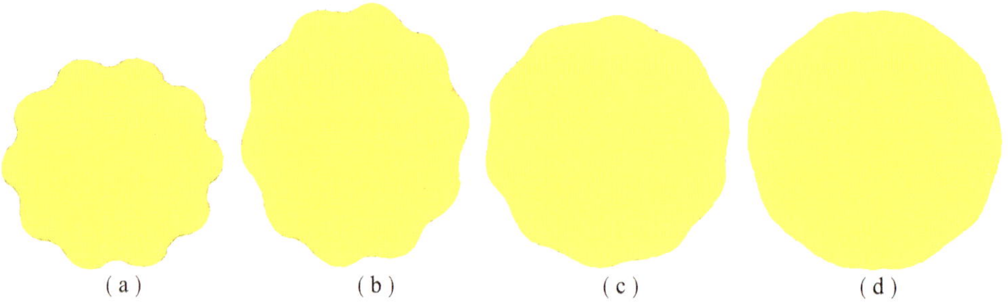

(a)$m=0.05$；(b)$m=0.3$；(c)$m=0.5$；(d)$m=0.7$

图 1-27　不同 m 下的冷摆辗终锻件的“花瓣形”飞边

4. 工艺参数对齿轮锻件损伤因子值的影响规律

在 DEFORM-3D 软件中,损伤因子值能被用来预测塑性成形过程中锻件产生裂纹的可能性。模拟锻件上损伤因子值越大的地方,则在实际锻造生产过程中该区域越有可能产生裂纹。在直齿锥齿轮冷摆辗成形过程中,主动变形区的金属承受局部重载作用,这样就容易形成局部高应变区域,从而在齿轮锻件上产生表面或内部微裂纹。因此,需要研究锻件上损伤因子的分布和演化规律。图 1-28 所示为直齿锥齿轮冷摆辗终锻件的损伤因子值分布情况。从图中可以看出,飞边最大直径区域处的损伤因子是整个齿轮锻件上最大的。下面将详细研究各个工艺参数对最大损伤因子值的影响规律。

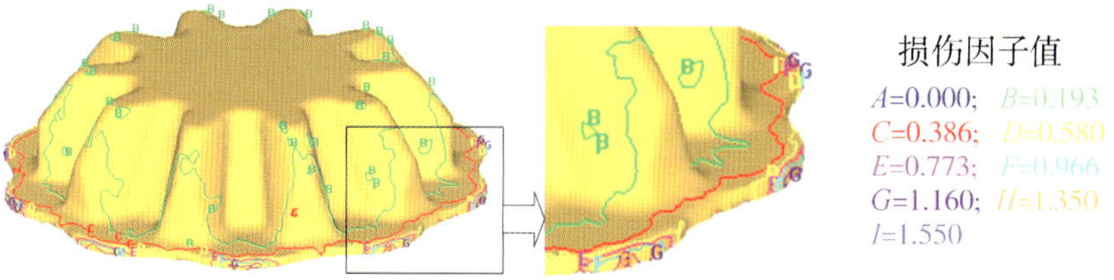

图 1-28 直齿锥齿轮冷摆辗终锻件的损伤因子值分布

图 1-29 所示为 n 和 v 对冷摆辗终锻件最大损伤因子值的影响。图中两条变化曲线几乎重合,这说明 n 和 v 对冷摆辗终锻件的最大损伤因子值的影响可以归结为 S 的作用。从图中还可以看出:随着 S 的增大,最大损伤因子值逐渐减小。这主要是因为增大每转进给量 S 有助于毛坯变形均匀性提高,因此飞边处最大损伤因子值降低。而当 S 较小时,变形主要发生在毛坯上部区域,这部分金属径向向外流动比较剧烈从而形成飞边,飞边处金属材料在局部周期性辗压下发生损伤,甚至开裂,因此该区域金属损伤因子值相应地增大。

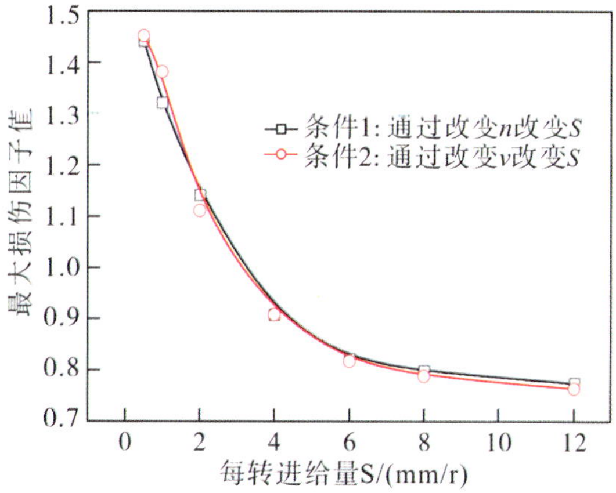

图 1-29 n 和 v 对冷摆辗终锻件的最大损伤因子值的影响

图 1-30 所示为 γ 和 S 对冷摆辗终锻件最大损伤因子值的交互影响。从图中可以看出:对于任意的每转进给量 S,最大损伤因子值均随着 γ 的增大而增大。这是因为在较大的上模倾角 γ 下,塑性变形主要集中在毛坯上部区域,该区域金属径向向外流动比较剧烈从而形成飞边,飞边处金属材料在局部周期性辗压下发生损伤,甚至开裂,因此该区域金

属损伤因子值相应地增大。在实际生产中应该选择合适的上模倾角来保证锻件质量。进一步分析图 1-30 可知,对于给定的任意上模倾角 γ,每转进给量 S 越大则飞边处的最大损伤因子值越小,这与图 1-29 所得结论一致。

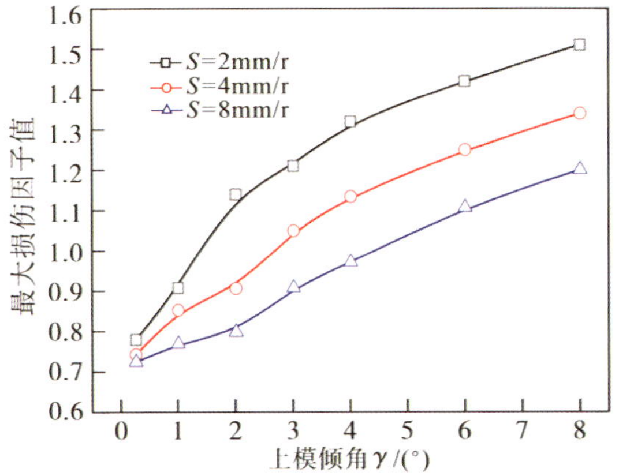

图 1-30　γ 和 S 对冷摆辗终锻件的最大损伤因子值的交互影响

图 1-31 给出了 m 和 S 对冷摆辗终锻件最大损伤因子值的交互影响。从图中可以看出:对于一个给定的 S,最大损伤因子值随 m 的增大而增大。这主要是因为随着 m 的增大,更多的金属径向向外流动比较剧烈形成飞边,飞边处金属材料在局部周期性辗压下发生损伤,甚至开裂。从图中还可以看出,在同一摩擦条件下,越大的每转进给量 S 产生的最大损伤因子值越小,这和上面的分析是一致的。

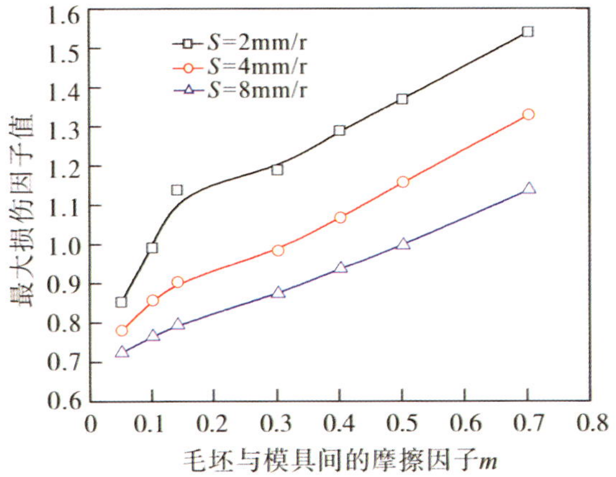

图 1-31　m 和 S 对冷摆辗终锻件的最大损伤因子值的交互影响

1.4　直齿锥齿轮冷摆辗成形微观组织分布与演化规律

1.4.1　晶粒分布和演化规律

该部分主要研究冷摆辗直齿锥齿轮从小端到大端不同齿面上晶粒、显微硬度的分布规律。图 1-32(a)为冷摆辗实验成形的直齿锥齿轮。具体制样过程如下:采用线切割工艺从冷摆辗成形的直齿锥齿轮上取出一个完整齿形,并将该齿形分成 5 份,得到 5 个齿轮试样的横截面,如图 1-32(b)所示。5 个试样按顺序编号,分别称作:截面 1、截面 2、截面 3、截面 4 和截面 5。随后该 5 个试样经过粗磨、精磨和抛光处理,如图 1-32(c)所示。

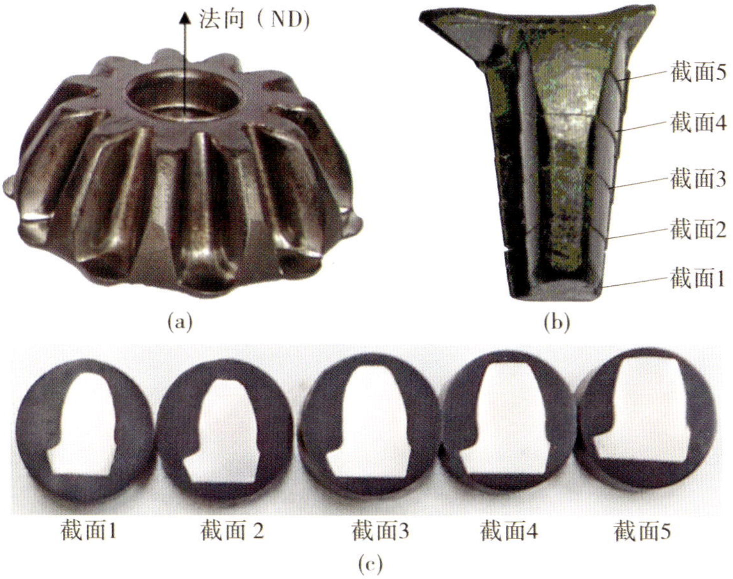

(a)冷摆辗实验成形的直齿锥齿轮;(b)轮齿取样图;(c)不同截面试样

图 1-32　直齿锥齿轮试样图

本书用 XP-201 Nikon ECLIPSE 偏光显微镜来拍摄金相图片。在观察其微观组织前需采用 4%硝酸酒精对试样腐蚀 10~15s。为了更全面地揭示微观组织的分布规律,在每个试样截面上选取一些特殊点进行测试。如图 1-33 所示,在每个试样截面上从齿顶到齿根平均画出 4 条水平线[线(1)至线(4)],其中线(1)为齿顶线,线(4)为齿根线。在每一条线上再平均分成 5 个点进行测试。为了定量表示晶粒的变形程度,选用晶粒的长宽比(L/W)作为晶粒变形程度的衡量指标。该指标的测定是基于软件 IPP6.0,将每个晶粒当作一个椭圆,它的长轴与短轴的比值即为晶粒的长宽比。为了结果的准确性,每个测试点测定 4 次,再取其平均值作为最终的测试结果。为了研究轮齿的机械性能,以 ASTM E92 标准采用硬度计测试了以上各测试区的硬度。该测试是在室温下以 1.96N 的力加载并保压 15s 的实验条件完成的。实验数据由 HX-1000 TM 数字硬度测定仪记录。同样地,每个测试点测量 4 次并取其平均值作为实验结果。

图 1-34 是截面 4 上不同部位的金相照片。其中 a、d、g 和 j 表示左侧齿廓上从齿顶到齿根的金相照片,b、e、h 和 k 表示心部从齿顶到齿根的金相照片,c、f、i 和 l 表示右侧齿廓上从齿顶到齿根的金相照片。从图 1-33 可以看出,经过冷摆辗变形后,齿轮各部位晶粒发生了不同程度的变形。其中,该截面左右齿廓部位的晶粒变形剧烈,晶粒被明显拉长。在该截面左右齿廓上,晶粒的变形程度从齿顶到齿根逐渐增大,特别是齿根处晶粒变形最为严重,该处晶粒已经呈明显的纤维状,部分晶界已经变得模糊很难辨别,这与其等效应变分布是一致的。而在该截面心部,晶粒仍保持着与坯料晶粒形状相似的等轴状,这是因为齿轮心部发生较小塑性变形的原因。由于各个截面变形规律相近,所以只展示了截面 4 的金相图。

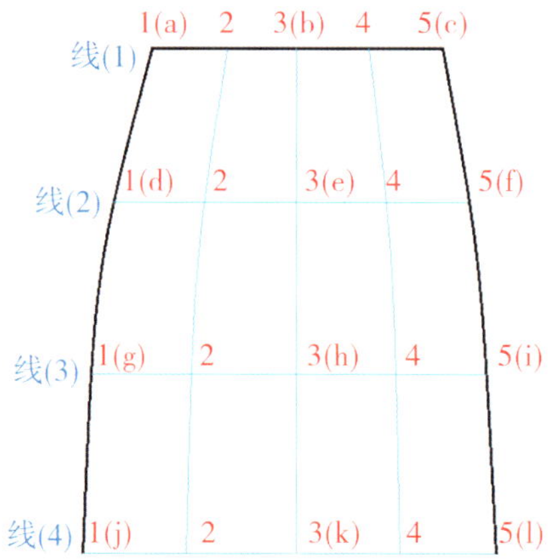

图 **1-33** 试样取点示意图

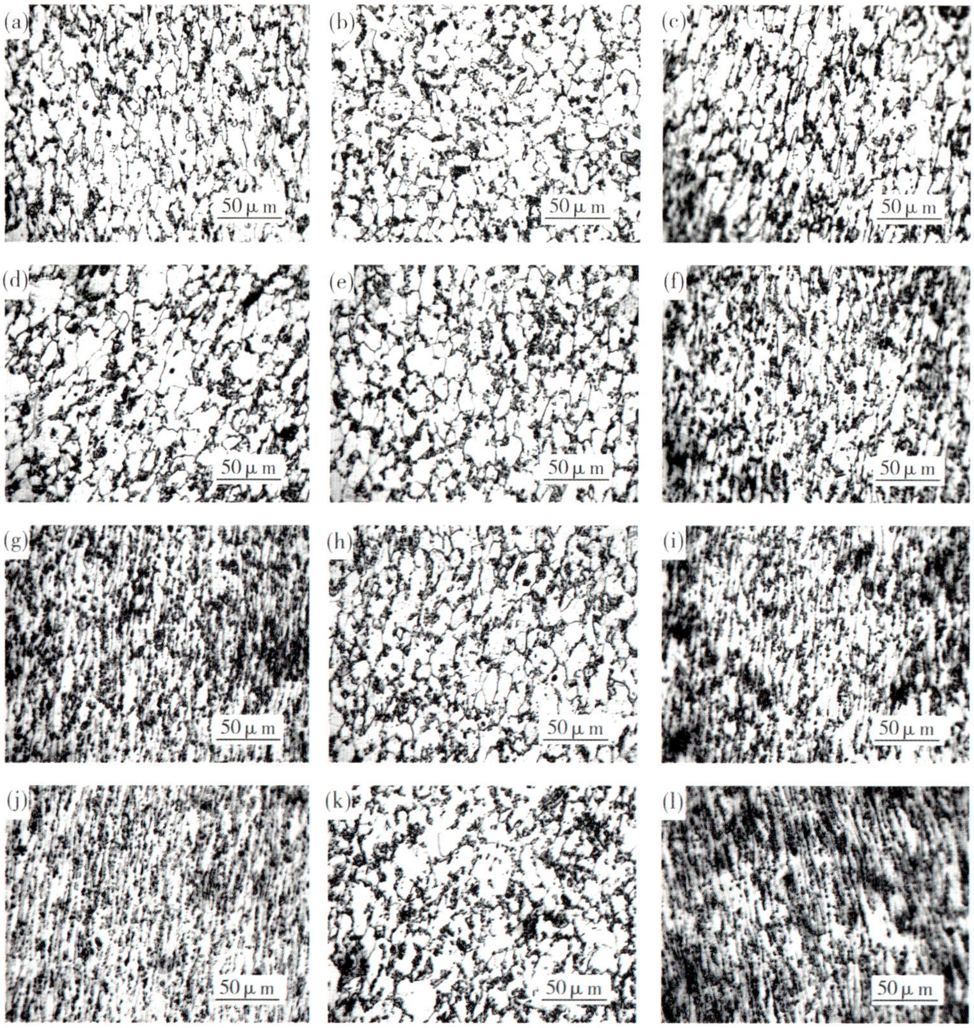

图 **1-34** 截面 **4** 上不同部位金相图

为了全面揭示轮齿上晶粒的不均匀变形规律，从3个方向即周向、径向和轴向着手分析晶粒的长宽比演化规律。

1. 晶粒变形沿周向分布规律

图1-35所示为各截面上晶粒长宽比沿周向分布规律。从图1-35可以看出，这5个截面的晶粒长宽比分布规律相似。

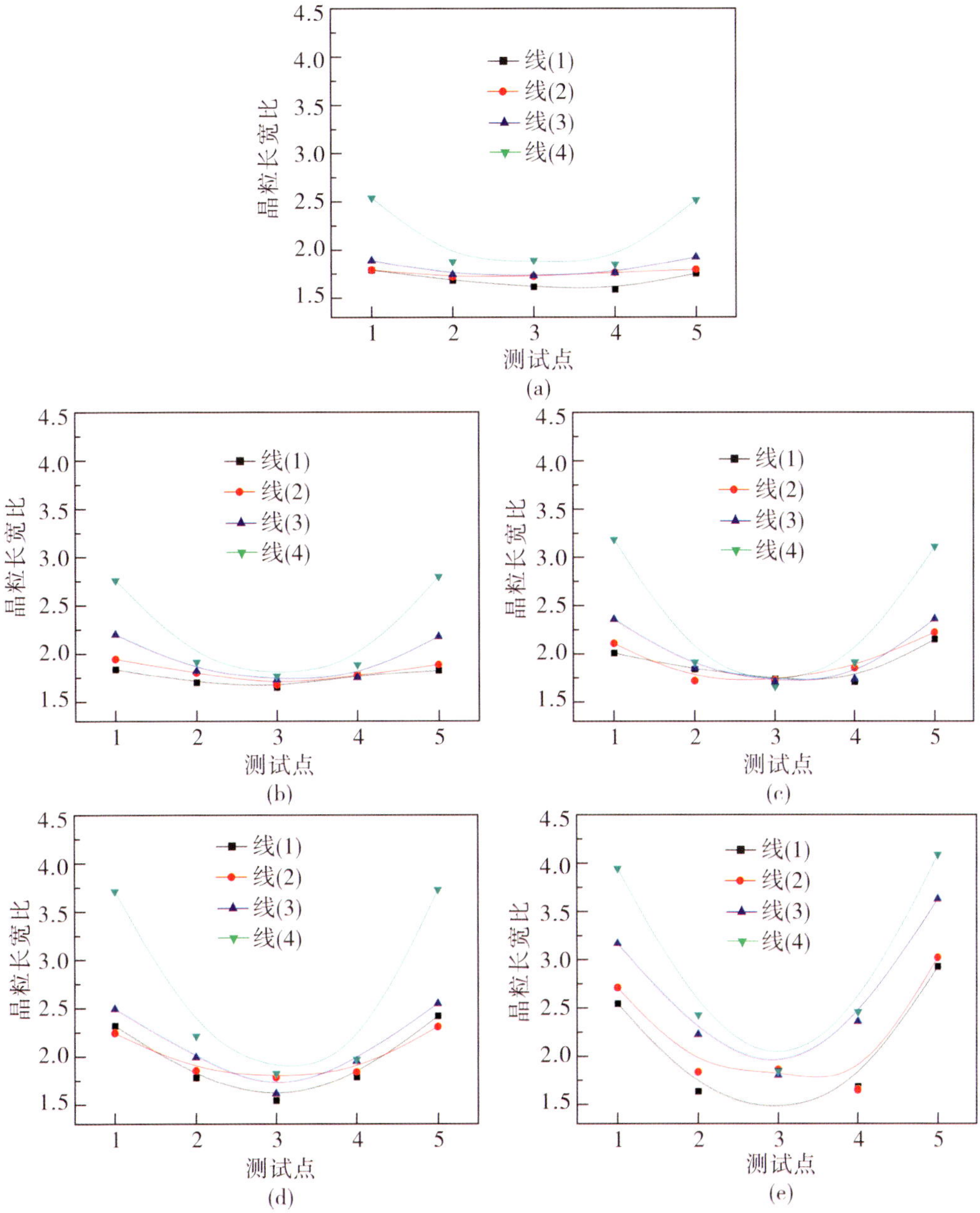

(a)截面1；(b)截面2；(c)截面3；(d)截面4；(e)截面5

图1-35 各截面上晶粒长宽比沿周向分布规律

晶粒的长宽比从表面到心部分布不均匀，呈现出明显的"U"形效应。晶粒的长宽比分布的不均匀性可以由有限元模拟中等效应变的不均匀性解释，如图 1-36 所示。从图 1-36 可以看出，齿廓处的等效应变要比齿心处的等效应变大。也就是说，位于轮齿表面的金属产生了严重的塑性变形，导致晶粒的长宽比增大。然而，在轮齿心部塑性变形较小，使晶粒的长宽比减小。从图 1-35 还可以看出，在周向上晶粒长宽比分布从轮齿齿顶到齿根变得越来越均匀。

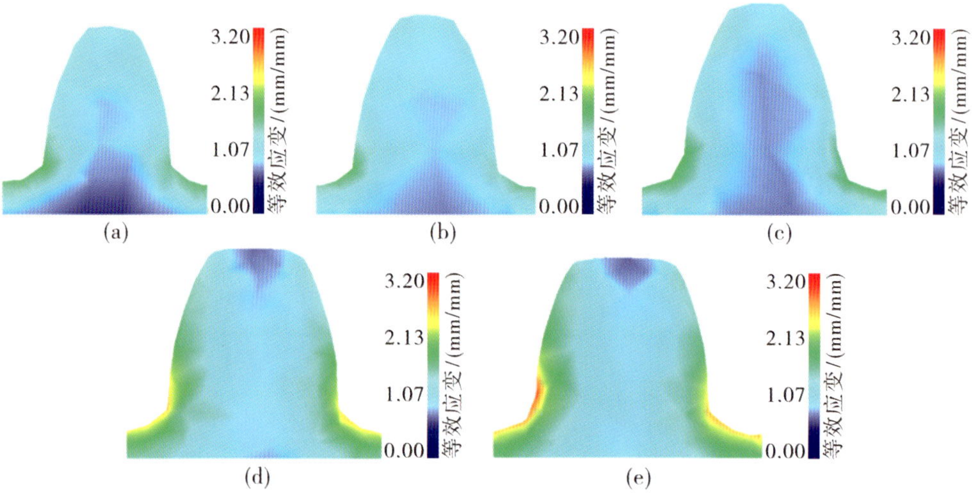

(a) 截面 1；(b) 截面 2；(c) 截面 3；(d) 截面 4；(e) 截面 5

图 1-36　各截面上等效应变沿周向分布规律

2. 晶粒变形沿径向分布规律

齿轮各截面上的径向是指从齿顶到齿根的方向。图 1-37 所示为各截面上晶粒长宽比沿径向分布规律。从图 1-37(a) 可以看出，齿廓晶粒的长宽比在径向方向上分布是不均匀的，即晶粒的长宽比从齿顶到齿根逐渐增加。这是因为在冷摆辗过程中，齿根处金属产生了最剧烈的塑性变形。然而，齿心晶粒的长宽比沿径向分布较为均匀，其值范围为 1.5~2，如图 1-37(b) 所示。这是由于位于齿心的金属远离模具型腔，所受流动阻力较小，金属较均匀地流入型腔。

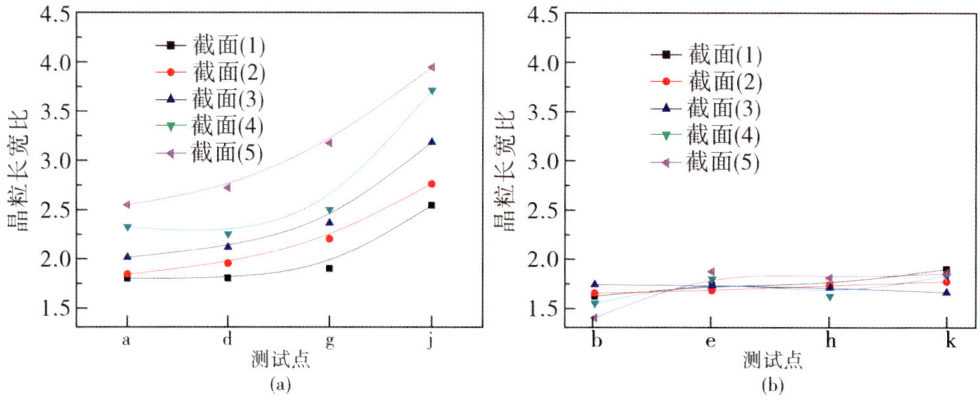

(a) 齿廓；(b) 齿心

图 1-37　各截面上晶粒长宽比沿径向分布规律

在齿轮各截面上晶粒长宽比沿径向的分布规律也是与有限元模拟的等效应变的分布

规律是一致的，如图 1-36 所示。从图 1-36 可以看出，齿廓等效应变沿径向（从齿顶到齿根）逐渐增大，并且最大等效应变位于每个截面的齿根处，这意味着金属在该处经历了最大的塑性变形。相反，齿心等效应变较小且在径向上分布较为均匀。

3. 晶粒变形沿轴向分布规律

齿轮各测试线上的轴向是指从齿轮小端到大端的方向，如图 1-32（b）所示。图 1-38 为各测试线上晶粒长宽比沿轴向的分布规律。从图 1-38 可以看出，齿廓晶粒长宽比在轴向上分布是不均匀的，即晶粒的长宽比从小端到大端逐渐增加（测试点 1 和测试点 5 的曲线）。然而，齿心晶粒长宽比在轴向上分布比较均匀（图 1-38 中测试点 3 的曲线）。

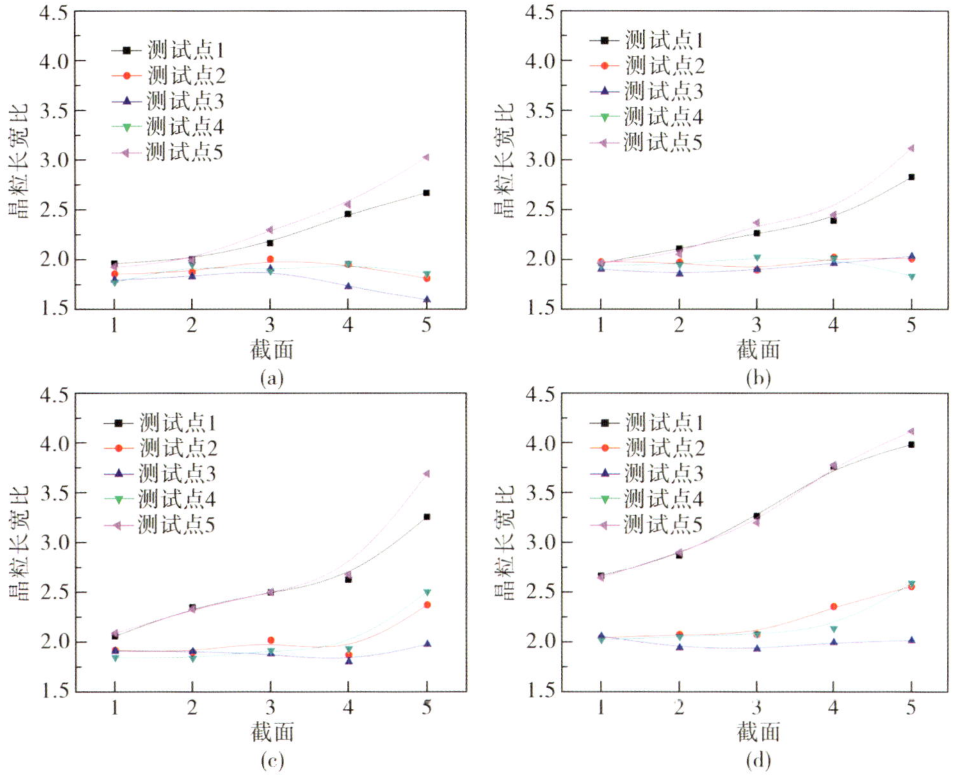

（a）测试线 1；（b）测试线 2；（c）测试线 3；（d）测试线 4

图 1-38　各测试线上晶粒长宽比沿轴向分布规律

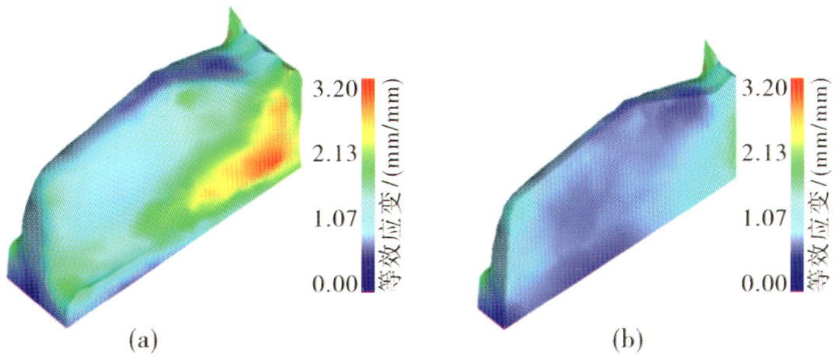

（a）齿表；（b）齿心

图 1-39　各截面上等效应变沿轴向分布规律

晶粒长宽比在轴向上分布规律也是与有限元模拟中等效应变的分布规律是一致的,如图 1-39 所示。值得注意的是,在图 1-38(a)中,测试点 2、3、4 的晶粒长宽比由截面 3 到截面 5 呈减小的趋势。也就是说,晶粒的长宽比在大端的齿顶处比较小。图 1-39(a)也展示了在大端的齿顶处等效应变较小。

1.4.2 硬度分布和演化规律

1. 硬度沿周向分布规律

图 1-40 为各截面上硬度沿周向分布规律。从图 1-40 可以看出,这 5 个截面的硬度沿周向分布规律相似。与晶粒的长宽比分布相似,硬度从齿廓到齿心分布也是不均匀的,呈现出明显的"U"形效应。这是由于齿廓到齿心的不均匀塑性变形导致不同程度的加工硬化引起的。从图 1-40 还可以看出,从齿顶到齿根硬度在周向方向上分布变得不均匀。以截面 4 为例[图 1-40(d)],在齿顶区域,齿廓比齿心硬度增加约 14%;在齿根区域,齿廓比齿心硬度增加约 40%;然而,硬度在齿根表面相比于齿根心部增加约 40%。

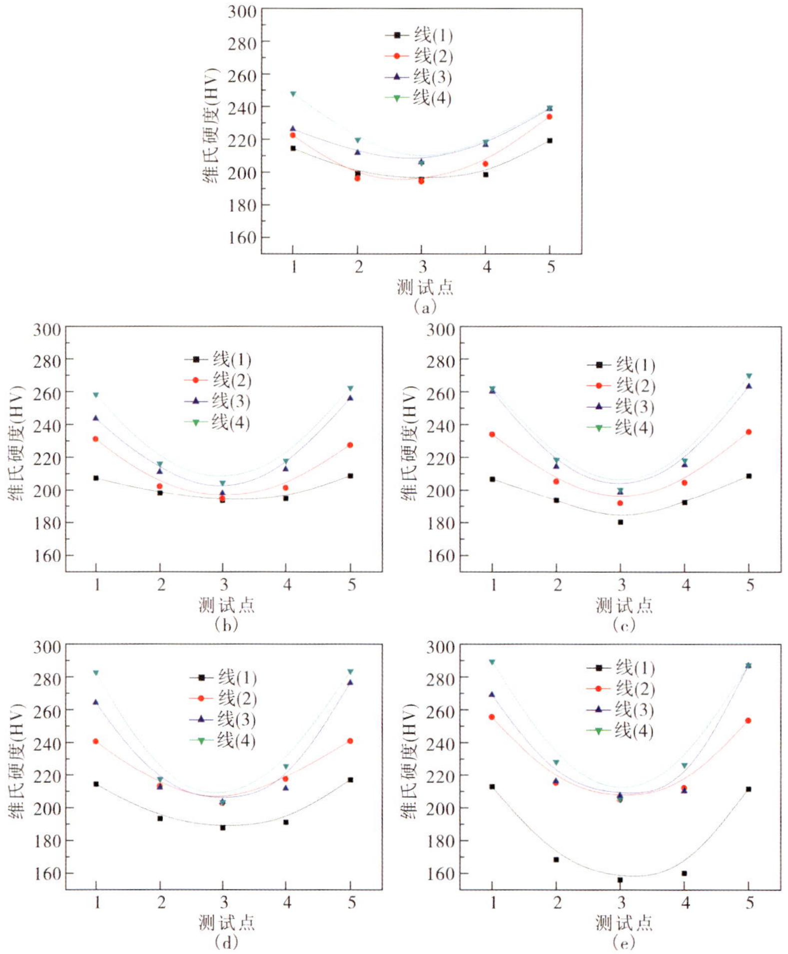

(a)截面 1;(b)截面 2;(c)截面 3;(d)截面 4;(e)截面 5

图 1-40 各截面上硬度沿周向分布规律

2. 硬度沿径向分布规律

图 1-41 为各截面上硬度沿径向的分布规律。从图 1-41(a)可以看出,齿廓硬度沿径向分布是不均匀的,即硬度从齿顶到齿根逐渐增大。然而,齿心硬度沿径向分布较为均匀,其硬度值范围为 180~200,如图 1-41(b)所示。

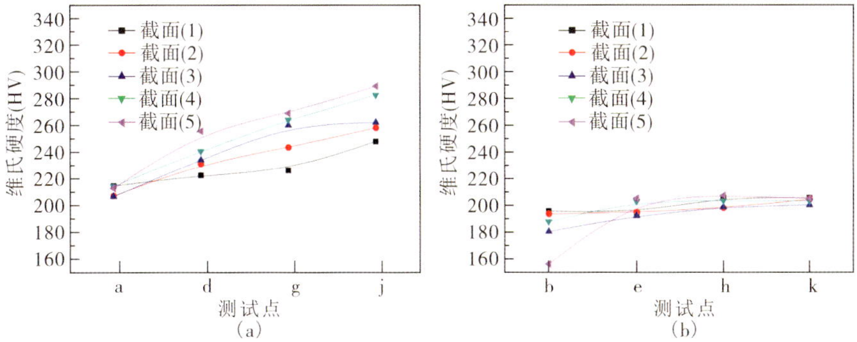

(a)齿廓; (b)齿心

图 1-41　各截面上硬度沿径向分布规律

3. 硬度沿轴向分布规律

图 1-42 为各测试线上硬度沿轴向的分布规律。从图 1-42 可以看出,齿廓硬度沿轴向分布是不均匀的,即硬度从齿轮小端到大端逐渐增加(测试点 1 和测试点 5 的曲线)。然而,齿心硬度沿轴向分布比较均匀(测试点 2、3、4 的曲线)。值得注意的是,在图 1-42(a)中,测试点 2、3、4 的硬度由截面 3 到截面 5 呈减小的趋势,这和其晶粒的长宽比变化趋势是一致的。

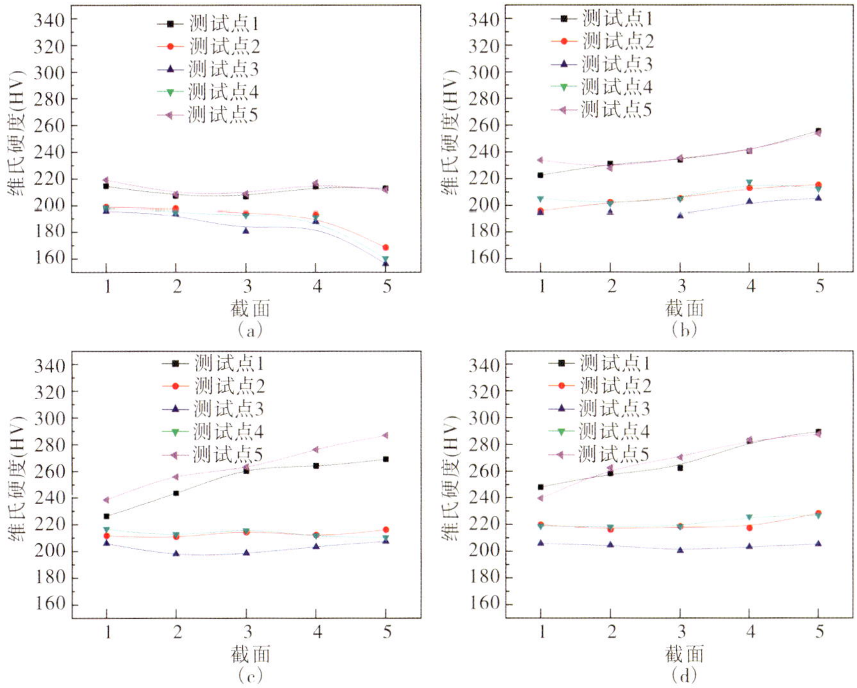

(a)测试线 1; (b)测试线 2; (c)测试线 3; (d)测试线 4

图 1-42　各测试线上硬度沿轴向分布规律

1.4.3 碳化物分布和演化规律

在齿轮分度圆位置选取 3 个测试点 *A*、*B*、*C* 来研究其碳化物分布和演化规律,如图 1-43 所示。其中 *A* 点位于齿廓处,*C* 点位于齿心处,*B* 点位于 *A* 点和 *C* 点之间。

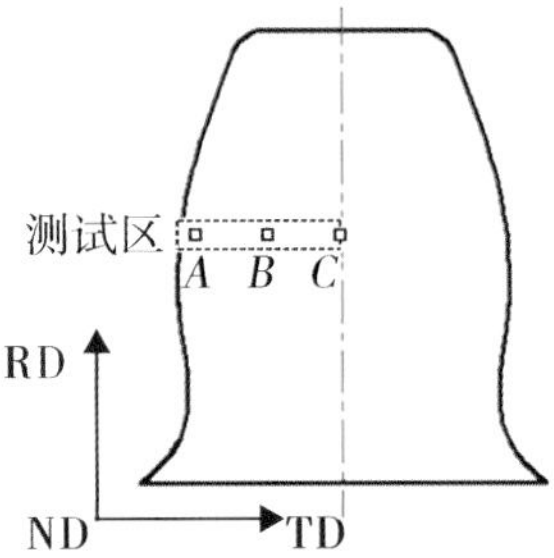

图 1-43 冷摆辗直齿锥齿轮分度圆位置测试区

图 1-44 为坯料与冷摆辗直齿锥齿轮分度圆处的 SEM(scanning electron microscope,扫描电子显微镜)图。从图 1-44(a)可以看出,坯料中的碳化物簇集在晶界上,且其分布不均匀,具有不同的方向性。这些碳化物的平均直径为 0.8μm,平均直径的标准差为 0.26μm。经过冷摆辗成形后,碳化物沿晶界分散,且其尺寸和形态发生了变化。从图 1-44(b)可以看出,测试点 *A*(图 1-43)的碳化物是椭圆形且较为分散。相比于坯料,靠近齿廓处的碳化物更为细小(平均直径为 0.5μm),且其分布更为均匀。此外,由于齿廓剧烈的塑性变形,该处的碳化物趋向于沿 RD 方向分布,该处碳化物平均直径的标准差增长到 0.38μm。通过对比可知,齿廓处的碳化物平均直径标准差高于坯料的标准差。造成这种结果的原因是经过冷摆辗后测试点 *A* 处的碳化物断裂使其细化,并且这种断裂并不是每一次都会使碳化物断裂成大小相同的颗粒。

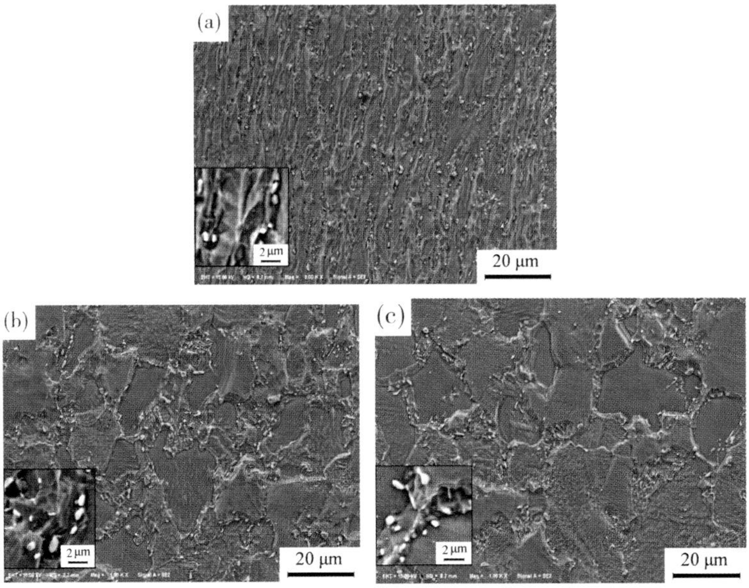

(a)测试点 *A*; (b)测试点 *B*;(c)测试点 *C*

图 1-44 坯料和冷摆辗直尺锥齿轮分度圆处的 SEM 图

通过更为细致的观察,碳化物的断裂主要有两类,如图 1-45 所示。一类是断裂方向平行于金属流动方向[图 1-45(a)],另一类是断裂方向垂直于金属流动方向[图 1-45(b)]。由于基体和碳化物之间的摩擦而产生剪切应力,碳化物逐渐被拉长。当变形到达一个特定的值,碳化物开始断裂。随后附近的金属流入断裂口使其进一步发生断裂。此外,碳化物周围不同的金属流动速度是使其加速断裂的另一个因素。在测试点 C,碳化物几乎没有发生形变,与坯料碳化物是很相似的[图 1-46(c)]。其碳化物的平均直径约为 0.8μm,平均直径标准差为 0.29μm。并且碳化物仍然簇集在一起,具有不同的方向性。这是由于在齿心处不具有足够大的塑性变形使碳化物细化并分散。通过以上分析可以得知,从齿廓到齿心碳化物的尺寸和分布是不均匀的。位于齿廓的碳化物比心部的碳化物更为细小,分布更为均匀。

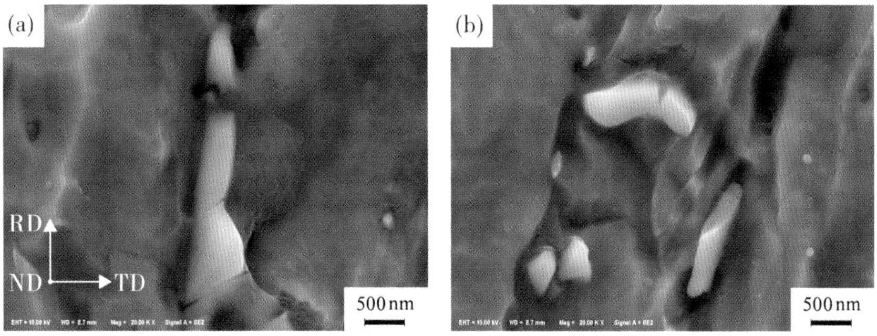

(a)断裂方向平行于金属流动方向;(b)断裂方向垂直于金属流动方向

图 1-45　齿廓处碳化物两种不同断裂类型

1.4.4　织构分布和演化规律

图 1-46 为坯料和冷摆辗直齿锥齿轮的 EBSD 取向图。从图 1-46 可以看出,随着变形量的增加,TD 方向大角度晶界的间距减小,特别是齿廓大角度晶界的间距非常小,晶界几乎平行于 RD 方向。与其对应的 ODF 图和极图分别如图 1-47 和 1-48 所示。从图 1-47(a)和 1-48(a)可观察到,变形前坯料的织构是较为均匀且随机分布的。经过冷摆辗变形后,齿轮不同位置的织构发生明显的变化。从图 1-47(b)和 1-48(b)可以看出,在测试点 C 的 ND 方向上出现较强的{111}织构,并且还可以观察到混合的 α 和 γ 织构,且 γ 织构远远多于 α 织构,这与冷轧钢板是很相似的。在测试点 B,{111}织构不如测试点 C 强烈。它逐渐发展并形成了择优的{111}织构和一些{110}织构,如图 1-47(c)和 1-48(c)所示。测试点 A 的{111}织构比测试点 B 的{111}织构更早演变,相对于其他区域,测试点 A 的晶粒明显发生转动,产生较强的{112}<110>织构。与此同时,产生了一个新的织构{110}<112>,如图 1-47(d)和 1-48(d)所示。

坯料和冷摆辗直齿锥齿轮轮齿分度圆处剪切织构的相对含量如图 1-49 所示。需要指出的是,每一个剪切织构组分是在欧拉空间中偏离其理想位置 20°计算所得。从图 1-49 可以看出,坯料中剪切织构的相对含量是最少的。经过冷摆辗成形后,在轮齿中可以发现典型的剪切织构。在测试点 A,3 个织构组分{112}<110>,{111}<110>和{001}<110>最多,并且{112}<110>组分是占主导的。在测试点 B 和测试点 C,这 3 个剪切织构组分的相对含量下降。在测试点 *B* 占主导的剪切组分是{112}<110>,在测试点 *C* 占主导的剪切组分是{111}<110>。从图 1-46 也可以看出,从齿廓到齿心剪切织构的相对含量是不均匀的。这主要是由于在冷摆辗成形过程中,剪切变形主要集中在齿廓,随着距齿廓距离的增加,剪切变形逐渐减小。

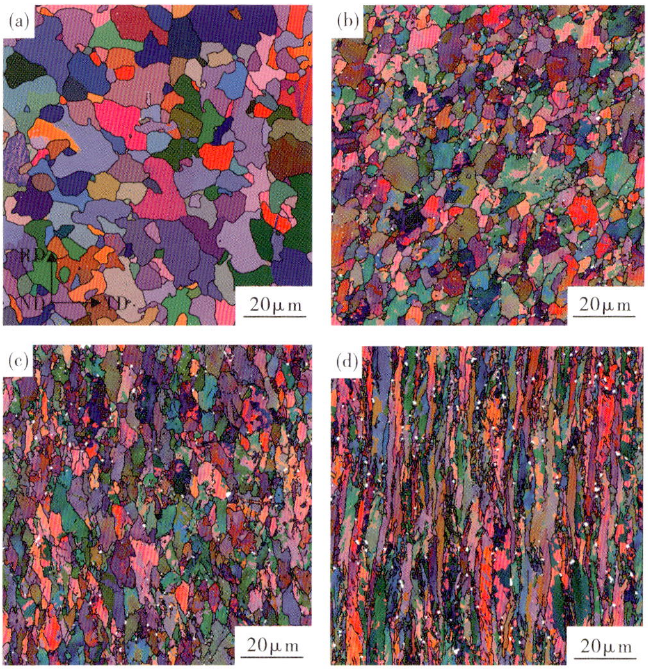

(a)坯料;(b)测试点 *C*;(c)测试点 *B*;(d)测试点 *A*

图 1-46　坯料和冷摆辗直齿锥齿轮分度圆处的 EBSD 取向图

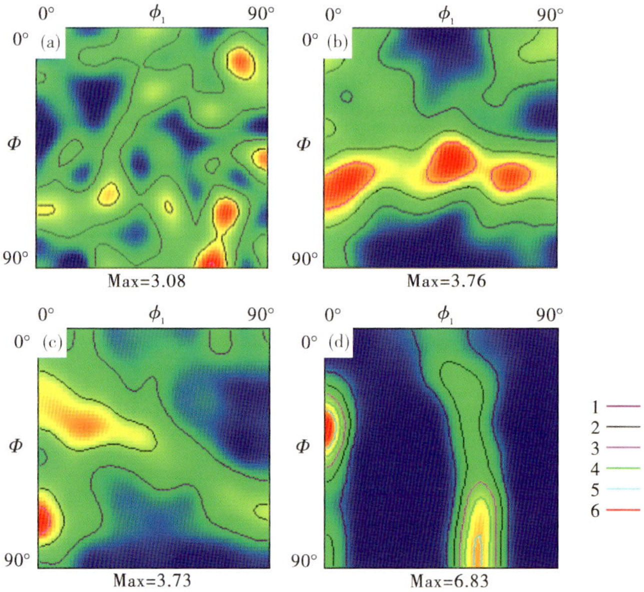

(a)坯料;(b)测试点 *C*;(c)测试点 *B*;(d)测试点 *A*

图 1-47　坯料和冷摆辗齿轮分度圆处的 ODF 图

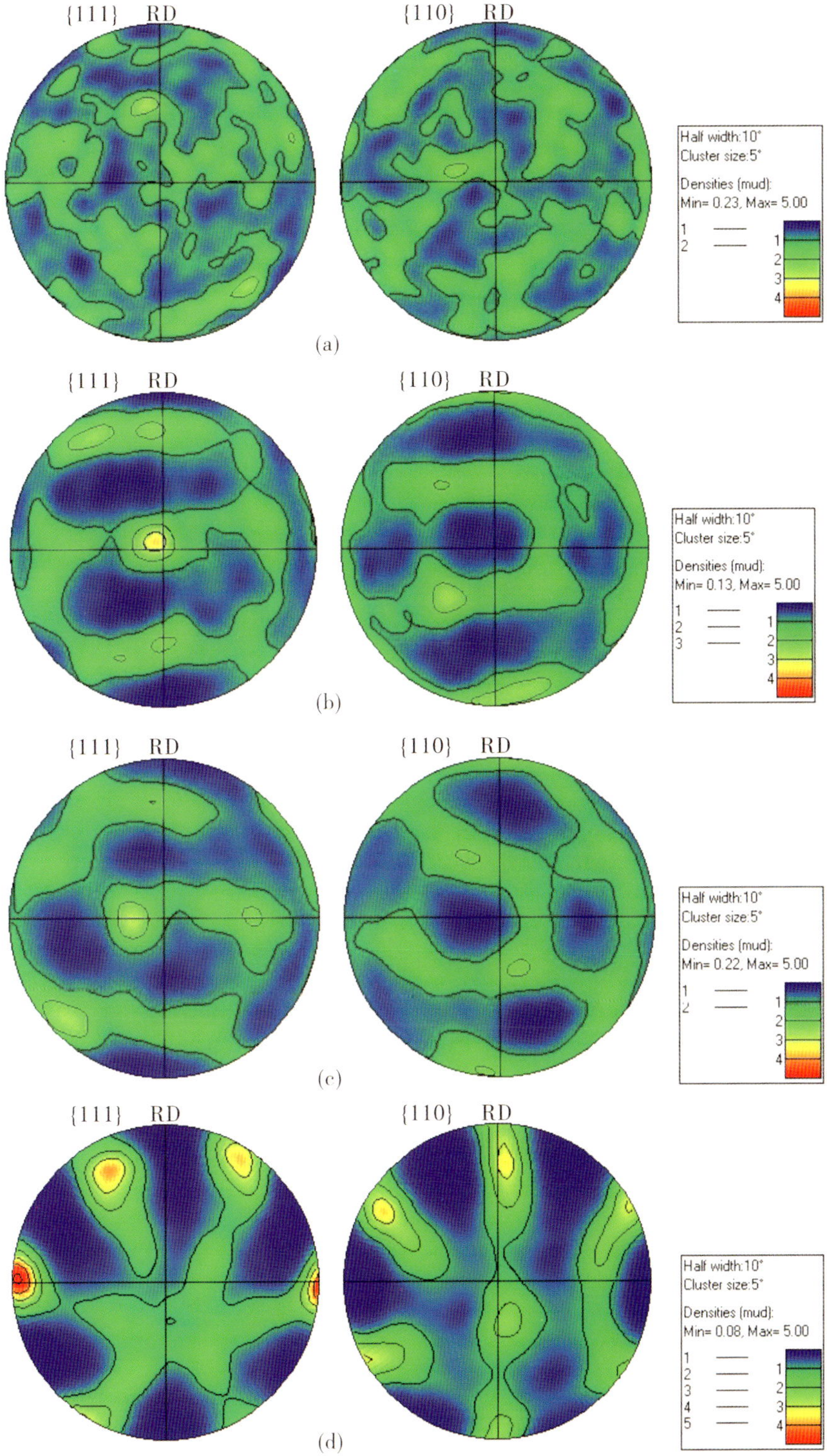

(a)坯料;(b)测试点 C;(c)测试点 B;(d)测试点 A

图 1-48　坯料和冷摆辗齿轮分度圆处的{111}和{110}极图

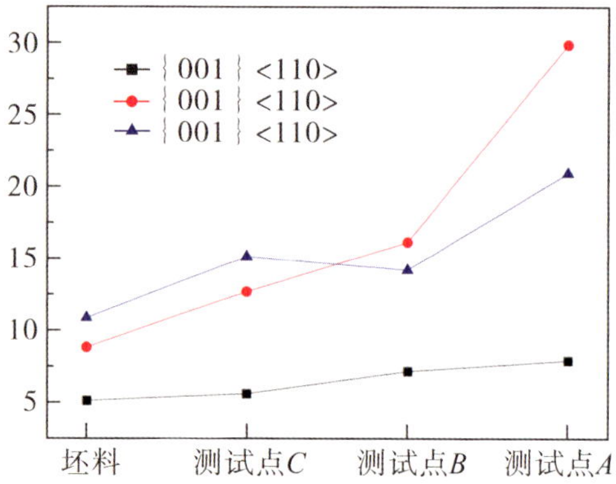

图 1-49　坯料和冷摆辗齿轮分度圆处剪切织构的相对含量

1.5　冷摆辗直齿锥齿轮渗碳淬火微观组织分布与演化规律

实验测试区如图 1-43 所示。通过测试 3 个区域的晶粒、组织和硬度来研究冷摆辗直齿锥齿轮渗碳淬火微观组织分布与演化规律。

1.5.1　组织分布规律

冷摆辗直齿锥齿轮经过热处理后,由齿廓到齿心的组织如图 1-50 所示。从图 1-50 可以看出,齿廓处的组织主要为针状回火马氏体,齿心处的组织为板条回火马氏体。马氏体从表层至心部可以分为 4 种形态:①齿廓表层至 844μm 为针状回火马氏体,该区域的马氏体针叶较小,如图 1-50(a)所示;②844～1 127μm 为针状和细板条回火马氏体,该区域为针状马氏体向板条马氏体过渡状态,如图 1-50(b)所示;③1 127～1 814μm 为细板条回火马氏体;④1 814μm 至心部为粗板条回火马氏体。

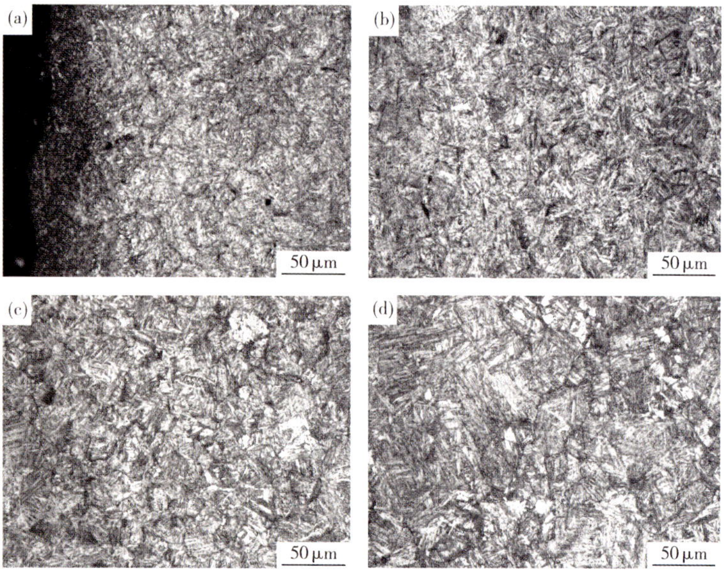

(a)齿廓;(b)距齿廓 900μm;(c)距齿廓 1 200μm;(d)齿心

图 1-50　冷摆辗直齿锥齿轮热处理后从齿廓到齿心组织图

1.5.2　硬度分布规律

图 1-51 为冷摆辗直齿锥齿轮热处理后从齿廓到齿心硬度变化图。从图 1-51 可以看出，随着距齿廓距离的增大，硬度值逐渐减小。在距齿廓 0 ~2 000μm 时，硬度值下降迅速；在距齿廓 2 000μm ~4 300μm（齿心处），硬度值下降平缓。经过渗碳淬火后，齿廓碳浓度较高，所以齿廓硬度值较大。随着距齿廓距离的增大，碳浓度逐渐降低，所以硬度值逐渐减小。

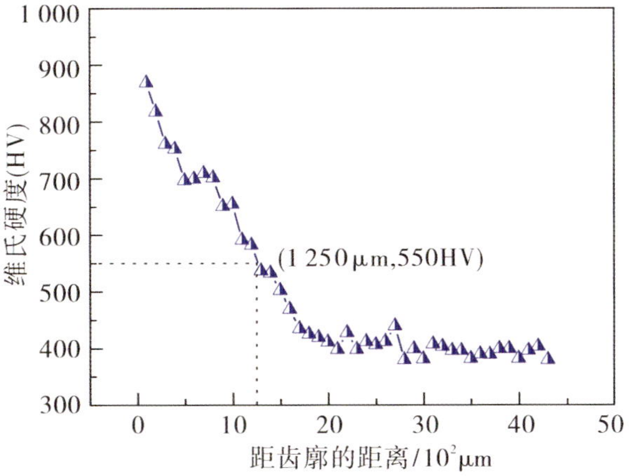

图 1-51　冷摆辗直齿锥齿轮热处理后从齿廓到齿心硬度变化图

第 2 章 螺旋锥齿轮冷摆辗成形

和直齿锥齿轮一样，螺旋锥齿轮（弧齿锥齿轮）是动力和运动传递的机械关键基础零件，可以实现两相交轴或交错轴之间动力和运动传递，在机械、汽车、火车、舰船、航空航天等工业领域应用广泛。目前，弧齿锥齿轮主要通过铣齿机铣削加工制造，还不能实现精密塑性成形制造。

本章以弧齿锥齿轮冷摆辗精密塑性成形为对象，通过有限元模拟计算，揭示弧齿锥齿轮冷摆辗塑性变形规律和成形机制。

2.1 弧齿锥齿轮冷摆辗有限元模型

采用有限元软件 DEFORM-3D 进行弧齿锥齿轮冷摆辗数值模拟。首先借助通用三维造型软件 Pro/E 进行毛坯、模具实体精确建模与装配，随后将装配模式下实体模型以 STL 文件格式逐一导入到 DEFORM-3D 的前处理器中进行有限元建模，如图 2-1 所示。在弧齿锥齿轮冷摆辗成形模拟过程中，为减小计算机运算时间，将模具设置为刚性体。由于毛坯的弹性变形远小于其塑性变形，因此在模拟过程中忽略毛坯的弹性变形，毛坯设置为刚塑性材料。另外，由于在常温下成形，因此也可以忽略温度效应。本模拟中毛坯材料为经过球化退火的 20CrMnTi 低碳钢，其真实应力-应变曲线以及材料属性参见第 1 章。

采用 DEFORM-3D 默认网格类型——四节点四面体单元对毛坯进行网格划分。由于齿形部位的材料流动及应力、应变、损伤等各种场量分布是关注重点，因此采用网格细化窗口将此部位网格进行局部细化以提高计算精度，最后生成150 000个网格及 33 000个节点，如图 2-1（c）所示。为保证节点力在单元之间连续传递和减少网格畸变，应采用较小的时间步长来进行运算。然而，时间步长越小，模拟计算时间就越长。因此，选择合适的时间步长既能保证计算精度又能兼顾计算效率。经过多次尝试，确定时间步长为 0.025s/步。DEFORM-3D 系统中集成了在网格畸变过大时能够自行触发自动网格重划生成器，从而生成优化的网格系统。

由于弧齿锥齿轮冷摆辗是一个大塑性变形金属成形过程，因此采用常剪切摩擦定律来定量表征毛坯与模具间的摩擦边界，其表达式定义如下：

$$f = m_f k \tag{2-1}$$

式中，f——摩擦应力；

m_f——摩擦因子；

k——剪切屈服应力。

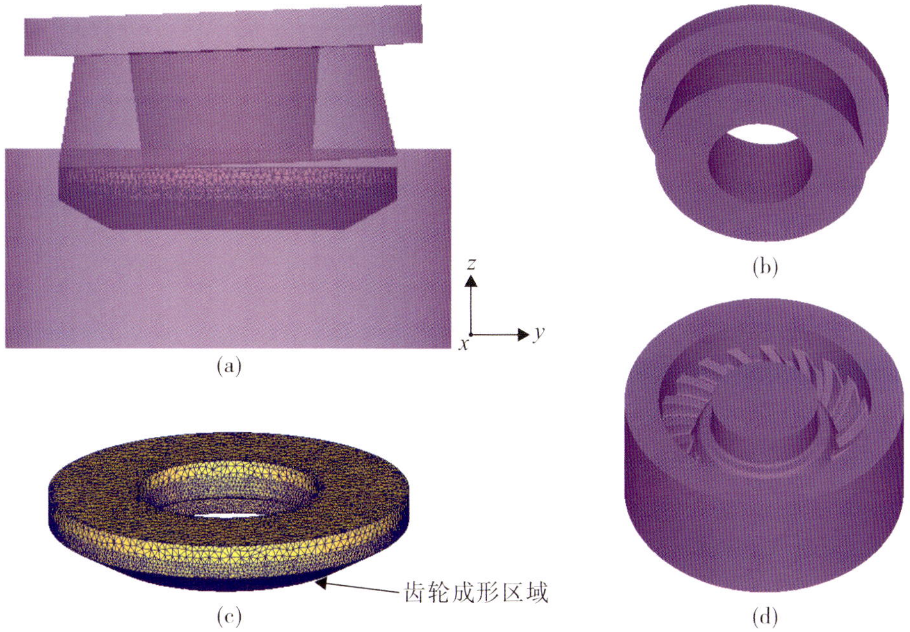

(a)三维有限元模型;(b)上模;(c)毛坯;(d)下模

图 2-1　弧齿锥齿轮冷摆辗三维有限元模型

模拟中弧齿锥齿轮冷摆辗工艺参数见表 2-1。

表 2-1　模拟中弧齿锥齿轮冷摆辗工艺参数

模拟条件	描述
下模进给速度 v/mm·s^{-1}	1
上模转速 n/r·min^{-1}	200
上模倾角 γ/(°)	2
摩擦类型	剪切摩擦
摩擦因子 m	0. 14
初始网格总数	150 000
时间步长/s	0. 025
上模运动轨迹	圆形轨迹

2.2　弧齿锥齿轮冷摆辗毛坯优化设计

2.2.1　毛坯优化方案

采用有限元模拟方法来进行弧齿锥齿轮冷摆辗毛坯优化,以期获得较为理想的毛坯形状尺寸。

弧齿锥齿轮冷摆辗毛坯截面示意图如图 2-2 所示,图中 D_1、D_2、D_3、D_4、H_1、H_2、β 为毛坯几何参数。在这 7 个几何参数中,D_1、D_2、D_3、β 是由下模几何形状所决定的常数,分别为 61mm、29mm、37. 6mm、68. 198 6°。而其余 3 个参数为满足体积不变原理的变量参数。通过改变上述参数设计了 5 种比较典型的毛坯尺寸,其参数见表 2-2。另外,图 2-3 给出了不同毛坯设计下毛坯与下模的初始相对位置。

表 2-2 5 种毛坯几何参数

单位:mm

设计	H_1	H_2	D_4
1	7.8	3.8	41.5
2	7.2	4.7	41.5
3	6.7	5.3	41.5
4	7.0	5.8	40.4
5	7.4	6.2	39.7

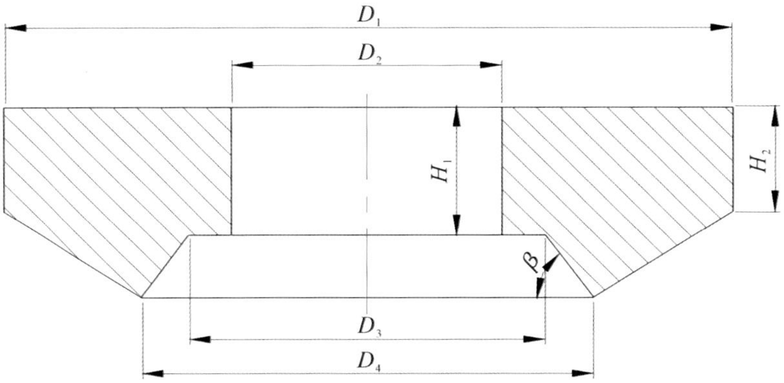

图 2-2 毛坯截面示意图

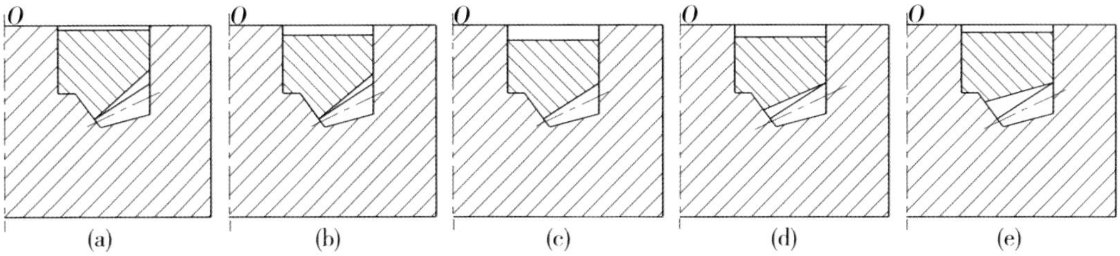

(a)设计 1;(b)设计 2;(c)设计 3;(d)设计 4;(e)设计 5

图 2-3 不同毛坯设计下毛坯与下模的初始相对位置

2.2.2 毛坯形状对齿根处损伤因子分布的影响

研究了不同毛坯形状尺寸对弧齿锥齿轮冷摆辗损伤因子分布的影响规律。在最终锻件上选取两条追踪路径,第一条路径(弧长 A)经过齿轮凸齿面齿根,路径起点为小端齿根,终点为大端齿根,如图 2-4(a)所示。从图 2-4(a)可以看出毛坯形状对齿轮凸齿面齿根区域的损伤因子分布具有很大的影响。对于前两种毛坯设计,齿轮小端齿根处的损伤因子总是大于大端齿根,而且设计 2 的小端齿根处的损伤因子为 5 种设计中最大的($D\approx 0.18$)。然而,后 3 种毛坯设计对应的损伤因子分布情况与前两种差别很大。对于后 3 种毛坯设计,齿轮大端齿根处的损伤因子大于小端齿根,且设计 3 对应的齿轮大端齿根处损伤因子为所有设计中最大的($D\approx 0.26$),远大于设计 4($D\approx 0.16$)与设计 5($D\approx 0.09$)。

第二条路径(弧长 B)经过齿轮凹齿面齿根,路径起点为小端齿根,终点为大端齿根,如图 2-4(b)所示。可以看出沿凹齿面齿根的损伤因子分布规律大致与凸齿面齿根相同,最大的区别在于设计 3 对应的凹齿面小端齿根损伤因子($D\approx 0.20$)大于大端齿根($D\approx 0.12$)。

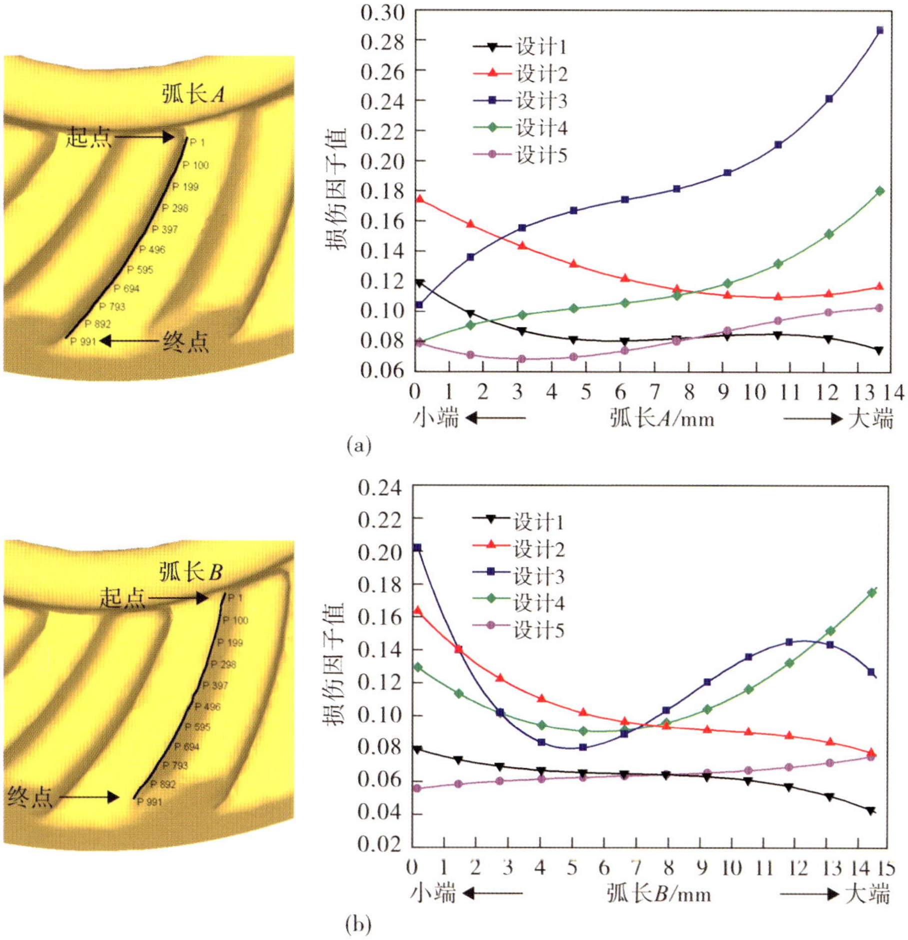

(a)凸齿面齿根轨迹及损伤因子值分布;(b)凹齿面齿根轨迹及损伤因子值分布

图 2-4　不同路径下弧齿锥齿轮冷摆辗损伤因子值分布

为了更好地评价毛坯形状尺寸对锻件质量的影响,将齿轮凸齿面与凹齿面齿根处最大损伤因子值进行了比较,如图 2-5 所示。从图 2-5 可以看出,对于所有毛坯设计,齿轮凸齿面齿根处最大损伤因子均大于相应凹齿面处最大损伤因子值,且设计 3 对应的凹凸齿面齿根处损伤因子值的差异最大,设计 1 与设计 5 次之,而设计 2 与设计 4 最小。另外,设计 3 对应的齿根处最大损伤因子大于其余 4 种毛坯设计。

2.2.3　毛坯形状对成形载荷的影响

图 2-6 所示为不同毛坯设计下弧齿锥齿轮冷摆辗成形载荷随下模行程的变化曲线。另外,为了更直观地描述这些曲线,在图中增加了一些成形过程中典型齿轮成形步。从图

2-6 可以看出,这 5 条曲线呈现相同的变化趋势,也即整个弧齿锥齿轮冷摆辗成形过程可以分为 3 个阶段:局部镦粗阶段、齿形主要填充阶段及角隅填充阶段(完全填充阶段)。冷摆辗成形初期,在模具作用下,毛坯发生局部塑性变形形成一定的齿形,这些齿形对于后续成形起到了定位作用,如图 2-6(a)~(e)所示。冷摆辗成形中期,随着上模的连续摆动与下模的轴向进给,毛坯高度逐渐减小,金属材料流向模具型腔逐渐形成齿形,如图 2-6(a)~(e)所示。因此在这个阶段,上模轴向锻造力随着下模轴向进给的增加而缓慢增加。在冷摆辗成形后期,由于金属填充模具型腔的流动阻力很大,完全填充模具型腔变得越来越困难,因此该阶段轴向锻造力也随之急剧增大。

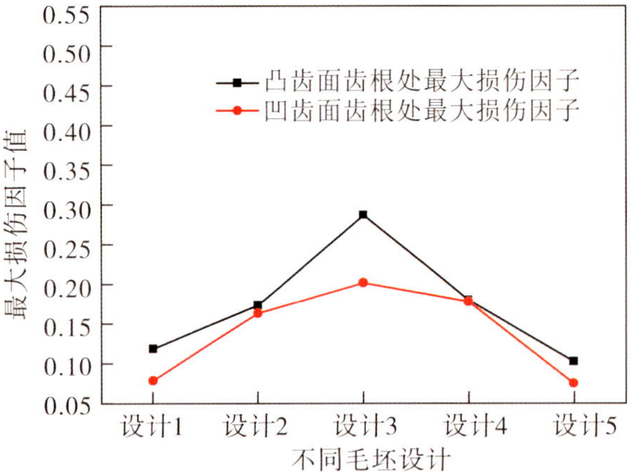

图 2-5 弧齿锥齿轮凸齿面与凹齿面齿根处最大损伤因子值比较

上述不同毛坯设计下所对应的弧齿锥齿轮冷摆辗成形载荷曲线除了在变化趋势方面表现出的相似性外,同样存在许多显著的差异。

(1)由于毛坯初始高度不同,因此不同载荷曲线对应的下模行程也不尽相同。设计 1 毛坯初始高度最大,因此该设计下下模行程最大,如图 2-6(a)所示。设计 3 毛坯初始高度最小,其所对应下模行程也相应最小,如图 2-6(c)所示。

(2)由于不同毛坯设计下毛坯与下模初始相对位置不同,从而导致第一阶段成形模式也大不相同:设计 1 与设计 2 下齿轮小端首先发生塑性变形,设计 4 与设计 5 下齿轮大端首先发生塑性变形,而设计 3 下整个齿形同时发生塑性变形。

(3)第一阶段对应的成形时间不完全相同,这是由于该阶段成形模式不同所导致的。设计 3 下第一阶段为整个齿形同时发生塑性变形,而其他 4 种均为局部齿端发生成形,因此设计 3 下第一阶段成形时间远大于其他 4 种毛坯设计。

图 2-7 所示为不同毛坯设计下所对应的弧齿锥齿轮冷摆辗最大轴向锻造力。从图 2-7 可以看出,设计 4 所对应的最大轴向锻造力为 5 种设计下最小的,约为 1 600kN。而设计 1 所对应的最大轴向锻造力为 5 种设计下最大的,约为 2 600kN。

综合考虑毛坯形状尺寸对弧齿锥齿轮冷摆辗的多重影响,选取设计 4 作为最优毛坯以保证较小的损伤因子及较低的成形载荷。因此,在后续研究中将针对设计 4 毛坯来进行弧齿锥齿轮冷摆辗成形有限元数值模拟,从而揭示该工艺的变形机理。

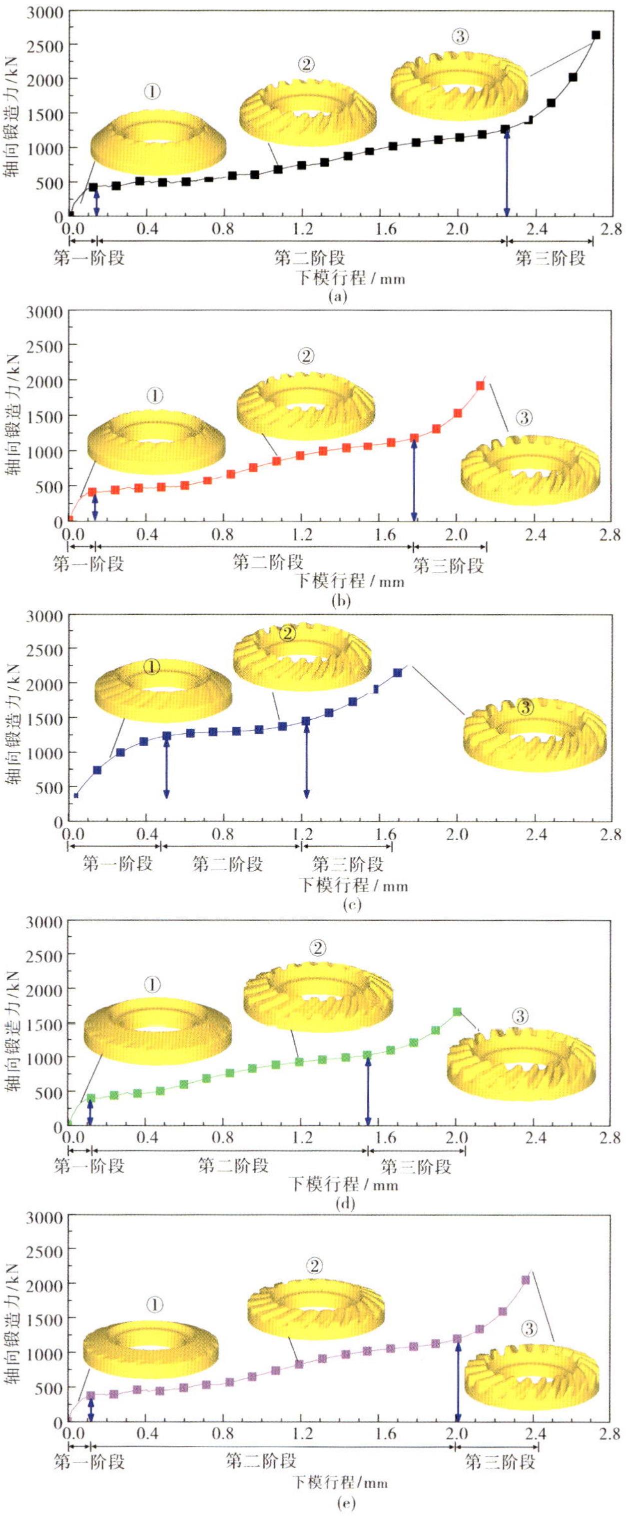

(a)设计 1;(b)设计 2;(c)设计 3;(d)设计 4;(e)设计 5

图 2-6　不同毛坯设计下弧齿锥齿轮冷摆辗成形载荷变化曲线

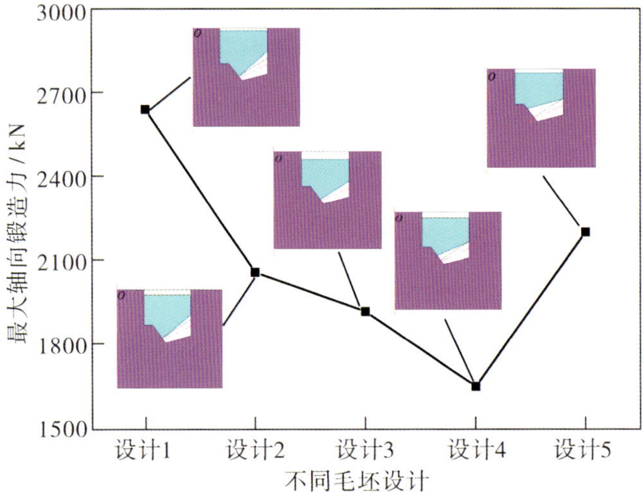

图 2-7 不同毛坯设计下弧齿锥齿轮冷摆辗最大轴向锻造力

2.3 弧齿锥齿轮冷摆辗成形机制

基于上述优化的毛坯几何形状,通过有限元数值模拟计算,揭示了弧齿锥齿轮冷摆辗过程中模具与毛坯的接触情况、不同内部场如金属流动速度场、等效应变场的分布及演化规律,从而全面揭示了弧齿锥齿轮冷摆辗塑性变形规律和成形机制。

2.3.1 冷摆辗过程中模具与毛坯的接触情况

在弧齿锥齿轮冷摆辗成形过程中,由于上模的连续摆动和下模的轴向进给,模具与毛坯接触区域的大小及位置时刻发生改变,它对整个冷摆辗成形过程具有重要影响。如图2-8所示,毛坯上布满绿色节点的区域代表上模与毛坯的接触区域,而覆盖蓝色节点的区域即为下模与毛坯的接触区域。

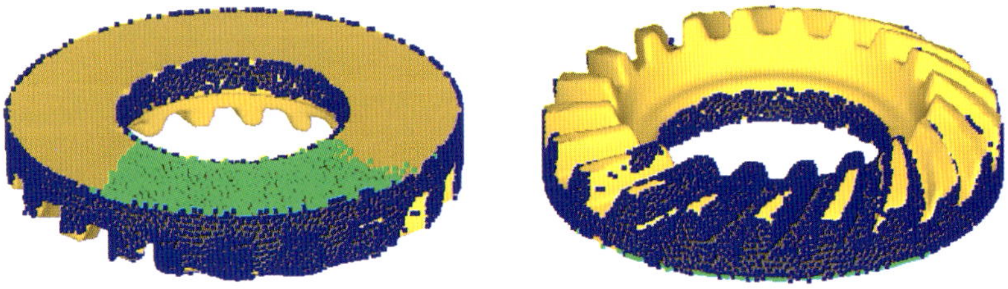

(a) (b)

(a)上模与毛坯接触状态;(b)下模与毛坯接触状态

图 2-8 弧齿锥齿轮冷摆辗模具与毛坯接触状态

图2-9给出了弧齿锥齿轮冷摆辗上模与毛坯接触面积随时间变化曲线。从图中可以清晰地看到,在整个冷摆辗成形过程中上模与毛坯的接触面积远小于环形毛坯上表面总面积。另外,还可以看到整条曲线大致分为两个阶段。在初始阶段,上模开始接触到毛坯上表面,因此二者之间的接触面积迅速从零增加到一定值,大约为毛坯上表面总面积的8.4%。在第二阶段,也就是齿形主要填充阶段,上模与毛坯之间的接触面积随着齿形的

稳定填充而缓慢增加，此阶段接触面积最后达到毛坯上表面总面积的 36.8%。

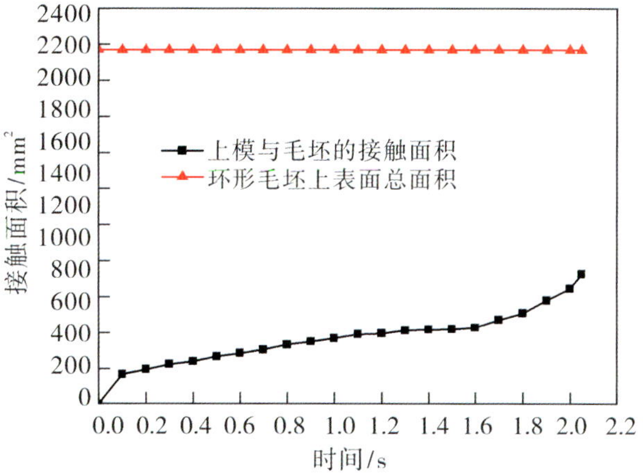

图 2-9　弧齿锥齿轮冷摆辗上模与毛坯接触面积随时间变化曲线

2.3.2　冷摆辗过程中金属流动速度场

在弧齿锥齿轮冷摆辗成形过程中，承受局部重载的毛坯可分为两个变形区域：一个是与锥形上模直接接触的主动变形区，另一个是不与锥形上模接触的被动变形区。因此，冷摆辗成形过程中的金属流动情况要比传统锻造成形复杂。为了揭示弧齿锥齿轮冷摆辗成形过程的金属流动规律，需要对金属流动速度场进行详细的研究。图 2-10 所示为弧齿锥齿轮冷摆辗成形过程中金属流动速度场随时间的变化情况。从图中可以看出，金属流动速度场的分布随时间变化呈现出较大的差异。

(1) 主动变形区与被动变形区的金属流动方向不同：在弧齿锥齿轮冷摆辗成形初期，主动变形区的金属材料在轴向锻造力的作用下流入模具行腔以填充齿形，因此该阶段金属流动方向以轴向流动为主，如图 2-10(a)～(c) 所示；在冷摆辗成形后期，由于金属填充模具型腔角隅的轴向流动阻力急剧增大，而金属切向流动阻力相对较小，因此金属主要流动方向逐渐由轴向流动变为切向流动，如图 2-10(d)～(f) 所示。而被动变形区在整个成形过程中一直受到主动变形区的侧向压力作用，因此被动变形区金属自始至终朝着背离模具型腔的方向流动。

(2) 主动变形区与被动变形区的金属流动速度不同：由于下模的轴向进给及上模的连续摆动，主动变形区金属承受局部重载作用，从而导致该区域金属流动剧烈，因此在整个弧齿锥齿轮冷摆辗成形过程中主动变形区金属材料的流动速度远大于被动变形区。

(3) 最大流动速度场分布随时间变化：在弧齿锥齿轮冷摆辗初期，齿轮大端齿形首先产生塑性变形，因此齿轮大端金属材料的流动速度远远大于小端区域，如图 2-10(a)、(b) 所示。在冷摆辗过程中期，齿轮小端齿形成形比大端齿形成形更容易，因此该阶段齿轮小端金属流动速度是最大的，如图 2-10(c) 所示。随着下模轴向进给的增加，弧齿锥齿轮小端齿形首先完成填充，因此该区域金属流动速度减小为零。相反，由于金属流动成形齿轮大端齿形，因此该区域金属流动速度较大，如图 2-10(d) 所示。在弧齿锥齿轮冷摆辗后期，由于金属流动阻力的剧增，金属材料完全填充齿形型腔变得非常困难。因此，上模与毛坯之间接触区入口的切向流动速度最大，如图 2-10(e)、(f)所示。

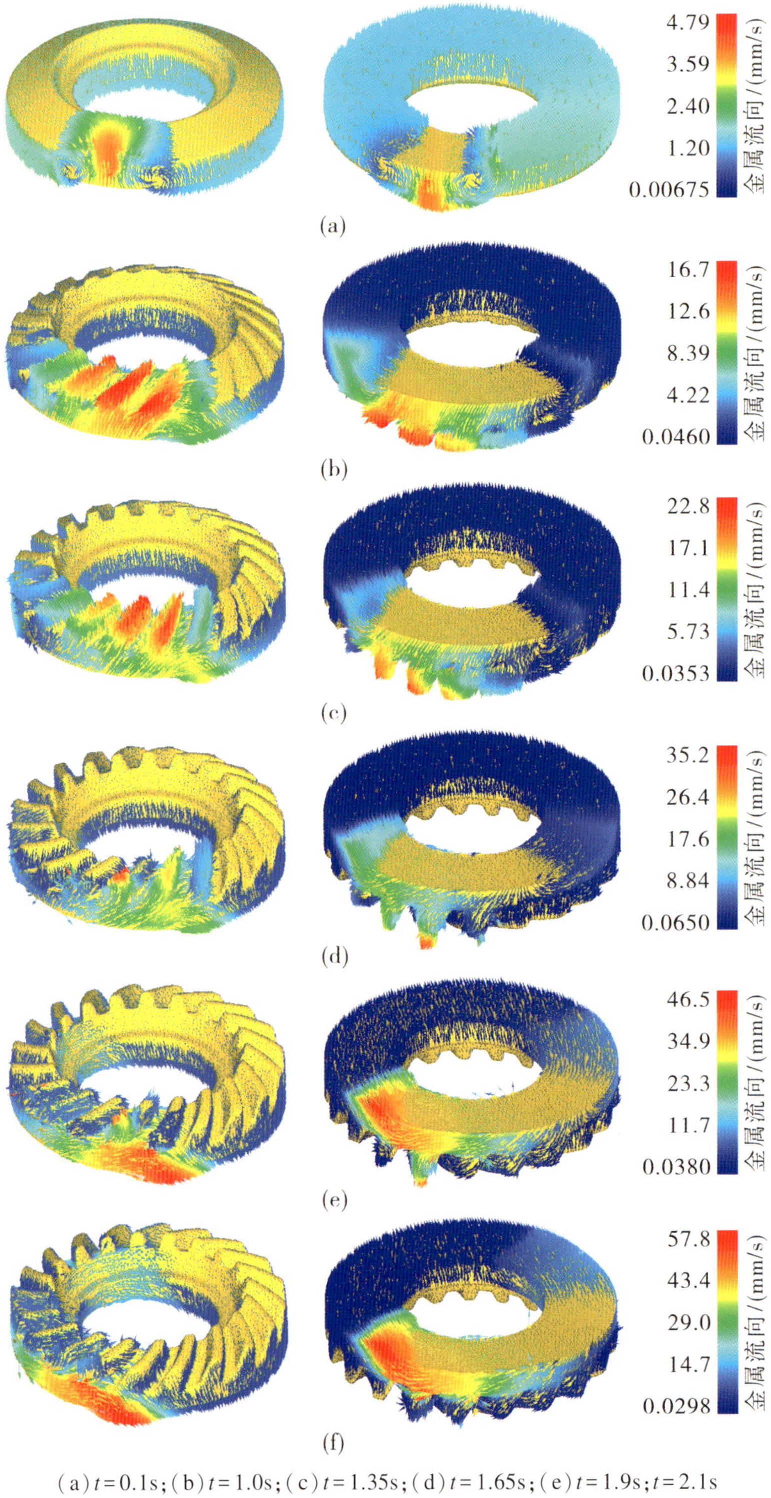

(a) t=0.1s; (b) t=1.0s; (c) t=1.35s; (d) t=1.65s; (e) t=1.9s; t=2.1s

图 2-10　弧齿锥齿轮冷摆辗成形过程中金属流动速度场

为了获得弧齿锥齿轮冷摆辗成形过程中复杂齿形区域金属材料的流动规律，在弧齿锥齿轮齿顶处取 3 个追踪点来检查成形过程中齿形区域金属流动速度的变化情况。如图 2-11 所示，其中追踪点 1(即 P_1，下同)位于齿轮大端齿顶处，追踪点 2(P_2)位于齿轮齿顶中间处，而追踪点 3(P_3)则位于齿轮小端齿顶处。

从图 2-11 可以看出，各追踪点的流动速度变化曲线呈锯齿状波动，这是由于上模与毛坯的周期性动态接触特性造成的。很明显，曲线上的 7 个锯齿(图 2-11 上标明的 A～G)构成了一个完整的弧齿锥齿轮冷摆辗成形过程。在冷摆辗过程中，上模不断摆动，当上模与包含追踪点的区域接触时，该区域金属材料流动速度就剧烈增加；反之，当上模与包含追踪点的区域脱离接触时，该区域金属材料的流动速度就迅速减小。

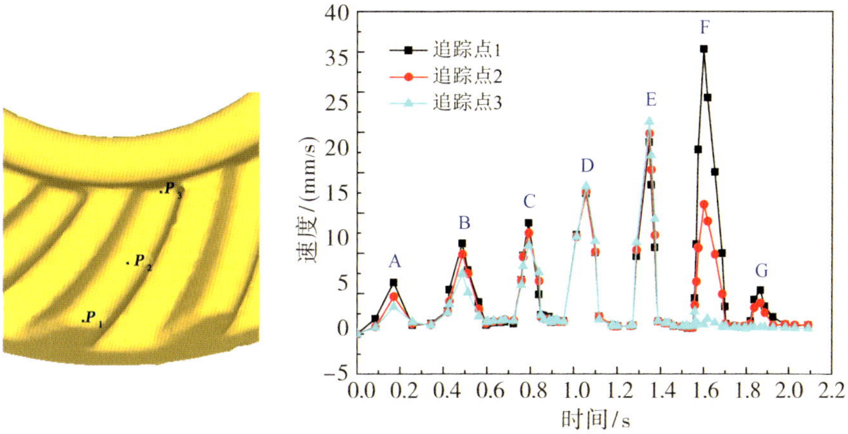

图 2-11　弧齿锥齿轮齿顶处金属流动速度随时间变化曲线

另外，从图 2-11 还可以看出在整个弧齿锥齿轮冷摆辗成形过程中各追踪点的最大流动速度均呈现交替上升的变化趋势。在冷摆辗初期，追踪点 1 的最大流动速度是所有追踪点中最大的，而追踪点 3 的最大流动速度是最小的，如图 2-11 锯齿 A、B、C 所示；随着下模轴向进给速度的增大，追踪点 3 的最大流动谏度超过了追踪点 1，如图 2-11 锯齿 D、E 所示。也就是说，在冷摆辗成形过程的某段时间内齿轮小端齿顶区域的金属材料流动最为剧烈以填充小端齿形。追踪点 3 的最大流动速度在锯齿 F 所对应时刻已接近为零，从而证明了齿轮小端齿形的完全填充是先于大端齿形完成的，如图 2-11 锯齿 F 所示。在冷摆辗后期，齿轮大端齿顶区域金属材料的流动速度也大幅度减小，也就是说齿轮大端齿形也将近完全填充。上述对于图 2-11 的分析与图 2-10 得到的结论能很好地吻合。

2.3.3　冷摆辗过程中应力场分布与演化规律

图 2-12 所示为弧齿锥齿轮冷摆辗成形过程中等效应力的分布情况。由于齿轮大端齿形首先产生塑性变形，因此等效应力在该处聚集，如图 2-12(b)～(c)所示。随着冷摆辗成形过程的进行，模具型腔不断被填充，因此齿轮大端齿根处的等效应力迅速增大，且齿轮大端等效应力值比齿轮小端等效应力值大，如图 2-12(d)～(f)所示。

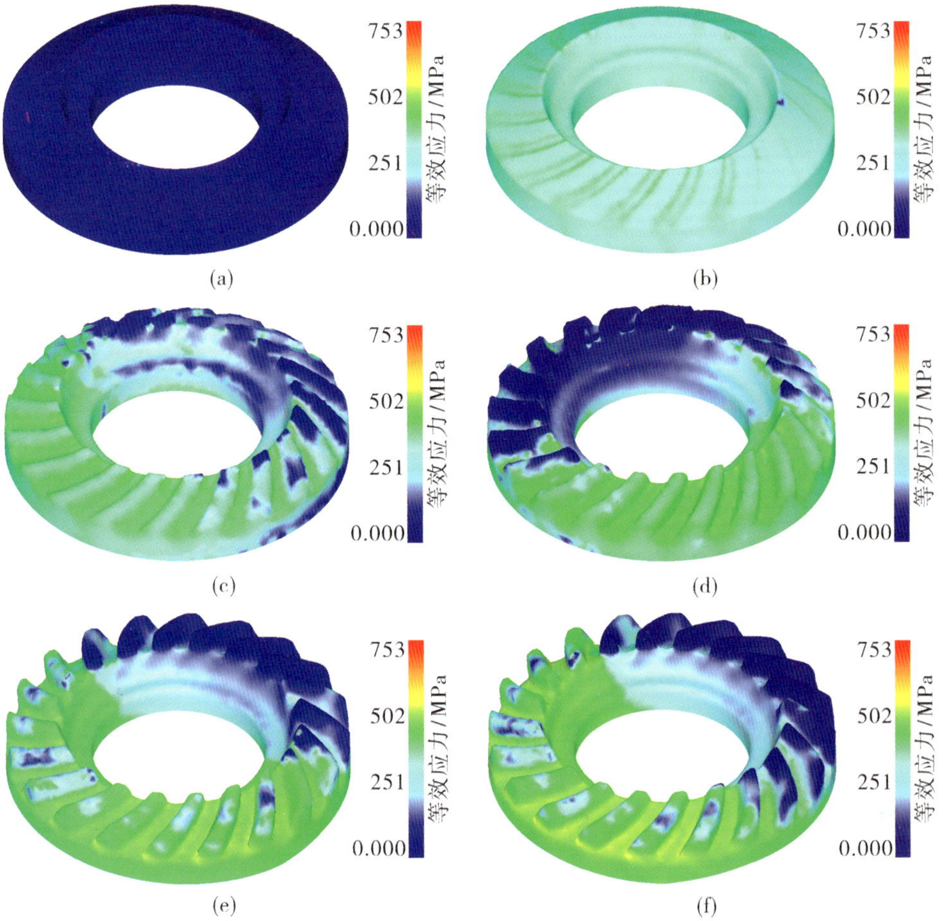

(a) $t=0$s;(b) $t=0.14$s;(c) $t=0.8$s;(d) $t=1.5$s;(e) $t=1.7$s;$t=2.1$s

图 2-12 弧齿锥齿轮冷摆辗成形过程中等效应力场

2.3.4 冷摆辗过程中等效应变场

图 2-13 所示为弧齿锥齿轮冷摆辗成形过程中等效应变(PEEQ)的分布情况。如前面所述,毛坯首先与下模齿形大端区域接触,因此该区域的金属材料较容易满足屈服条件进入塑性变形状态,如图 2-13(b)所示。在上模的连续摆动和下模轴向进给作用下,塑性变形区逐渐沿周向和齿形方向扩展。随着冷摆辗过程的进行,毛坯整个齿形都成为塑性变形区,如图 2-13(c)~(d)所示。在冷摆辗后期,由于齿轮齿形完全填充,因此,齿轮等效应变迅速增加,如图 2-13(f)所示。

从图 2-13 还可以看出,齿轮大端齿根区域的等效应变值在整个冷摆辗成形过程中均是最大的,这表明该区域金属材料流动最为剧烈。从图 2-13 还可以看出,等效应变沿齿轮轴向及径向分布极不均匀,但沿周向方向分布非常均匀。

为了能够深入研究弧齿锥齿轮冷摆辗成形过程中等效应变的分布规律及演化历程,在锻件上选取一些典型追踪点来检查整个冷摆辗过程的等效应变变化情况,如图 2-14 所示。从图 2-14(a)~(d)可以看出,所有追踪点的等效应变均呈台阶状增长,这主要是由于上模与毛坯的周期性动态接触特性造成的。很明显，每个台阶对应上模的一个旋转周期，也即台阶的水平段对应上模与追踪点区域脱离接触的时段，而每个台阶上升时刻即为上模与追踪点区域发生接触的时刻，而台阶高度代表追踪点金属材料的等效应变在对应周期内的增长值。进一步观察图 2-14 还可以发现这些曲线除了在演化历史方面存在上述相似点外，它们也存在许多明显的差异。

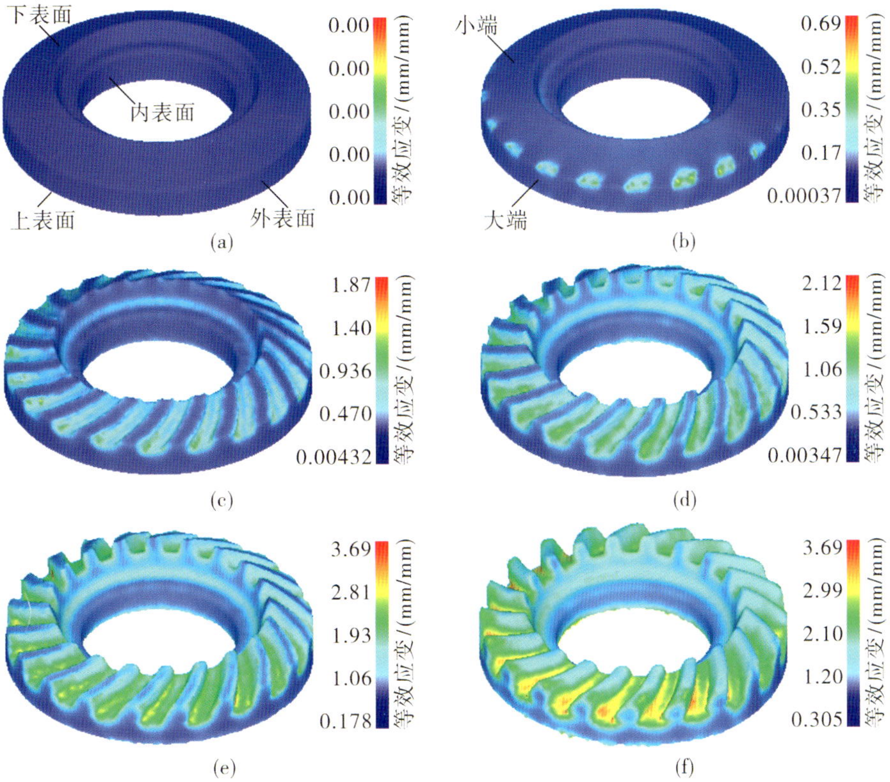

(a) $t=0$s；(b) $t=0.2$s；(c) $t=0.9$s；(d) $t=1.6$s；(e) $t=1.8$s；$t=2.1$s

图 2-13　弧齿锥齿轮冷摆辗成形过程中等效应变场

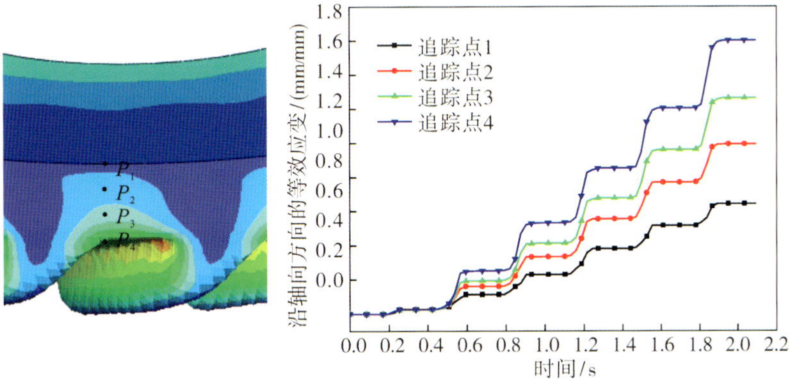

(a)

(a)沿轴向方向

图 2-14　弧齿锥齿轮追踪点沿不同方向等效应变演化历程

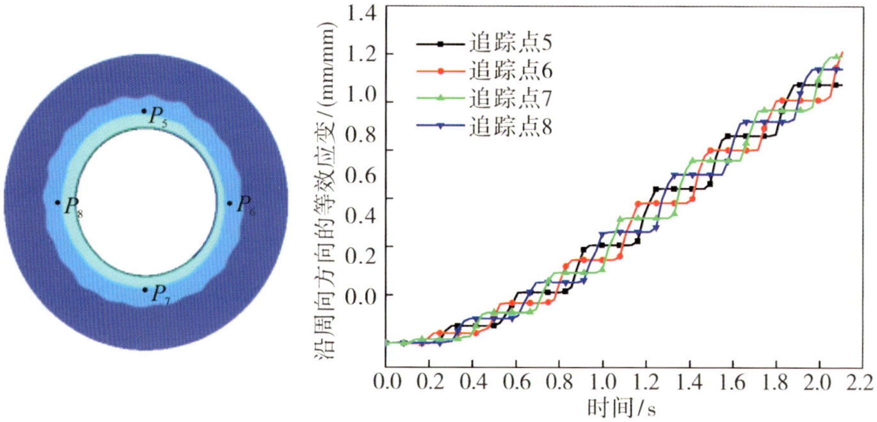

(b)

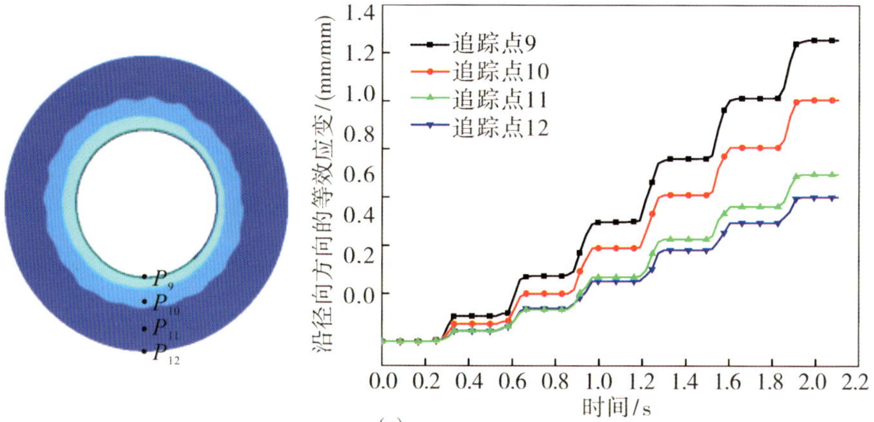

(c)

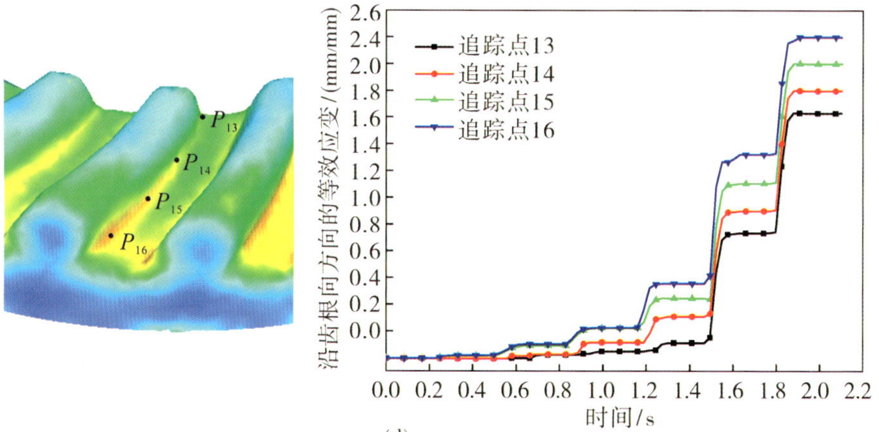

(d)

(b)沿周向方向;(c)沿径向方向;(d)沿齿根方向

图 2-14(续) 弧齿锥齿轮追踪点沿不同方向等效应变演化历程

(1)图 2-14(a)给出了沿轴向方向均匀分布于齿轮外表面的追踪点等效应变分布情况及演化历史。在成形时间 0.5s 前,四条曲线几乎重合,这表明在冷摆辗初始阶段沿轴向方向的金属变形非常均匀。在成形时间 0.5s 后,在单个旋转周期内每个追踪点等效应变台阶高度的增长出现差异性：追踪点 4 的等效应变增长最快，而追踪点 1 增长最慢。也就是说，轴向方向最剧烈的变形出现在齿形表面区域，而远离齿形表面区域金属变形量较小，因此造成等效应变沿轴向分布不均匀。

（2）图 2-14（b）所示为沿周向方向均匀分布于齿轮上表面的追踪点等效应变分布情况及演化历史。从图中可以看出，这些追踪点的等效应变变化曲线像一条"DNA"链有规律地交织在一起，这是由于它们相同的变化趋势及等时间间隔特征所造成的。这也从另外一个角度说明了等效应变沿周向方向分布非常均匀。

（3）图 2-14（c）所示为沿径向方向均匀分布于齿轮上表面的追踪点等效应变分布情况及演化历史。从图中可以看出，各追踪点等效应变的差异（即不均匀性）随时间增加而增大。其中追踪点 11 与追踪点 12 的等效应变变化曲线非常接近，这表明在靠近齿轮外表面区域的金属等效应变分布较为均匀。相比之下，靠近齿轮内表面区域的金属等效应变分布非常不均匀。

（4）图 2-14（d）给出了均匀分布于齿轮齿根处的追踪点等效应变分布情况及演化历史。从图中可以看出，等效应变沿齿根分布呈现出不均匀特性，最小等效应变位于齿轮小端齿根区域，而最大等效应变则位于齿轮大端齿根区域。从图中还可以看出，追踪点 13 的等效应变直到 0.7s 左右才开始积累，这是由于在弧齿锥齿轮冷摆辗初期，该区域未与下模接触所致。

2.3.5　工艺参数对冷摆辗成形的影响规律

基于上述建立的有限元模型，研究了主要工艺参数对弧齿锥齿轮冷摆辗成形过程中成形载荷及成形质量的影响规律。这些工艺参数包括：上模转速 n，下模进给速度 v，上模倾角 γ 及毛坯与模具间的摩擦因子 m。

1. 计算条件

条件 1：为了研究上模转速 n 对弧齿锥齿轮冷摆辗成形过程的影响规律，选取 $n=\{30,40,60,120,180,240,300\}$（r/min），$v=1$mm/s，$\gamma=2°$，$m=0.14$。

条件 2：为了研究下模进给速度 v 对弧齿锥齿轮冷摆辗成形过程的影响规律，选取 $v=\{0.4,0.5,0.66,1,2,3,4\}$（mm/s），$n=120$r/min，$\gamma=2°$，$m=0.14$。

条件 3：为了研究上模倾角 γ 对弧齿锥齿轮冷摆辗成形过程的影响规律，选取 $\gamma=\{0.25,1,1.5,2,3,4,6\}$（°），$v=1$mm/s，$n=120$r/min，$m=0.14$。

条件 4：为了研究摩擦因子 m 对弧齿锥齿轮冷摆辗成形过程的影响规律，选取 $m=\{0.05,0.1,0.14,0.3,0.4,0.5,0.7\}$，$v=1$mm/s，$n=120$r/min，$\gamma=2°$。

2. 工艺参数对成形载荷的影响规律

图 2-15 给出了 n 和 v 对弧齿锥齿轮冷摆辗成形过程中最大轴向锻造力的影响。从图中可以看出：只要每转进给量 S 保持不变，那么不论是 v 变化还是 n 变化，它们对最大轴向锻造力的影响几乎保持不变。因此，n 和 v 对最大轴向锻造力的影响可以归结为每转进给量 S 的影响。另外，从图 2-15 还可以看出，弧齿锥齿轮冷摆辗成形所需最大轴向锻造力随 S 增大而增大。这是由于当 S 较大时，模具与毛坯之间的接触面积较大，也就是主动变形区较大，从而导致冷摆辗所需的成形载荷较大。相反，当 S 较小时，模具与毛坯

之间的主动变形区较小,从而导致冷摆辗所需的成形载荷较小。

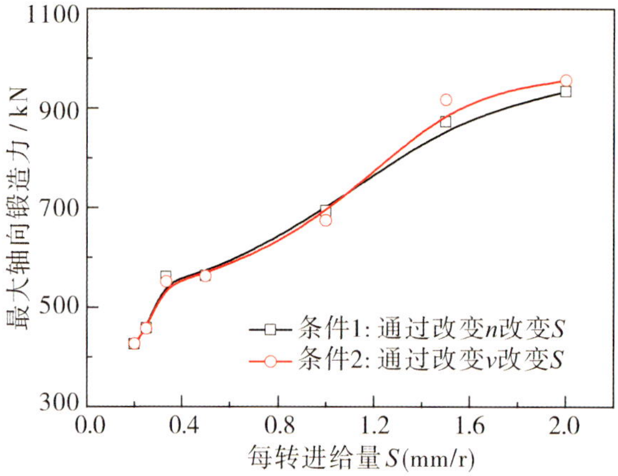

图 2-15 *n* 和 *v* 对弧齿锥齿轮冷摆辗成形过程中最大轴向锻造力的影响

图 2-16 所示为 γ 对弧齿锥齿轮冷摆辗成形过程中最大轴向锻造力的影响。从图中可以看出,弧齿锥齿轮冷摆辗成形过程中的最大轴向锻造力随着 γ 的增加而减小。这可以解释如下:当 γ 值增大时,上模与毛坯之间的接触面积会迅速减小,也就是主动变形区减小,从而导致冷摆辗所需的成形载荷减小。从图 2-16 还可以发现:对于一个给定的 S 值,当 γ 小于 1.5° 时,随着 γ 值增大,最大轴向锻造力迅速减小。然而,当 γ 值大于 1.5° 时,最大轴向锻造力缓慢减小。

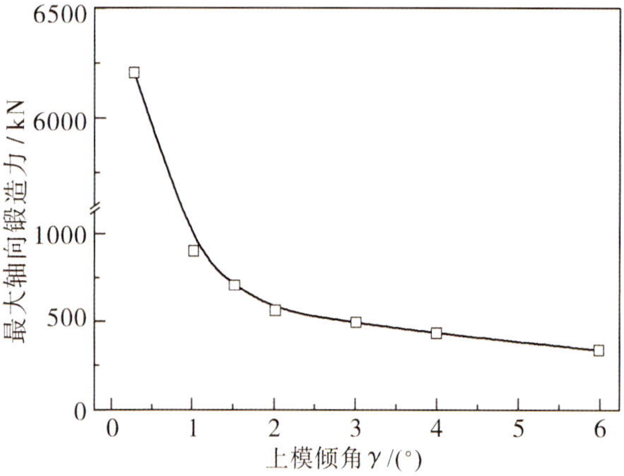

图 2-16 γ 对弧齿锥齿轮冷摆辗成形过程中最大轴向锻造力的影响

如图 2-17 所示为 m 对弧齿锥齿轮冷摆辗成形过程中最大轴向锻造力的影响。从图中可以看出:最大轴向锻造力随着 m 的增加而增加。这是由于 m 的增大导致金属受到模具型腔的流动阻力增大,从而使得金属流动困难,所需的成形载荷增大。从图 2-17 还可以看出:当 m 小于 0.4 时,随着 m 值增大,最大轴向锻造力快速增大;然而,当 m 大于 0.4 时,最大轴向锻造力缓慢增大。

3. 工艺参数对损伤因子值的影响规律

图 2-18 所示为弧齿锥齿轮冷摆辗终锻件的损伤因子值分布情况。从图中可以看出,整个齿轮锻件上最大损伤因子位于齿形处。下面将详细研究各个工艺参数对最大损伤因

子值的影响规律。

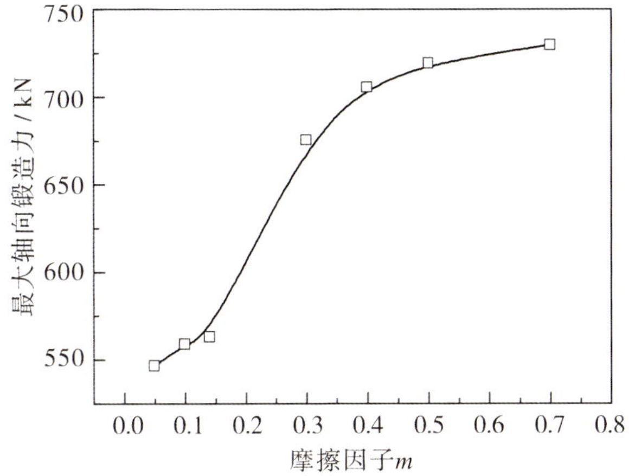

图 2-17　*m* 对弧齿锥齿轮冷摆辗成形过程中最大轴向锻造力的影响

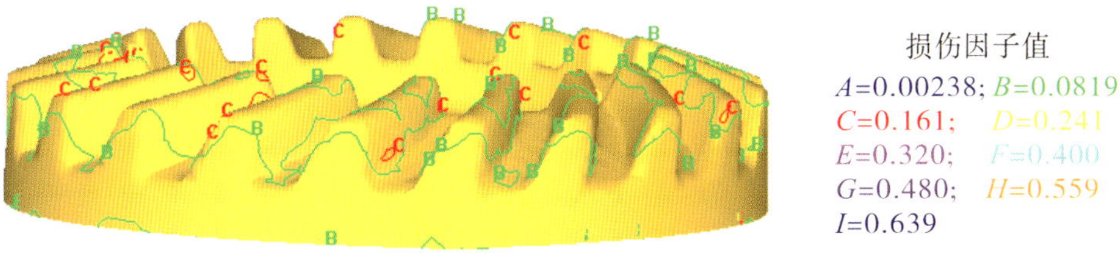

图 2-18　弧齿锥齿轮冷摆辗终锻件的损伤因子值分布

图 2-19 所示为 *n* 和 *v* 对弧齿锥齿轮冷摆辗终锻件最大损伤因子值的影响。从图中可以看出，两条曲线基本重合。这说明 *n* 和 *v* 对冷摆辗终锻件最大损伤因子值的影响可以归结为 *S* 对其的作用。另外，从图中也可以看出：随着 *S* 的增大，最大损伤因子值逐渐减小。该原因主要是当增大 *S* 时，毛坯整体变形更加均匀，因此最大损伤因子值逐渐减小。相反，当减小 *S* 时，塑性变形主要集中在毛坯的上端面，毛坯变形十分不均匀，因此最大损伤因子值逐渐增大。另外，从图中还可以看出，当 *S* 小于 0. 3mm/r 时，最大损伤因子值迅速下降，而当 *S* 大于 0. 3mm/r 时，最大损伤因子值下降较为缓慢。

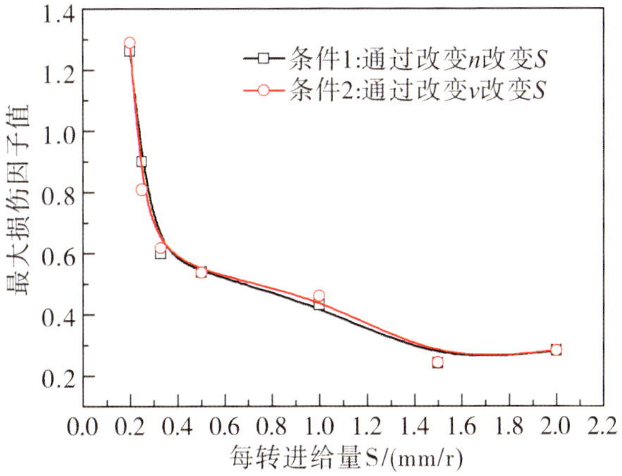

图 2-19　*n* 和 *v* 对弧齿锥齿轮冷摆辗终锻件最大损伤因子值的影响

图 2-20 所示为 γ 对弧齿锥齿轮冷摆辗终锻件的最大损伤因子值的影响。从图中可

以看出:最大损伤因子值随着 γ 的增大而逐渐增大。这是因为随着 γ 值的增大,塑性变形主要集中在毛坯的上端面,毛坯变形十分不均匀,因此最大损伤因子值逐渐增大。

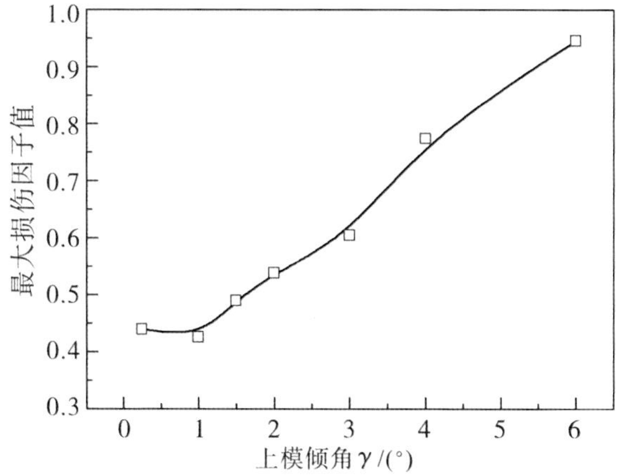

图 2-20　γ 对弧齿锥齿轮冷摆辗终锻件最大损伤因子值的影响

第 3 章
非回转齿轮冷摆辗成形

3.1 引言

目前,通过冷摆辗工艺所成形的齿轮具有一个共同的特征,即齿轮上表面为形状简单的回转型面,而其下表面为形状复杂的非回转齿形,这类齿轮称为回转齿轮。通常,形状简单的回转型面由上模摆动成形,而形状复杂的非回转齿形由下模成形。由于该冷摆辗上模是一个与齿轮回转型面相匹配的回转体,因此其设计相对简单,仅需确定一条回转母线便能建立回转上模。同时,由于回转上模与齿轮回转型面接触简单,因此回转齿轮冷摆辗金属流动和几何精度控制也相对容易。

随着现代工业的飞速发展,复杂形状的齿轮零件在工业中的应用越来越广泛。该类齿轮上下表面均为非回转型面,也称为非回转齿轮。通过分析发现,要实现非回转齿轮冷摆辗回转成形,需要解决以下 3 个关键问题。第一,由于通过上模摆动成形的齿轮上表面为非回转型面,因此对应的上模是一个与之相匹配的非回转体,非回转上模如何设计是需要解决的第一个关键问题。第二,由于非回转上模在非回转齿轮表面连续摆动,非回转上模可能与齿轮非回转型面发生干涉,一旦干涉发生,齿轮上表面成形精度难以保证。因此,非回转上模与齿轮表面干涉判断是需要解决的第二个关键问题。第三,冷摆辗成形过程中,非回转上模与齿轮上表面作复杂的空间啮合运动,其接触界面金属流动十分复杂。因此,非回转齿轮冷摆辗金属流动和几何精度控制是需要解决的第三个关键问题。基于上述 3 个关键问题,本章展开非回转齿轮冷摆辗回转成形理论与技术研究。

3.2 冷摆辗非回转上模设计

3.2.1 冷摆辗上模与零件上表面之间的几何和运动关系

为了建立精确的冷摆辗非回转上模,首先必须对上模与零件上表面之间的几何和运动关系进行详细的分析。图 3-1 为冷摆辗上模与零件上表面之间的几何和运动关系示意图。假定在冷摆辗过程中的初始时刻和 t 时刻,锥形上模表面的母线 OA' 和 OB' 分别与零件上表面的和线接触。根据图 3-1 中的几何关系,$\overset{\frown}{AB}$ 和 $\overset{\frown}{A'B'}$ 弧长可以通过式(3-1)计算得出。

$$\begin{cases} \widehat{AB} = \angle AO'B \cdot |O'A| = \theta R = \theta' R\cos\gamma \\ \widehat{A'B'} = \angle AO'B' \cdot |OA'| = \theta' R \end{cases} \tag{3-1}$$

式中，θ ——上模摆动 t 时间后所对应的旋转角；

θ' ——上模 t 时间内在零件上表面所扫过的角度；

γ ——上模的摆角；

R ——零件的半径；

O ——上模锥体的顶点；

O' ——上模锥体端面的中心点。

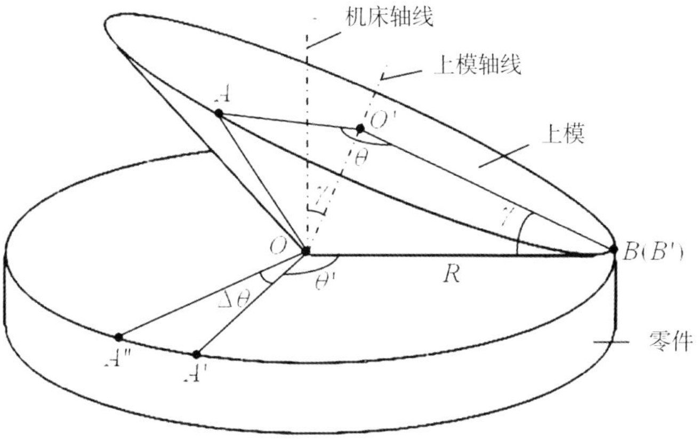

图 3-1 冷摆辗上模与零件上表面之间的几何和运动关系

如果上模仅在零件上表面作纯滚动，则

$$\widehat{AB} = \widehat{A'B'} \tag{3-2}$$

由式(3-1) ~ 式(3-2) 可以得出

$$\theta = \cos\gamma \tag{3-3}$$

根据式(3-3) 可以得出，当 $\theta = 2\pi$，则 $\theta' = 2\pi\cos\gamma$。这说明当上模绕冷摆辗机床轴线旋转一周后，上模母线 OA 并不能再次回到其初始位置(即与 OA' 线重合)，而是与零件上表面 OA'' 线重合。因此，在上模摆动一周后，其与零件上表面存在一个滞后角 $\Delta\theta$。根据图 3-1 中的几何关系，滞后角可表示为

$$\Delta\theta = \angle A'OA'' = 2\pi(1 - \cos\gamma) \tag{3-4}$$

从式(3-4) 可以看出，滞后角 $\Delta\theta$ 的大小仅取决于上模摆角 γ。

对于回转零件冷摆辗成形，由于上模的母线形状是恒定的，因此滞后角 $\Delta\theta$ 对回转零件冷摆辗成形没有影响。然而对于非回转零件冷摆辗成形，非回转上模的母线是变化的，为了实现非回转零件冷摆辗回转成形，非回转上模的任意一条母线在任意时刻必须与零件上表面相对应的母线精确匹配。如果非回转上模与零件上表面之间存在滞后角 $\Delta\theta$，那么非回转上模的母线不能与零件上表面相对应的母线精确匹配，从而导致非回转零件不能冷摆辗成形。根据以上分析可以得出，若想通过冷摆辗回转成形非回转零件，滞后角 $\Delta\theta$ 必须为零，即在冷摆辗成形的任意时刻，非回转上模所旋转的角度 θ 必须与非回转上

模在零件上表面扫过的角度 θ' 相等。为了实现任意时刻下 $\theta=\theta'$，非回转上模与零件上表面之间必须存在相对滑动，从而消除滞后角 $\Delta\theta$。需要指出的是，现代工业生产中所用的冷摆辗机（例如 PXW 型冷摆辗机或 T 系列冷摆辗机）均设置了特殊的防转装置来防止产生滞后角，因此该类冷摆辗机可以用于成形非回转零件。

3.2.2　冷摆辗非回转上模几何设计方法

冷摆辗非回转上模几何设计方法的原理为：通过几何法获得非回转上模各条母线。冷摆辗非回转上模几何设计方法示意图如图 3-2 所示。在图 3-2 中，在零件的上表面存在一个任意形状的凹槽，从而构造出一个非回转零件。如图 3-2(b) 所示，当非回转上模旋转到 A' 点和 B' 点时，非回转上模与零件上表面的接触线分别为 OA' 和 OB'。由于在任意时刻，非回转上模的母线与零件上表面的母线必须精确匹配。因此，零件上表面的母线 OA' 和 OB' 即为非回转上模在此位置的母线 OA' 和 OB'。根据上述方法，可以获得其余任意位置的非回转上模母线，如图 3-2(c) 所示。从图 3-2(c) 可以看出，冷摆辗成形过程实质上是非回转上模母线绕点 O 依次扫过零件上表面的过程。根据以上分析，冷摆辗非回转上模的设计原理可以总结为两点：

（1）在非回转上模旋转的任意时刻，非回转上模与零件上表面均为线接触，此接触线即为非回转上模在此位置的母线。

（2）由条件 $\theta=\theta'$ 可以确定非回转上模各条母线之间的相对位置。

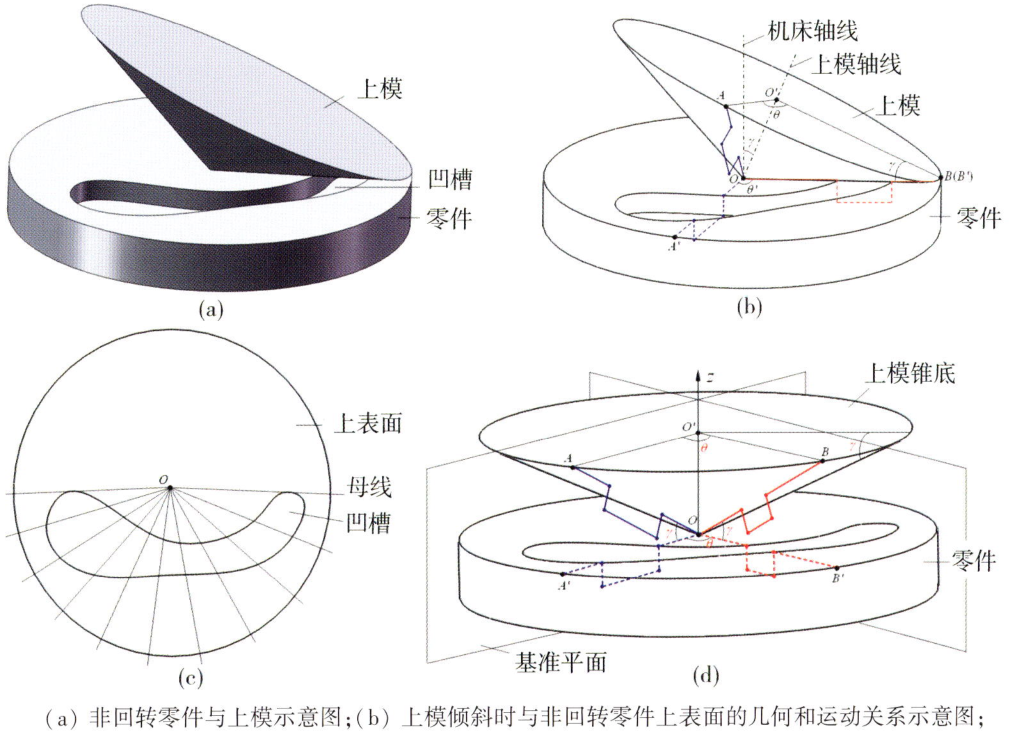

（a）非回转零件与上模示意图；（b）上模倾斜时与非回转零件上表面的几何和运动关系示意图；（c）非回转零件上表面母线示意图；（d）上模直立时与非回转零件上表面的几何和运动关系示意图

图 3-2　冷摆辗非回转上模几何设计方法示意图

总结以上分析可以得出,只要确定了零件上表面的母线,所对应的非回转上模的母线就可以按照上述原理确定,从而可以设计出完整的非回转上模。然而,按照图 3-2(b) 所示的非回转上模与零件表面的几何关系,非回转上模需要不停地旋转到新的位置和零件上表面母线匹配,因此非回转上模设计非常困难。有趣的是,在满足条件 $\theta=\theta'$ 下,可以将倾斜的非回转上模直立起来(非回转上模的轴线与冷摆辗机床轴线重合),如图3-2(d) 所示。在这种情况下,非回转上模不需要运动,因此非常有利于非回转上模的设计。冷摆辗非回转上模几何设计方法的具体步骤为:

(1) 建立一个顶角为 $180°-2\gamma$ 的锥体,该锥体的轴线与冷摆辗机床轴线(z 轴) 重合,并且使该锥体的顶点与零件上表面接触。

(2) 通过 z 轴建立多个基准面,各基准面与零件上表面非回转型面相交获得多条交线,该交线即为零件上表面母线。

(3) 将上述所得的零件上表面母线在其相应的基准面内绕点 O 向 z 轴方向旋转角 γ,从而得到非回转上模一系列母线。

(4) 将所得的一系列母线拟合成空间曲面,并将该空间曲面与步骤(1) 所建立的锥体合并并实体化,即可获得最终的冷摆辗非回转上模。

3.2.3 冷摆辗非回转上模解析设计方法

通过几何设计方法所设计的冷摆辗非回转上模,其精度取决于所获得的母线数量以及母线的拟合精度,因此该方法适用于设计形状较为简单的非回转上模。根据几何设计方法设计非回转上模的原理,提出了另一种更具有通用性的冷摆辗非回转上模设计方法,即解析设计方法。图 3-3 为冷摆辗非回转上模解析设计方法示意图。该方法的基本思路为,将非回转零件上表面上任意一点 $M(x,y,z)$ 在通过 z 轴与点 M 所构成的基准面内绕 O 点向 z 轴旋转 γ 角,所得到的点 $M'(x',y',z')$ 即为非回转上模的对应点。根据图 3-3 中的几何关系,可以推导出点 M' 的坐标公式。

$$
\begin{cases}
x' = \dfrac{\sqrt{x^2+y^2+z^2}\cos\left(\gamma-\arcsin\dfrac{|z|}{\sqrt{x^2+y^2+z^2}}\right)}{\sqrt{x^2+y^2}}x \\
y' = \dfrac{\sqrt{x^2+y^2+z^2}\cos\left(\gamma-\arcsin\dfrac{|z|}{\sqrt{x^2+y^2+z^2}}\right)}{\sqrt{x^2+y^2}}y \\
z' = \sqrt{x^2+y^2+y^2}\sin\left(\gamma-\arcsin\dfrac{|z|}{\sqrt{x^2+y^2+z^2}}\right)
\end{cases}
\tag{3-5}
$$

因此,只要确定了非回转零件上表面的几何形状,便可以通过式(3-5)精确计算出非回转上模的几何形状,从而实现冷摆辗非回转上模的精确设计。

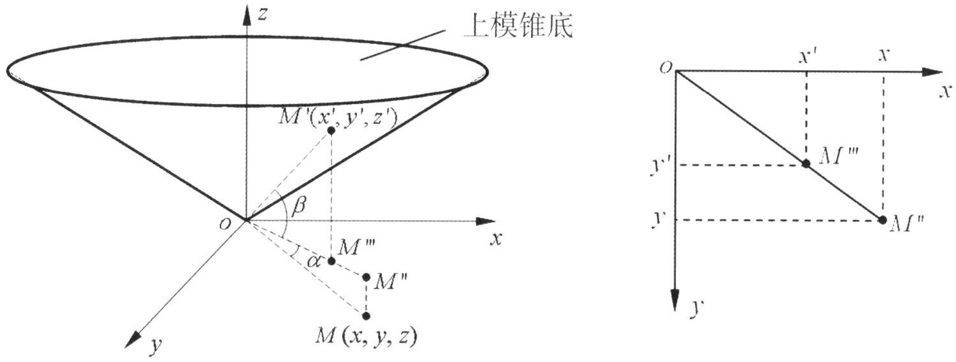

图 3-3　冷摆辗非回转上模解析设计方法示意图

3.3　非回转上模与非回转零件上表面干涉判定方法

如上所述，冷摆辗成形过程中，非回转上模可能与零件上表面发生干涉。因此，需要对非回转上模与零件上表面是否发生干涉进行判定。首先需要获得冷摆辗成形过程中非回转上模上的任意一点的运动轨迹方程。如果非回转上模上所有点的运动轨迹均未进入非回转零件上表面内部，则说明该非回转上模不与非回转零件发生干涉；相反，如果非回转上模上点的运动轨迹进入非回转零件上表面内部，则说明该非回转上模与非回转零件发生干涉。图 3-4(a)为非回转上模运动轨迹计算示意图。根据图 3-4(a)中的几何关系，可以将非回转上模上任意一点的运动轨迹表示为式(3-6)。

$$\begin{cases} x'' = x'\cos^2\theta + x'\cos\gamma\sin^2\theta + y'\sin\theta\cos\theta(\cos\gamma - 1) - z'\sin\gamma\sin\theta \\ y'' = y'\sin^2\theta + y'\cos\gamma\cos^2\theta + x'\sin\theta\cos\theta(\cos\gamma - 1) - z'\sin\gamma\cos\theta \quad (0 \leqslant \theta \leqslant 2\pi) \\ z'' = x'\sin\gamma\sin\theta + y'\sin\gamma\cos\theta + z'\cos\gamma \end{cases} \tag{3-6}$$

因此，只要确定了直立的非回转上模上的任意点坐标，便可根据式(3-6)计算出该点在冷摆辗过程中的运动轨迹。图 3-4(b)和(c)为非回转上模上的任意点的运动轨迹示意图。从图中可以看出，该轨迹为一条闭合的空间曲线。

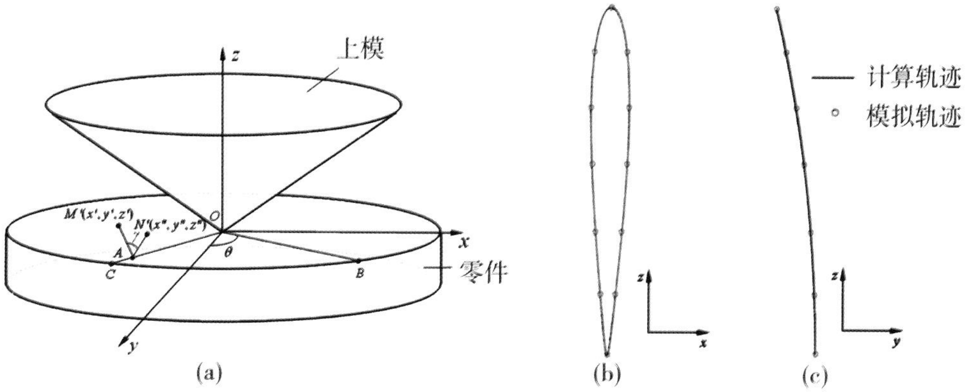

(a) 非回转上模运动轨迹计算示意图；(b) 非回转上模上的任意一点在 x-z 平面内的运动轨迹示意图；
(c) 非回转上模上的任意点在 x-y 平面内的运动轨迹示意图；

图 3-4　非回转上模上任意点运动轨迹的计算示意图及运动轨迹曲线

3.4 非回转零件冷摆辗成形金属流动和几何精度控制方法

3.4.1 非回转零件冷摆辗成形有限元模型

在非回转零件冷摆辗成形过程中,非回转零件金属流动规律十分复杂。为了更方便地研究非回转零件冷摆辗成形金属流动规律和几何精度演变规律,以带半球凹槽的非回转零件冷摆辗成形为研究对象,运用有限元数值模拟方法对其金属流动规律和几何精度演变进行研究。图 3-5 为在 DEFORM-3D 软件中建立的带有半球凹槽非回转零件冷摆辗成形三维有限元模型。需要特别指出,在有限元模型建立中如何实现非回转上模不发生滞后的运动方式是一个关键问题。可以通过两种旋转运动的叠加来实现非回转上模不发生滞后的旋转运动。第一个旋转运动为非回转上模绕冷摆辗机床轴线以 n_1 速度作匀速旋转运动,即如图 3-6(a) 中冷摆辗上模母线 OA 从 OA' 旋转到 OB'。第二个旋转运动为非回转上模绕自身轴线以速度 n_2 作反向匀速旋转运动,如图 3-6(b) 所示。为了避免非回转上模在冷摆辗过程中发生滞后(即始终保持 $\theta = \theta'$),上述两种旋转运动的转速必须保持相等,即 $n_1 = n_2$。从图 3-4(b) 和图 3-4(c) 可以看出,有限元模拟的非回转上模任意点的运动轨迹与通过计算所得的运动轨迹完全吻合,这说明通过设置上述两个同速反向旋转运动能够实现非回转上模无滞后的旋转运动,从而可以用来模拟非回转零件冷摆辗成形过程。

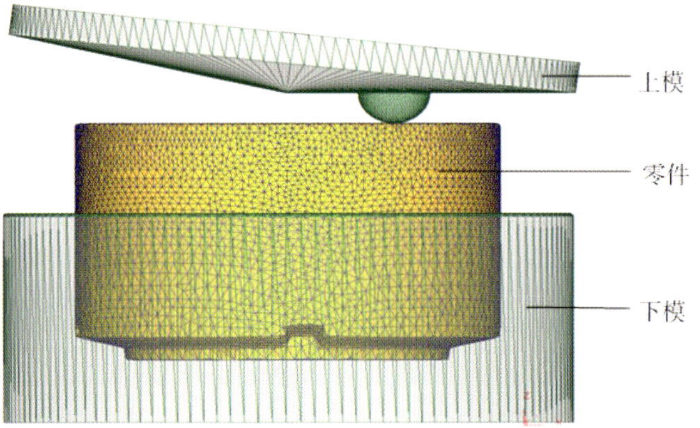

图 3-5 带有半球凹槽非回转零件冷摆辗成形有限元模型

在所建立的有限元模型中,将非回转上模和下模均设为刚体,并且将坯料采用四面体网格进行网格划分。需要指出的是,选择合适的坯料网格尺寸非常关键。过大的网格尺寸将影响模拟结果的准确性,而过小的网格尺寸又会明显降低运算的效率。因此,通过多次的试验,最终采用绝对网格划分方式,将最小网格尺寸确定为 0.15mm(总网格数为 115 016个)。采用该组网格划分参数,不仅能够得到准确的运算结果,同时能够有效保证运算效率。同时,当网格产生严重畸变时,采用自动网格重划分技术对网格进行重划分。此外,为了保证模拟过程的顺利进行,需设置较小的运算步长(0.03s/步)。

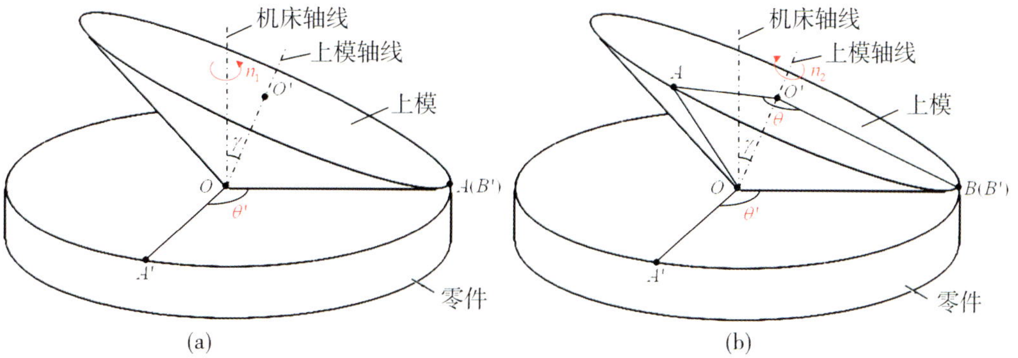

(a) 冷摆辗上模绕机床轴线旋转示意图;(b) 冷摆辗上模绕自身轴线旋转示意图

图 3-6　有限元建模中实现上模无滞后运动示意图

坯料的材料选为 20CrMnTi 低碳钢。由于冷摆辗成形过程是在常温下进行,因此在成形前需对坯料进行等温球化退火处理,从而降低 20CrMnTi 低碳钢的硬度,提高其塑性。根据简化的 Ramberg-Osgood 模型,通过在常温下进行拉伸试验,建立球化退火后的 20CrMnTi 低碳钢的宏观本构方程如式(3-7)所示。

$$\sigma_{\text{ture}} = \begin{cases} 225.33 \times 10^3 \varepsilon_{\text{ture}}(\text{MPa}) & \varepsilon_{\text{ture}} < 0.001447 \\ 659.33\varepsilon_{\text{ture}}^{0.123} + 31.3659(\text{MPa}) & \varepsilon_{\text{ture}} \geqslant 0.001447 \end{cases} \tag{3-7}$$

式(3-7)中的第一部分表示材料发生弹性变形阶段的应力应变方程,第二部分表示材料发生塑性变形阶段的应力应变方程。通过试验测得的 20CrMnTi 钢的相关机械性能参数为:屈服强度 $\sigma_Y = 325.68\text{MPa}$,杨氏模量 $E = 225.33\text{GPa}$,泊松比 $\nu = 0.3$,密度 $\rho = 7\,800\text{kg/m}^3$。此外,由于冷摆辗成形过程在常温下进行,因此在本次数值模拟过程中未考虑热力学模型。为保证数值模拟的准确性,需要对上述模型定义合理的接触条件。由于冷摆辗过程为大塑性变形过程,因此选用常剪切摩擦定义模具与坯料之间的摩擦条件,其方程为

$$m = \sqrt{3}\frac{\tau}{\sigma} \tag{3-8}$$

式中,τ ——摩擦切应力

σ —— 等效流动应力。

通过圆环镦粗试验测得采用 MoS_2 润滑剂下的摩擦因子为 0.14。表 3-1 为带有半球形凹槽非回转零件冷摆辗成形有限元模拟工艺参数。

表 3-1　带有半球形凹槽非回转零件冷摆辗成形有限元模拟工艺参数

参数	数值
坯料直径/mm	59.5
坯料高度/mm	39.3
球形凹槽的直径/mm	10
球形凹槽偏离零件轴线的偏心距/mm	15
下模进给速度/(mm/s⁻1)	2

续表

参数	数值
非回转上模倾斜角/(°)	2
上下模闭合高度/mm	7.5
非回转上模绕机身主轴的旋转速度/(r/min^{-1})	240
非回转上模绕自身主轴的旋转速度/(r/min^{-1})	240
下模进给量/mm	7
模具与坯料间的摩擦因子	0.14

3.4.2 非回转零件冷摆辗成形金属流动规律和工艺参数优化

在冷摆辗成形过程中,金属不仅沿轴向和径向流动,同时由于非回转上模的摆动使得金属在周向方向上也产生流动,该金属流动特征也是冷摆辗工艺不同于传统锻造工艺的特点之一。图 3-7 为半球形凹槽非回转零件冷摆辗成形过程中金属流动情况。从图 3-7 可以看出,随着下模的不断进给,坯料上表面的半球形凹槽逐渐成形。在非回转上模的半球形凸台完全压入坯料前(即下模进给量小于 5mm 前),坯料表面所形成的凹槽尺寸基本与非回转上模的半球形凸台相同,因此凹槽尺寸较为精确,如图 3-7(b)、(c)、(d)和(g)所示。这是由于除凹槽表面与非回转上模接触外,坯料上表面其余部位均未与非回转上模接触,因此坯料凹槽周围的金属阻碍了非回转上模与凹槽接触区金属的流动,因此凹槽金属并未与非回转上模的半球形凸台发生脱离。当下模进给量大于 5mm 后,在径向方向上,半球形凹槽靠近坯料中心一侧的金属一直与非回转上模半球形凸台保持接触,该处的凹槽一直保持球面形状,如图 3-7(e)、(f)、(g)所示。这是因为金属向坯料中心流动的径向流动阻力较大,金属不会与非回转上模凸台发生脱离。然而,半球形凹槽远离坯料中心一侧逐渐与非回转上模半球形凸台脱离,如图 3-7(e)、(f)、(g)所示。这是因为当下模进给量大于 5mm 时,半球形凹槽以外的金属也与非回转上模接触,使得半球形凹槽以外的金属也在非回转上模的作用下发生流动。由于坯料外表面是自由表面,因此金属向坯料外表面流动的径向流动阻力较小,因此金属逐渐向坯料外表面方向流动,使得凹槽金属逐渐与非回转上模半球形凸台发生脱离。此外,在周向方向上,由于非回转上模的摆动,使得金属沿周向发生流动,从而导致在周向方向上凹槽表面金属与非回转上模凸台发生脱离。由于凹槽金属沿径向和轴向方向脱离,导致所成形的凹槽不再是半球形凹槽,而是不规则的椭球形。并且凹槽轮廓随着下模进给量的增大而逐渐增大,如图 3-7(g)所示。根据以上分析可以发现,由表 3-1 中的工艺参数所成形的半球凹槽非回转零件尺寸精度较差,需要对工艺参数进行优化,从而有效控制金属流动和提高零件的几何精度。

图 3-8 为下模进给速度 v、非回转上模摆角 γ 和上下模闭合间距 H 对半球形凹槽非回转零件冷摆辗成形几何精度的影响规律。在本次研究中,选择所成形的半球形凹槽最大直径作为衡量其几何精度的参数。从图 3-8 可以看出,随着下模进给速度 v 的逐渐增大,半球形凹槽的最大直径逐渐从 11.23mm 减小到 10.67mm;随着非回转上模摆角 γ 的逐渐增大,半球形凹槽的最大直径逐渐从 10.83mm 增大到 11.16mm。由此可以说明,提高下

模进给速度 v 和减小非回转上模摆角 γ 均能够提高半球形凹槽的几何精度。

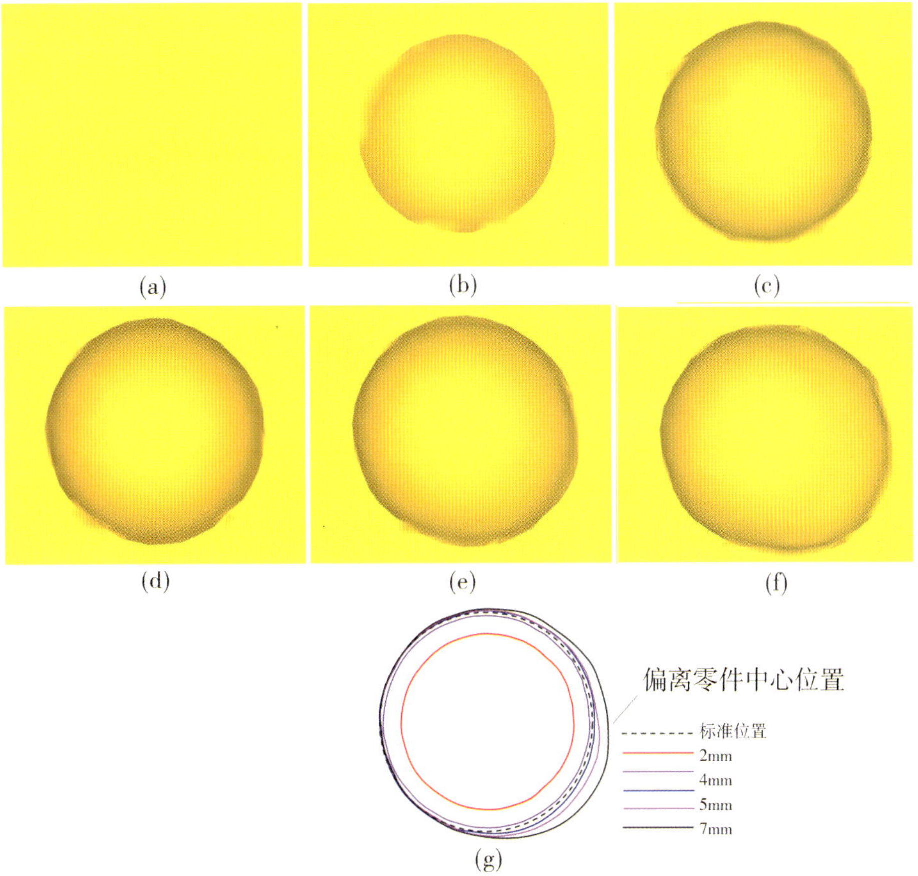

(a) 进给量 0mm;(b) 进给量 2mm;(c) 进给量 4mm;(d) 进给量 5mm;
(e) 进给量 6mm;(f) 进给量 7mm;(g) 不同下模进给量下的凹槽轮廓曲线

图 3-7　为半球形凹槽非回转零件冷摆辗成形过程中金属流动情况

产生上述规律的原因是:在冷摆辗成形过程中,塑性变形区沿轴向逐渐从零件上表面穿透到零件下表面。当下模进给速度较小或者非回转上模摆角较大时,非回转上模与坯料的接触区较小,塑性变形区也较小。因此,塑性变形区的穿透深度较小,塑性变形主要集中在坯料上表面,从而导致坯料上表面的金属沿径向和周向方向流动剧烈,使得半球形凹槽周围的金属更容易与非回转上模半球形凸台发生脱离,导致零件几何精度明显下降。随着下模进给速度的增大和非回转上模摆角的减小,坯料上表面塑性变形区逐渐增大,塑性变形区的穿透深度也逐渐增大。因此,坯料沿轴向高度方向的塑性变形越均匀,坯料表面的塑性变形也逐渐变小,从而导致坯料上表面的金属沿径向和轴向方向流动减弱,半球形凹槽周围的金属与非回转上模半球形凸台的脱离程度降低,最终使得零件的几何精度明显提高。从式(3-6)也可以看出,减小非回转上模摆角可以使上模形状与零件上表面形状更接近,这同样可以提高冷摆辗成形零件的几何精度。从图 3-8(c)可以看出,随着上下模闭合间距(当下模运动到最终位置时非回转上模与下模间的距离)减小,半球形凹槽的最大直径逐渐从 11.62mm 减小到 10.03mm,这说明上下模闭合间距的减小能够有效提高零件的几何精度。这是因为随着上下模闭合间距的减小，坯料上表面金属的径向流动阻力和周向流动阻力均明显增大，从而导致半球形凹槽周围金属很难与非回转上模半球形凸台发生脱离。通过以上分析可以得出，合理的控制以上3个工艺参数能够有效地控制金属流动和提高半球形凹槽的几何精度，当下模进给速度为5mm/s，非回转上模摆角为0.5°，上下模闭合间距为1mm时，半球形凹槽的最大直径为10.03mm，绝对误差为0.03mm，可以满足实际工程的精度要求。

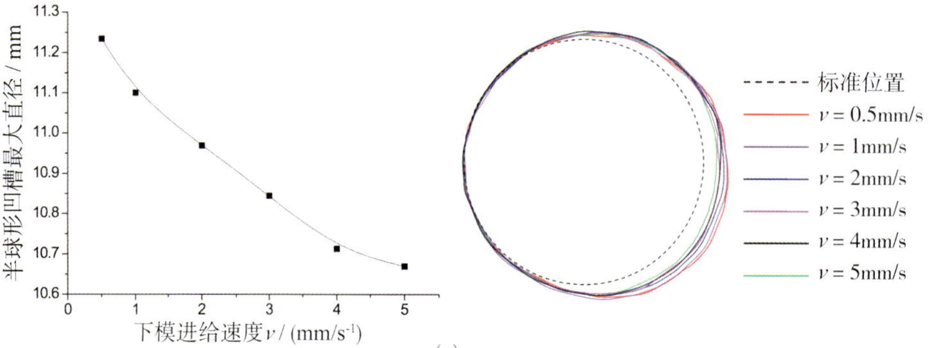

(a)

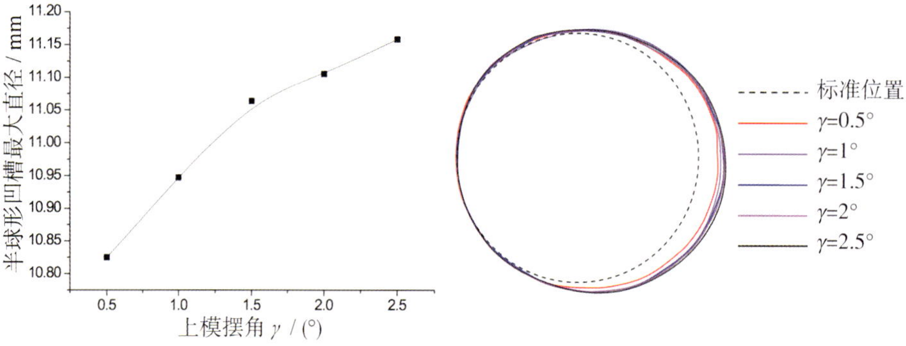

(b)

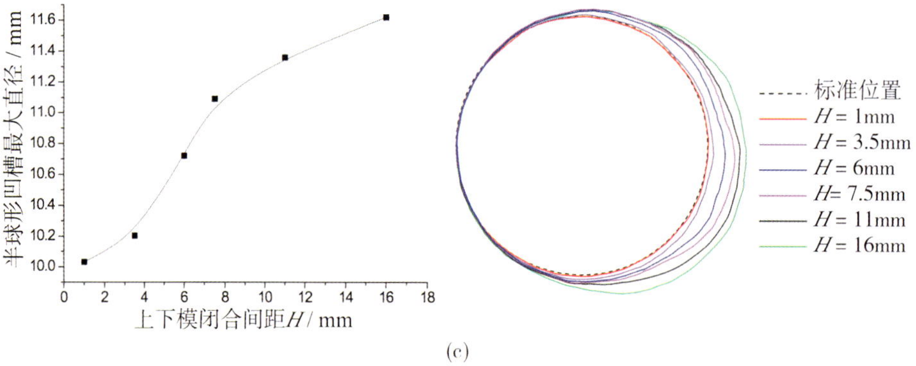

(c)

(a)下模进给速度对半球形凹槽最大直径的影响；(b)上模摆角对半球形凹槽最大直径的影响；

(c)上下模闭合间距对半球形凹槽最大直径的影响

图3-8 主要工艺参数对半球形凹槽非回转零件冷摆辗成形几何精度的影响

3.5　非回转齿轮冷摆辗回转成形工艺应用实例

3.5.1　应用实例 1

以一种上下表面均为非回转型面的齿轮为例，通过数值模拟和物理实验来验证上述非回转零件冷摆辗回转成形工艺设计和几何精度控制方法的有效性。

1. 非回转上模设计

根据式(3-5)以及齿轮的非回转上表面，设计出非回转齿轮冷摆辗非回转上模，如图 3-9 所示。按照非回转上模设计方法，该非回转上模的具体设计步骤如下。

(1)建立非回转齿轮的三维几何模型。

(2)以非回转齿轮的轴线为 z 轴，以非回转齿轮上表面的几何中心为坐标原点，建立一个空间直角坐标系。

(3)在步骤(2)所建立的空间坐标系的基础上，获取非回转齿轮非回转上表面上所有点的坐标。

(4)根据式(3-5)获得非回转上模各点的坐标。

(5)将步骤(4)所获得的所有点拟合成曲面并实体化，从而获得精确的非回转齿轮冷摆辗非回转上模。

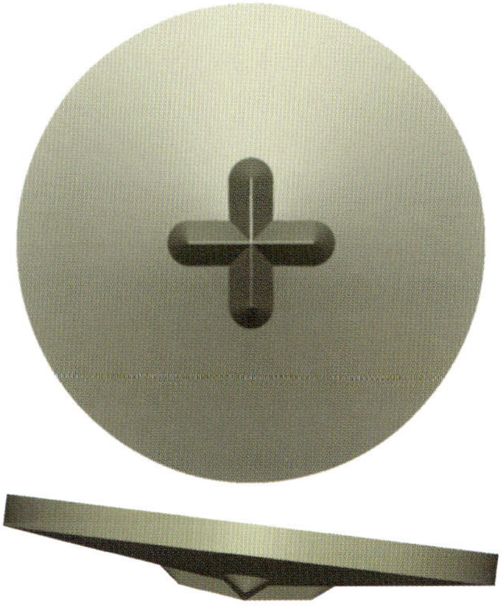

图 3-9　非回转齿轮冷摆辗非回转上模几何模型

2. 非回转上模与非回转型齿轮上表面干涉判定

非回转上模与非回转型齿轮上表面干涉判定的具体步骤如下。

(1)确定非回转上模与非回转齿轮上表面之间的几何位置关系，即非回转上模直立于非回转齿轮上表面。

(2) 在 Pro/E 建模软件中自动获取非回转上模表面上所有点的坐标。

(3) 根据式(3-6) 可以获得所有点在冷摆辗过程中的运动轨迹。

通过对比所有点的运动轨迹与非回转齿轮上表面之间的几何关系可以发现，非回转上模与非回转齿轮上表面之间没有发生干涉，如图 3-10 所示。因此，所建立的非回转上模可以用来制作冷摆辗成形非回转齿轮。

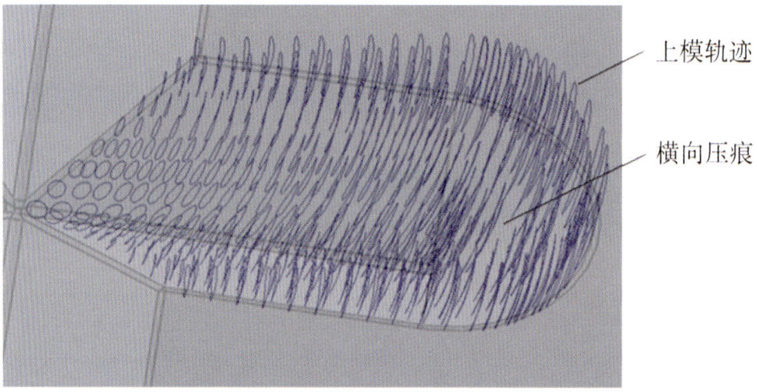

图 3-10　非回转上模与非回转齿轮上表面的干涉判定

3. 非回转齿轮冷摆辗回转成形金属流动规律和几何精度控制

采用有限元模拟和物理实验相结合的方法来研究非回转齿轮冷摆辗成形过程中金属流动规律和几何精度控制方法。在 DEFORM-3D 软件中建立非回转齿轮冷摆辗回转成形有限元模型，如图 3-11 所示。

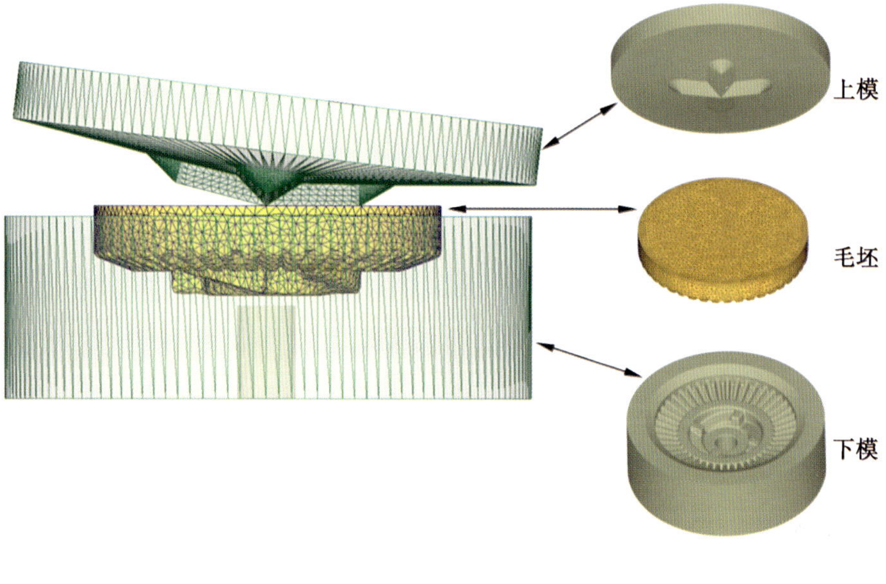

图 3-11　非回转齿轮冷摆辗回转成形有限元模型

图 3-12 为实验所用的 T630 型冷摆辗机和实验模具。本次实验所用的坯料材料为球化退火后的 20CrMnTi 齿轮钢，所选用的润滑剂为 MoS_2。在进行非回转齿轮冷摆辗终成形之前，需要进行冷摆辗预成形。第一，合理设计的预锻件有利于提高齿轮齿形在冷摆辗终成形中的填充性；第二，预成形能够有效降低冷摆辗终成形过程中的成形载荷，进而有效提高模具寿命；第三，预锻件能够在终成形中起到准确定位的作用，即预成形的齿形能够有效防止坯料在冷摆辗过程中的周向转动，从而提高齿轮上表面十字形凹槽的成形精

度。根据上文的研究结论,提高下模进给速度,减小非回转上模摆角和降低上下模闭合间距能够有效提高非回转零件上表面的几何精度。因此,依据上文所得出的结论和实际生产条件,选用下模进给速度 v = 5mm/s,非回转上模摆角 γ = 0.5°,上下模闭合间距 H = 1mm。在非回转齿轮冷摆辗回转成形模拟和实验中采用的工艺参数如表 3-2 所示。

(a)　(b)　(c)

(a)T630 冷摆辗机;(b)非回转上模;(b)下模;

图 3-12　T630 冷摆辗机和实验模具

表 3-2　非回转齿轮冷摆辗回转成形模拟和实验采用的工艺参数

工艺参数	数值
齿轮直径/mm	65
齿轮高度/mm	13. 85
齿数	44
上表面十字形凹槽的长度/mm	45. 3
上表面十字形凹槽的宽度/mm	13. 5
上表面十字形凹槽的深度/mm	3
下模进给速度/(mm/s)	5
非回转上模摆角/(°)	0. 5
上下模闭合间距/mm	1
非回转上模转速/(r/min)	240
下模进给量/mm	5. 18
坯料与模具间的摩擦因子	0. 14

图 3-13 展示了在模拟和实验条件下非回转齿轮冷摆辗金属流动规律。从图 3-13 可以看出，随着下模进给量的增大，非回转齿轮上表面的十字凹槽和下表面的齿形逐渐成形。在成形末期，非回转齿轮十字凹槽轮廓清晰，齿形填充完好。对比模拟结果和实验结果可以发现，有限元模拟的非回转齿轮几何形状与实验结果非常吻合，这也验证了所建立的非回转齿轮冷摆辗成形有限元模型是可靠的。

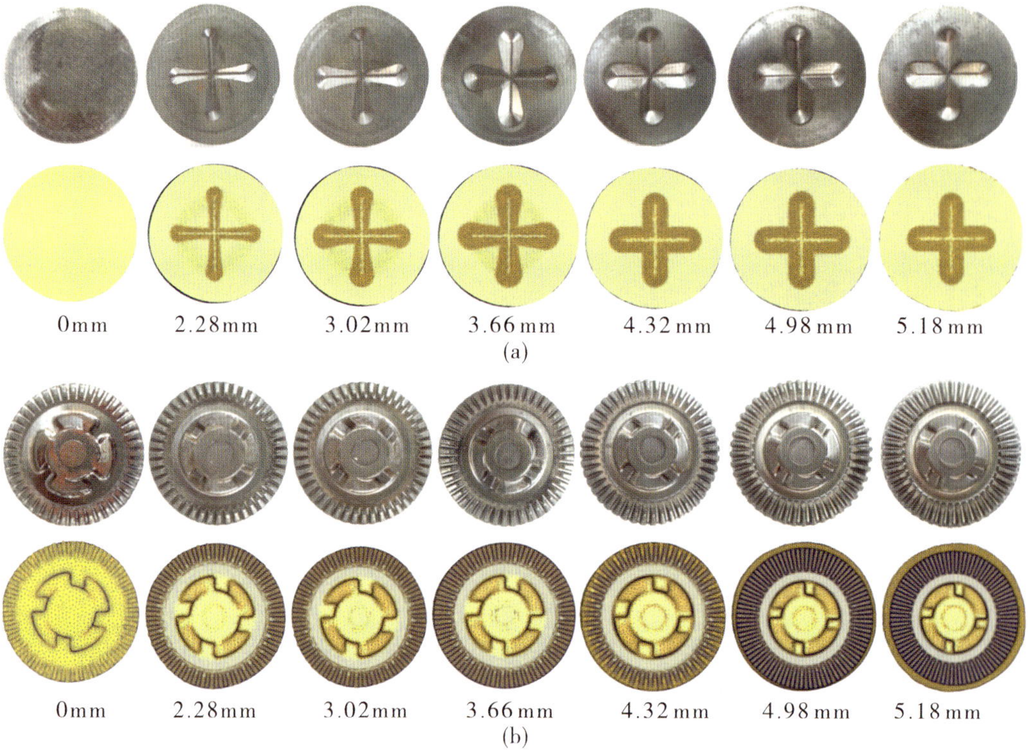

(a)不同下模进给量下非回转上表面的金属流动规律；(b)不同下模进给量下非回转下表面的金属流动规律

图 3-13　不同下模进给量下非回转齿轮冷摆辗成形金属流动情况

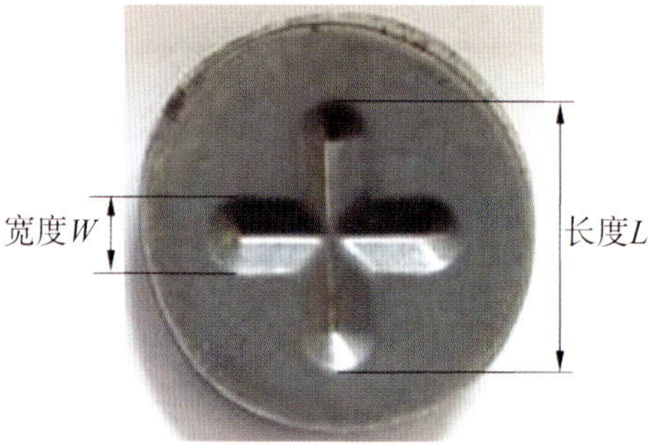

图 3-14　非回转齿轮上表面十字凹槽几何精度测量示意图

为了进一步验证非回转齿轮上表面十字凹槽的几何精度，测量了其长度和宽度，如图 3-14 所示。表 3-3 所示为 3 组实验试样的测量结果。从表 3-3 可以看出，非回转齿轮上表面十字凹槽的长度在模拟和实验中的最大误差分别是 0.06mm 和 0.08mm。非回转齿轮上表面十字凹槽的宽度在模拟和实验中的最大误差分别是 0.05mm 和 0.06mm。上述测试结果表明非回转齿轮冷摆辗成形精度高，从而证实所提出的非回转齿轮冷摆辗回转成形工艺设计和几何精度控制方法是有效的，冷摆辗回转成形工艺可以用来制作成形复杂的非回转零件。

表 3-3　非回转齿轮上表面十字凹槽几何精度测试结果　单位：mm

项目	试样 1	试样 2	试样 3	理论值	实验值	误差 1	误差 2
十字凹槽长度 *L*	45.36	45.38	45.36	45.36	45.3	0.08	0.06
十字凹槽宽度 *W*	13.55	13.56	13.56	13.55	13.5	0.06	0.05

3.5.2　应用实例 2

本节以更复杂的非回转非对称齿轮冷摆辗成形为例，进一步阐明复杂非回转零件冷摆辗回转成形工艺的应用。

1. 非回转非对称冷摆辗上模设计

按照 3.5.1 章节冷摆辗非回转上模设计的具体步骤，可以精确、高效设计出与图 3-15 相对应的冷摆辗非回转非对称上模。

2. 冷摆辗非回转非对称上模与齿轮上表面干涉判定

按照 3.5.1 章节冷摆辗非回转上模与齿轮上表面干涉判定方法，首先获得非回转非对称上模上所有点的运动轨迹，再将所有点的运动轨迹与非回转非对称齿轮上表面进行对比，如图 3-16 所示。通过对比得出，所建立的非回转非对称上模与齿轮上表面不发生干涉。因此，所建立的非回转非对称上模可以用来冷摆辗成形非回转非对称齿轮。

3. 非回转非对称齿轮冷摆辗回转成形金属流动规律

运用上述所建立的非回转非对称上模，建立了非回转非对称齿轮冷摆辗成形有限元模型。有限元模拟结果表明，非回转非对称齿轮冷摆辗成形过程中，齿轮上表面凹槽轮廓清晰，下表面齿形填充完好，如图 3-17 所示。

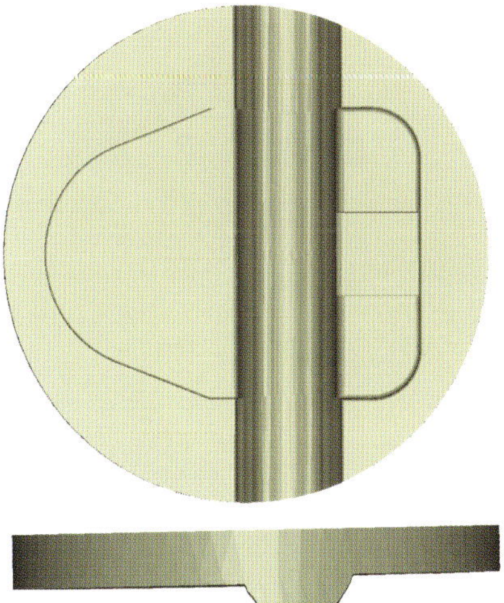

图 3-15　冷摆辗非回转非对称上模

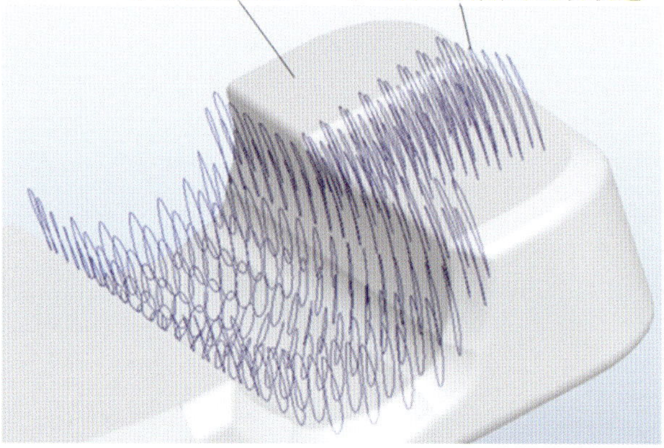

图 3-16　非回转非对称上模与非回转非对称齿轮上表面的干涉判定

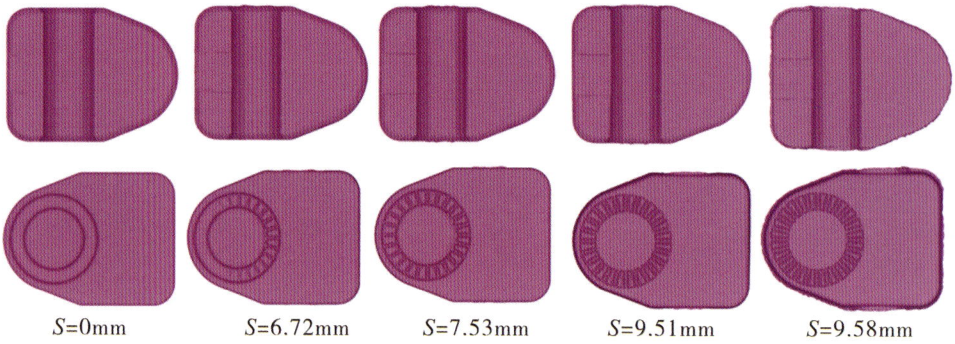

图 3-17　不同下模进给量下非回转非对称齿轮冷摆辗成形金属流动情况

4. 非回转非对称齿轮冷摆辗回转成形实验

进行了非回转非对称齿轮冷摆辗回转成形实验。冷摆辗实验在 T630 型冷摆辗机上进行，冷摆辗实验模具如图 3-18 所示。本实验所用的坯料材料为球化退火后的 20CrMnTi 齿轮钢，所选用的润滑剂为 MoS_2。非回转非对称齿轮冷摆辗回转成形实验结果如图 3-19 所示。从图 3-19 可以看出，非回转非对称齿轮上表面凹槽轮廓清晰，下表面齿形填充完好，从而证实了冷摆辗回转成形工艺可以用来成形复杂的非回转非对称零件。

图 3-18　非回转非对称齿轮冷摆辗成形实验模具

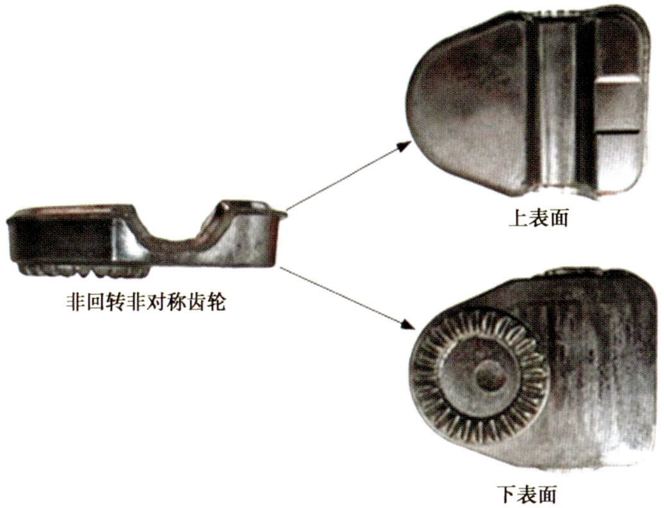

图 3-19　冷摆辗实验成形的非回转非对称齿轮

第 4 章 冷摆辗机几何学运动学分析

目前,工业上使用的冷摆辗机主要是双偏心环冷摆辗机,其结构示意图如图 4-1 所示。在电机的驱动下,双偏心环以不同的转速和方向转动,从而驱动上模以一定的轨迹摆动。在双偏心环冷摆辗机中,上模的运动轨迹包含两种类型。第一类是当双偏心环以不同的转速和方向转动时,锥形上模轴线上任意一点可产生四种类型的运动轨迹,即圆轨迹、直线轨迹、螺旋线轨迹和玫瑰线轨迹。第二类是在这四种运动轨迹下,锥形上模工作面任意一点也可产生四种类型的运动轨迹。研究冷摆辗上模这两种类型的运动轨迹对于发展冷摆辗成形工艺和装备具有重要的价值。第一类运动轨迹对冷摆辗零件的塑性变形特性和冷摆辗机动力学特性具有重要影响,第二类运动轨迹可以用来判断在冷摆辗成形过程中上模是否与零件发生干涉。因此,本章揭示了双偏心环冷摆辗机上模运动轨迹演变规律,进而揭示了双偏心环冷摆辗机几何学运动学规律。

4.1 上模运动轨迹计算模型

4.1.1 上模轴线上任意一点运动轨迹计算模型

双偏心环冷摆辗机结构示意图如图 4-1 所示。外偏心环的偏心距为 c_1(O' 至 O_1 之间的距离),内偏心环的偏心距为 c_2(O_1 至 O_2 之间的距离)。外、内偏心环各自围绕其几何中心 O' 和 O_1 转动。按照图 4-1 所示,通过改变双偏心环转速和方向可以获得双偏心环四种运动关系,即同速同向、同速反向、不同速同向、不同速反向。

由图 4-1 可知,O_2 位于上模轴线上,所以点 O_2 可以用来研究上模轴线上任意一点的运动轨迹特征。

图 4-2 所示为冷摆辗机双偏心环结构二维示意图。ω_1 为外偏心环的角速度,ω_2 为内偏心环的角速度。在冷摆辗开始时,外偏心环的位置如 OO_1 所示,而内偏心环的位置如 O_1O_2 所示。经过一段时间之后,外、内偏心环分别旋转了角度 $\omega_1 t$ 和 $\omega_2 t$,分别运动到 OO_1'和 $O_1'O_2'$所示的位置。根据图 4-2 所示的几何关系可知,O_2 点在二维坐标系 xOy 内的运动轨迹方程可以由式(4-1)表示。

$$\begin{cases} x = c_1\cos\omega_1 t + c_2\cos\omega_2 t \\ y = c_1\sin\omega_1 t + c_2\sin\omega_2 t \end{cases} \tag{4-1}$$

式中,c_1——外偏心环的偏心距

c_2—— 内偏心环的偏心距。

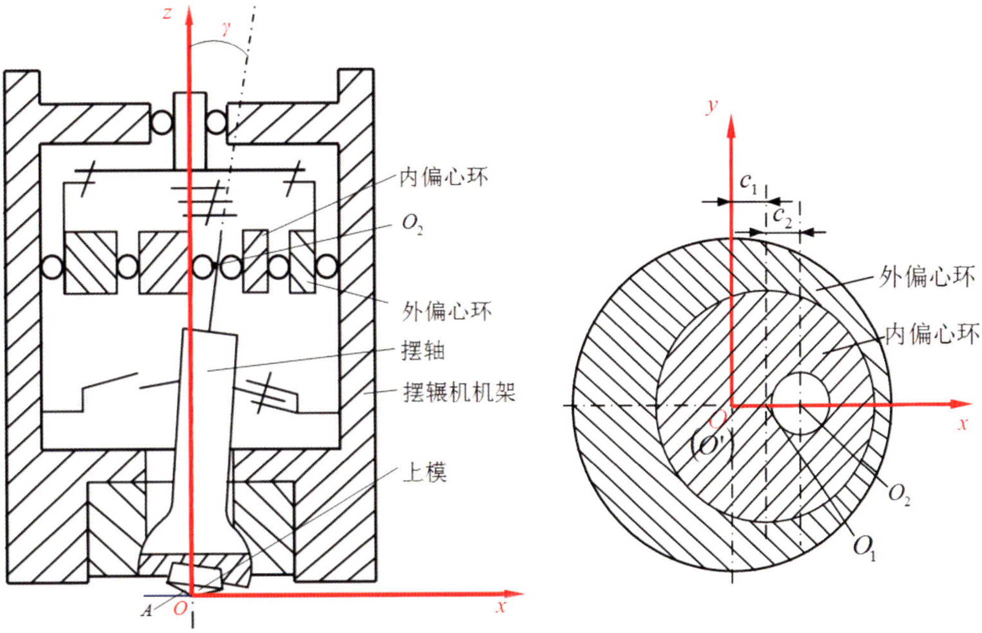

图 4-1　双偏心环冷摆辗机结构示意图

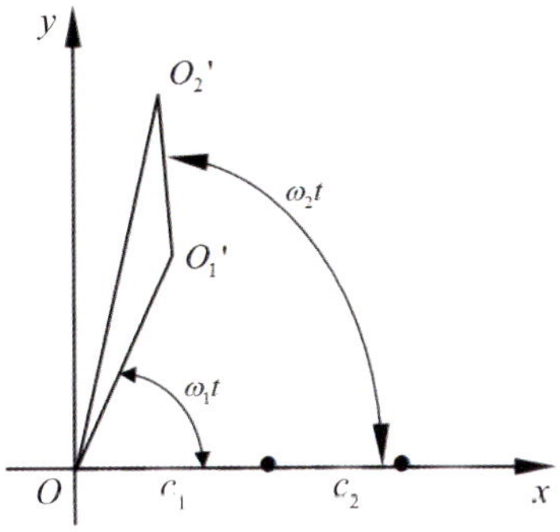

图 4-2　冷摆辗机双偏心环结构二维示意图

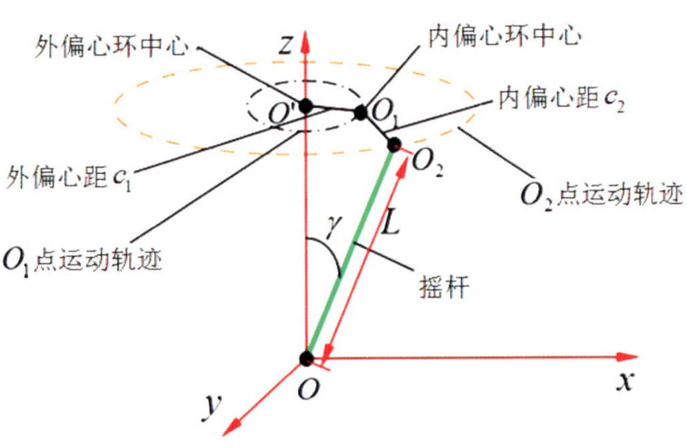

图 4-3　冷摆辗机双偏心环结构三维示意图

图 4-3 所示为冷摆辗机双偏心环结构三维示意图，需要注意的是点 O_2 至坐标原点 O 之间的距离在冷摆辗过程中是不变的，所以可以得到以下式。

$$|OO_2| = L \tag{4-2}$$

因为 O_2 点的坐标为(x,y,z)，所以$|OO_2|$也可以由式(4-3) 表示。

$$|OO_2| = \sqrt{x_2 + y_2 + z_2} \tag{4-3}$$

基于图 4-3 几何关系，可以得到式(4-4)。

$$z = \sqrt{L^2 - c_1^2 - c_2^2 - 2c_1c_2\cos[(\omega_1 - \omega_2)t]} \tag{4-4}$$

因此，O_2 点在冷摆辗过程中的运动轨迹方程可由式(4-5) 表示。

$$\begin{cases} x = c_1\cos\omega_1 t + c_2\cos\omega_2 t \\ y = c_1\sin\omega_1 t + c_2\sin\omega_2 t \\ z = \sqrt{L^2 - c_1^2 - c_2^2 - 2c_1c_2\cos[(\omega_1 - \omega_2)t]} \end{cases} \tag{4-5}$$

从式(4-5) 可以看出，冷摆辗上模轴向上任意一点的运动轨迹是三维的。

将方程对时间 t 求一阶导数，即可获得上模的运动速度方程(4-6)。

$$\begin{cases} v_x = -\omega_1c_1\sin\omega_1 t - \omega_2c_2\sin\omega_2 t \\ v_y = \omega_1c_1\cos\omega_1 t + \omega_2c_2\cos\omega_2 t \\ v_z = \dfrac{(\omega_1 - \omega_2)c_1c_2\sin[(\omega_1 - \omega_2)t]}{\sqrt{L^2 - c_1^2 - c_2^2 - 2c_1c_2\cos[(\omega_1 - \omega_2)t]}} \end{cases} \tag{4-6}$$

4.1.2 上模工作面上任意一点运动轨迹计算模型

图 4-4 为冷摆辗上模工作面上任意一点运动轨迹的计算模型。γ 是上模轴线 OO_2 和冷摆辗机机床轴线 Oz 之间的夹角。为了使计算过程更加简便，上模可以保持直立状态，即上模轴线与冷摆辗机机床的轴线重合。点 $A(x,y,z)$ 为直立上模工作面上的任意一点，因此点 $A(x,y,z)$ 可以用来研究上模工作面上任意一点的运动轨迹特征。

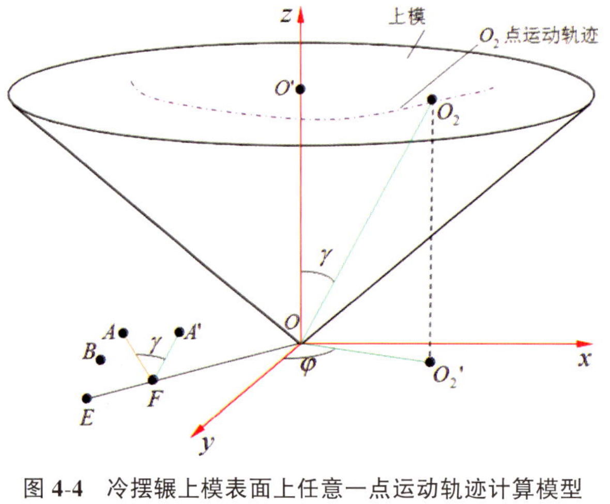

图 4-4 冷摆辗上模表面上任意一点运动轨迹计算模型

点 $A(x,y,z)$ 的运动轨迹计算过程总结如下：

首先,直立的上模围绕点 O 在平面 yOz 内旋转 γ 角倒下,此时点 A 相应的运动到点 B。然后上模开始摆动,经过一段时间之后,上模运动到了新的位置,上模轴线与直线 OO_2 重合(显然,在冷摆辗成形过程中,上模轴线必须时刻保持与直线 OO_2 重合)。此时,上模在平面 xOy 内旋转角为 φ, $\angle yOO_2'=\varphi$,其中直线 OO_2' 为直线 OO_2 在 xOy 平面内的投影。此时,点 B 运动到点 $A'(x',y',z')$。所以只要获得了点 $A'(x',y',z')$ 的坐标值,那么上模 A 点的轨迹方程就能够获得。很明显,如果上模绕着点 O 在平面 O_2Oz 内旋转 γ 角,上模的轴线同样与直线 OO_2 重合,且点 A 也会运动到点 A',根据此原理计算点 $A'(x',y',z')$ 的坐标将会变得更加方便。

在 xOy 平面内建立直线 OE,使 OE 和 OO_2' 垂直,同时 OE 也和平面 $O_2'Oz$ 垂直。建立直线 AF 使其垂直于直线 OE。根据上述分析过程能够获得以下关系式: $|A'F|=|AF|$, $OEA'F$, $\angle AFA'=\gamma$。

根据上述三个关系式可以获得以下方程。

$$(x\cos^2\varphi - y\sin\varphi\cos\varphi - x')^2 + (y\sin^2\varphi - x\sin\varphi\cos\varphi - y')^2 + z'^2 = (x\sin\varphi + y\cos\varphi) + z^2 \tag{4-7}$$

$$x'\cos\varphi + y\sin\varphi = x\cos\varphi + y'\sin\varphi \tag{4-8}$$

$$\cos\gamma = \frac{(x'\sin\varphi + y'\cos\varphi)(x\sin\varphi + y\cos\varphi)z'z}{(x'\sin\varphi + y'\cos\varphi)^2 + z'^2} \tag{4-9}$$

根据式(4-7)、式(4-8)、(式 4-9) 可以得式(4-10)。

$$\begin{cases} x' = x\cos^2\varphi + x\cos\gamma\sin^2\varphi - y\sin\varphi\cos\varphi(1-\cos\gamma) - z\sin\varphi\sin\gamma \\ y' = y\sin^2\varphi + y\cos\gamma\cos^2\varphi - x\sin\varphi\cos\varphi(1-\cos\gamma) - z\cos\varphi\sin\gamma \\ z' = x\sin\varphi\sin\gamma + \cos\varphi\sin\gamma + z\cos\gamma \end{cases} \tag{4-10}$$

由图 4-4 可知,角度 φ 可以用式(4-11) 表示。

$$\varphi = \arccos\frac{y}{\sqrt{x^2+y^2}} \tag{4-11}$$

把公式(4-5) 带入公式(4-11) 中,可以得到:

$$\varphi = \arccos\frac{c_1\sin\omega_1 t + c_2\sin\omega_2 t}{\sqrt{c_1^2 + c_2^2 + 2c_1c_2\cos(\omega_1 t - \omega_2 t)}} \tag{4-12}$$

由图 4-4 可知,γ 角可以由公式(4-13) 表示。

$$\gamma = \arcsin\frac{\sqrt{x^2+y^2}}{L} = \arcsin\frac{\sqrt{c_1^2 + c_2^2 + 2c_1c_2\cos(\omega_1 t - \omega_2 t)}}{L} \tag{4-13}$$

根据式(4-10)、式(4-12)、式(4-13) 可以获得点的运动轨迹方程,如式(4-14) 所示。事实上,此方程是冷摆辗上模运动轨迹的通用方程。如果某一点位于上模轴线上,则利用式(4-14) 可以获得上模轴线上任意一点的运动轨迹,如果某一点位于上模工作表面上,则利用式(4-14) 可以获得上模工作表面上任意一点的运动轨迹。从图 4-4 也可以看出,上模任意一点的运动轨迹在一个以点 O 为球心,以 $|OA|$ 为半径的球面上。

$$\begin{cases} x' = x\cos^2\varphi + \cos\gamma\sin^2\varphi - y\sin\varphi\cos\varphi(1-\cos\gamma) - z\sin\varphi\sin\gamma \\ y' = y\sin^2\varphi + y\cos\gamma\cos^2\varphi - x\sin\varphi\cos\varphi(1-\cos\gamma) - z\cos\varphi\sin\gamma \\ z' = x\sin\varphi\sin\gamma + y\cos\varphi\sin\gamma + z\cos\gamma \\ \varphi = \arccos\dfrac{c_1\sin\omega_1 t + c_2\sin\omega_2 t}{\sqrt{c_1^2 + c_2^2 + 2c_1c_2\cos(\omega_1 - \omega_2)t}} \\ \gamma = \arcsin\dfrac{\sqrt{c_1^2 + c_2^2 + 2c_1c_2\cos(\omega_1 - \omega_2)t}}{L} \end{cases} \tag{4-14}$$

4.2 上模运动轨迹特征

如上所述，通过改变双偏心环转速和方向可以获得双偏心环四种运动关系，即同速同向、同速反向、不同速同向、不同速反向。下面分析在每一种运动关系下上模任意一点运动轨迹特征。

4.2.1 双偏心环同速同向旋转时上模运动轨迹特征

图 4-5 所示为在双偏心环偏心距 $c_1 = c_2$ 和 $c_1 \neq c_2$ 两种情况下上模轴线上点 O_2 的运动轨迹（第一类运动轨迹）。从图 4-5 可以看出，当双偏心环同速同向旋转时，即 $\omega_1 = \omega_2 = \omega$ 时，上模轴线上点 O_2 的运动轨迹在双偏心环偏心距 $c_1 = c_2$ 和 $c_1 \neq c_2$ 两种情况下都为圆形，此圆圆心位于冷摆辗机床轴线 Oz 上，且此圆所在平面垂直于冷摆辗机床轴线 Oz。

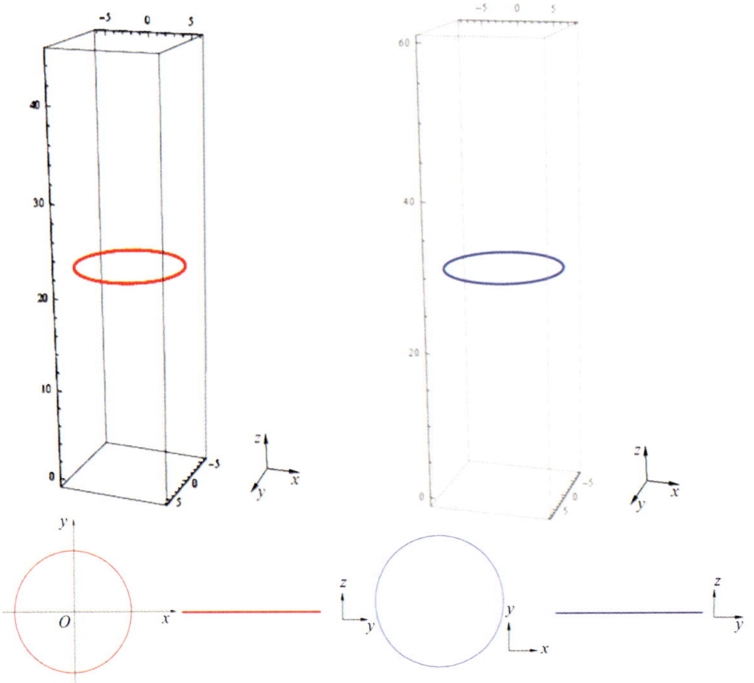

（a）O_2 点三维运动轨迹及其在和平面内的投影（$c_1 = c_2$）；（b）O_2 点三维运动轨迹其在和平面内的投影（$c_1 \neq c_2$）

图 4-5 冷摆辗过程中 O_2 点运动轨迹（$\omega_1 = \omega_2 = \omega$）

图 4-6 和图 4-7 为双偏心环同速同向转动时 O_2 点速度与角度 ωt 之间的关系图。图中 O_2 点速度的绝对值为 v，O_2 点沿 x、y、z 轴方向的速度分别为 v_x、v_y、v_z。

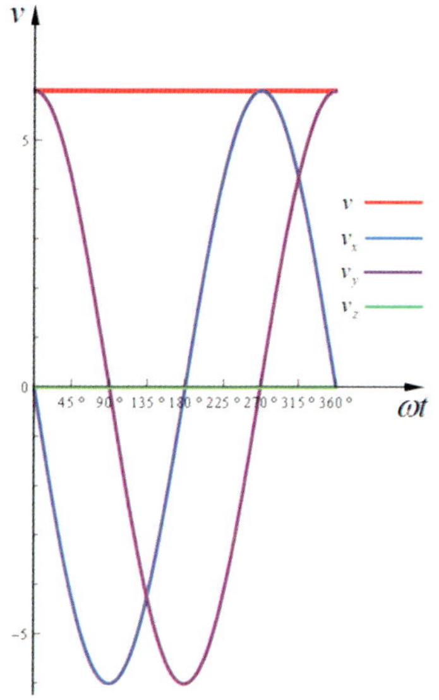

图 4-6　冷摆辗过程中 O_2 点的速度与角度 ωt 之间的关系

$(c_1 = c_2, \omega_1 = \omega_2 = \omega)$

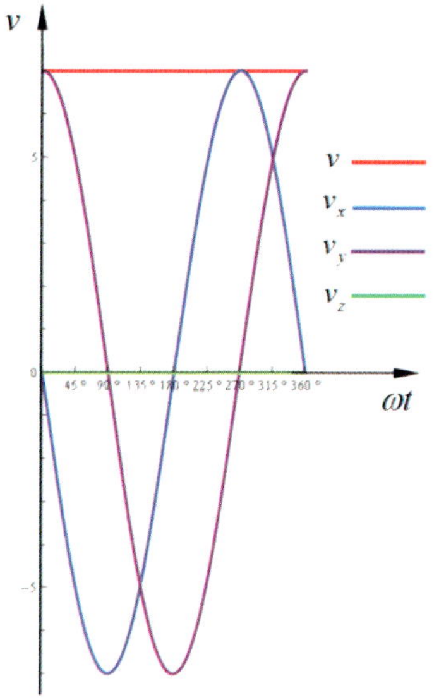

图 4-7　冷摆辗过程中 O_2 点的速度与角度 ωt 之间的关系

$(c_1 \neq c_2, \omega_1 = \omega_2)$

从图 4-6 和图 4-7 能够得到下列结论：

(1) 无论内、外偏心距 $c_1 = c_2$ 还是 $c_1 \neq c_2$，在冷摆辗过程中 O_2 点速度的绝对值是恒定的，这表明 O_2 点绕冷摆辗机床轴线 Oz 轴的旋转速度是恒定的。

(2) 在冷摆辗过程中 O_2 点沿 v_x 轴和 v_y 轴方向的速度和都随着时间周期性变化，其周期都为 2π。v_x 类似正弦规律变化，v_y 类似余弦规律变化。

(3) 不论内、外偏心距$c_1 = c_2$还是$c_1 \neq c_2$,点沿z轴方向的速度v_z都为0。这意味着在冷摆辗过程中O_2点在z轴方向没有运动,即O_2点的运动轨迹总是垂直于冷摆辗机床轴线Oz。

图4-8所示为在双偏心环偏心距$c_1 = c_2$和$c_1 \neq c_2$两种情况下上模工作面上点A的运动轨迹(第二类运动轨迹)。从图4-8可以看出,不论$c_1 = c_2$还是$c_1 \neq c_2$,上模工作面点A的运动轨迹是一个闭合的空间曲线,此空间曲线类似于一个空间椭圆,也类似呈雨滴形状。

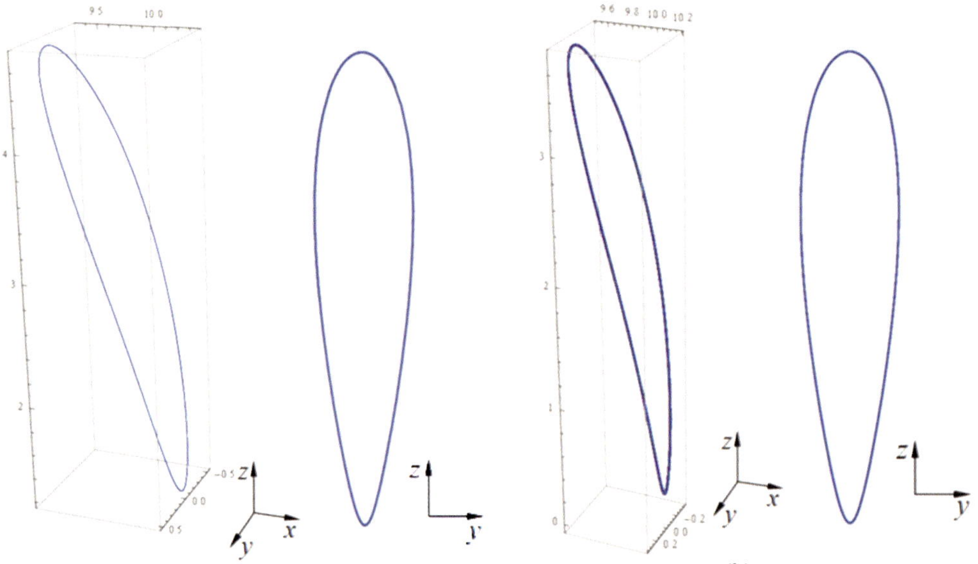

(a) (b)

(a)A点运动轨迹及其在y-z平面内的投影($c_1 = c_2$);(b)A点运动轨迹及其在y-z平面内的投影($c_1 \neq c_2$)

图4-8 冷摆辗过程中上模工作面上点A的运动轨迹

4.2.2 双偏心环同速反向旋转时上模运动轨迹特征

假设外偏心环沿着逆时针方向旋转($\omega_1 = \omega$),内偏心环以相同的速度沿着顺时针方向旋转($\omega_2 = -\omega$)。此时在双偏心环偏心距$c_1 = c_2$和$c_1 \neq c_2$两种情况下上模轴线上O_2点的运动轨迹如图4-9所示。从图4-9(a)可以看出,当$c_1 = c_2$时,O_2点的运动轨迹为一条平面弧,此弧经过冷摆辗机床轴线Oz且所在平面垂直于平面xOy。当$c_1 \neq c_2$时,O_2点的运动轨迹是一个空间椭圆,此空间椭圆不经过冷摆辗机床轴线Oz,如图4-9(b)所示。

图4-10与图4-11所示为双偏心环同速反向旋转时O_2点速度与角度ωt之间的关系。

从图4-10和图4-11能够得到下述结论:

(1)O_2点速度绝对值随时间周期性变化,周期为π。

(2)O_2点沿x轴方向的速度v_x随时间周期性变化,周期为2π,v_x类似正弦规律变化。

(3)O_2点沿z轴方向的速度v_z随时间周期性变化,周期为π。v_z类似正弦规律变化。

(4)从图4-10可以看出,当$c_1 = c_2$时,O_2点沿y轴方向的速度v_y为0,这意味着O_2点的运动轨迹平行于平面xOz。

(5)从图4-11可以看出,当$c_1 \neq c_2$时,O_2点沿y轴方向的速度v_y周期性变化,周期为

2π，而不再等于 0。这表明 O_2 点在 y 轴方向存在运动。

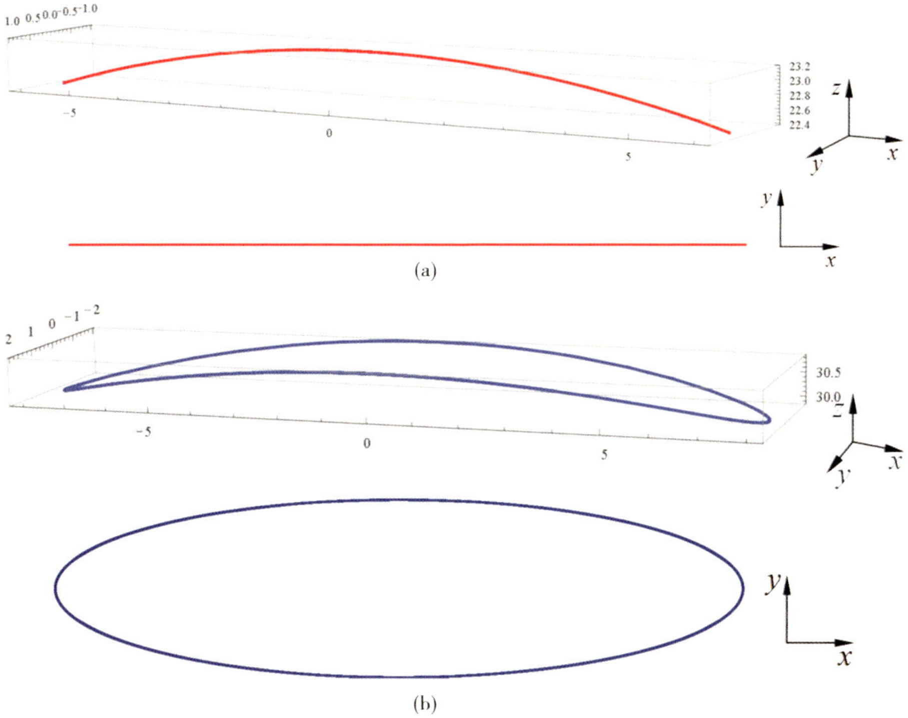

(a) O_2 点运动轨迹及其在 x-y 平面内的投影($c_1 = c_2$)；(b) O_2 点运动轨迹及其在 x-y 平面内的投影($c_1 \neq c_2$)

图 4-9　冷摆辗过程中 O_2 点运动轨迹($\omega_1 = \omega, \omega_2 = -\omega$)

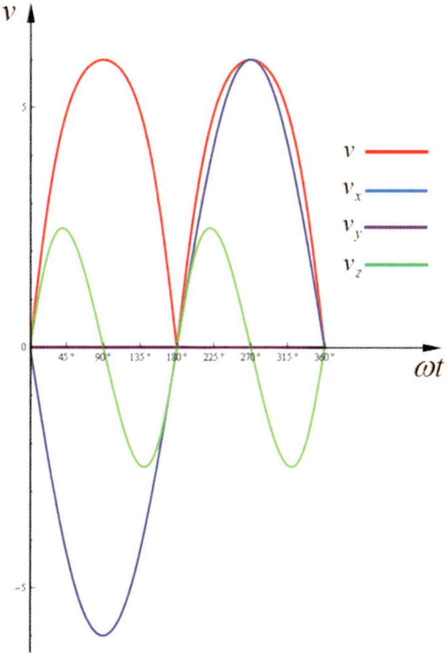

图 4-10　冷摆辗过程中 O_2 点的速度与角度 ωt 之间的关系

($c_1 = c_2, \omega_1 = -\omega_2 = \omega$)

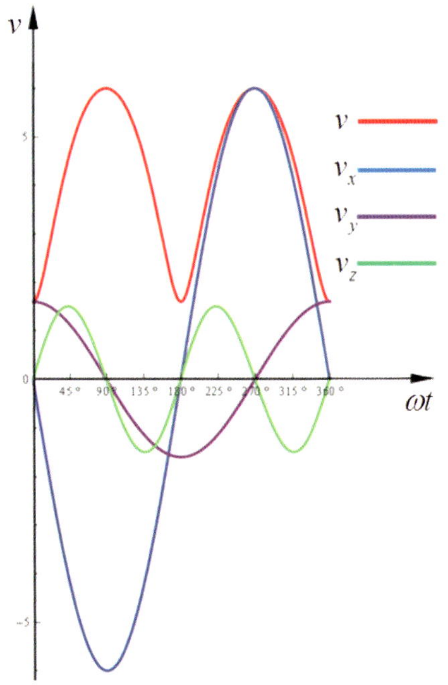

图 4-11 冷摆辗过程中 O_2 点的速度与角度 ωt 之间的关系

$(c_1 \neq c_2, \omega_1 = -\omega_2 = \omega)$

在双偏心环偏心距 $c_1 = c_2$ 和 $c_1 \neq c_2$ 两种情况下上模工作面上点 A 的运动轨迹如图 4-12 所示。从图 4-12 可以看出，当 $c_1 = c_2$ 时，点 A 的运动轨迹也是一个平面弧，此弧经过冷摆辗机床轴线 Oz 且所在平面垂直于平面 xOy，如图 4-12(a) 所示。当 $c_1 \neq c_2$ 时，A 点的运动轨迹也是一个空间椭圆，此空间椭圆不经过冷摆辗机床轴线 Oz，如图 4-12(b) 所示。

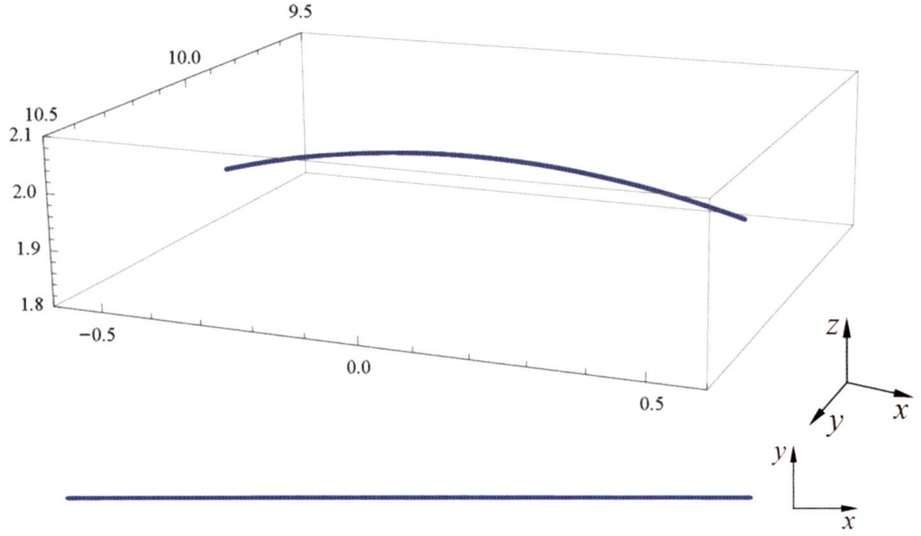

(a) A 点运动轨迹及其在 x-y 平面内的投影 $(c_1 = c_2)$

图 4-12 冷摆辗过程中 A 点运动轨迹 $(\omega_1 = \omega, \omega_2 = -\omega)$

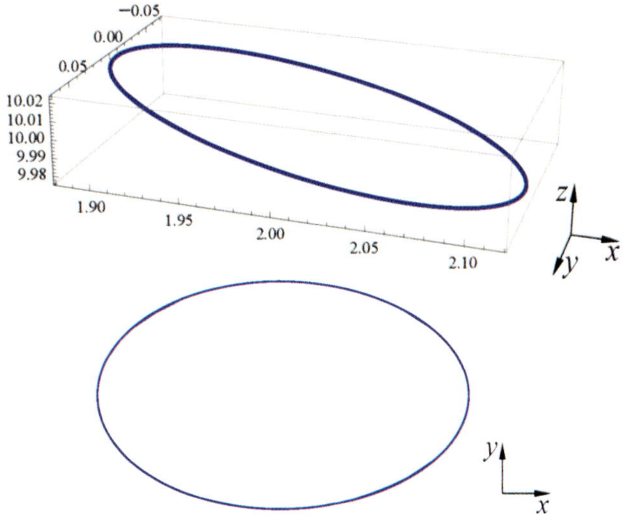

(b) A 点运动轨迹及其在 x-y 平面内的投影($c_1 \neq c_2$)

图 4-12(续)　冷摆辗过程中 A 点运动轨迹($\omega_1 = \omega, \omega_2 = -\omega$)

4.2.3　双偏心环不同速同向旋转时上模运动轨迹特征

假设外、内偏心环都沿着逆时针方向旋转但角速度大小不同,即 $\omega_1 > 0, \omega_2 > 0$,且 $|\omega_1| \neq |\omega_2|$。此时在双偏心环偏心距 $c_1 = c_2$ 和 $c_1 \neq c_2$ 两种情况下上模轴线上点 O_2 的运动轨迹如图 4-13 所示。从图 4-13 可以看出,当 $c_1 = c_2$ 时,点 O_2 的运动轨迹为空间螺旋线,此螺旋线经过冷摆辗机床轴线 Oz。当时,点 O_2 的运动轨迹仍为空间螺旋线,但此螺旋线不经过冷摆辗机床的轴线 Oz,在其中央存在空白区域。

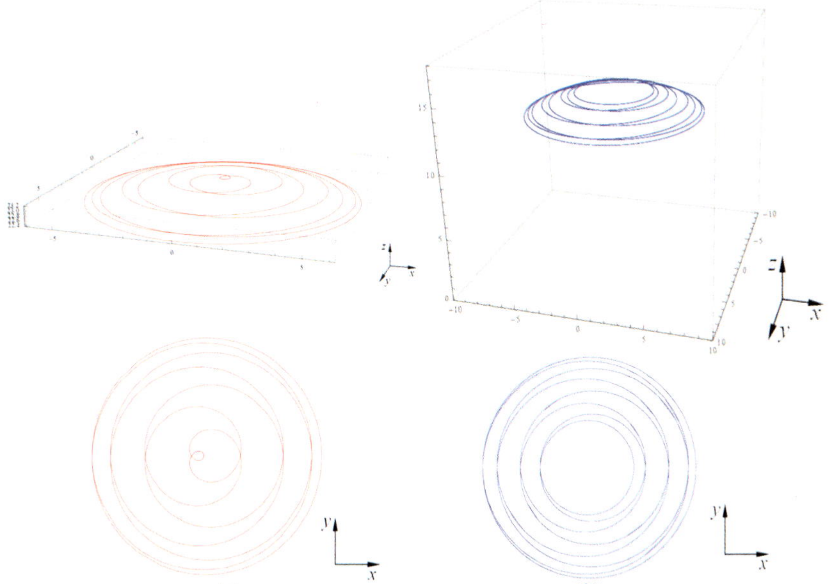

(a)　　　　　　　　　　　　　　(b)

(a) O_2 点三维运动轨迹及其在 x-y 平面内的投影($c_1 = c_2$);(b) O_2 点三维运动轨迹及其在 y-z 平面内的投影($c_1 \neq c_2$)

图 4-13　冷摆辗过程中 O_2 点运动轨迹($\omega_1 > 0, \omega_2 > 0, |\omega_1| \neq |\omega_2|$)

图4-14和图4-15为双偏心环不同速同向旋转时 O_2 点的速度与时间 t 之间的关系。从图4-14和图4-15能够得到下列结论。

(1) O_2 点速度绝对值 v 随时间周期性变化，在每个周期内存在一个波峰和一个波谷。

(2) O_2 点沿 x 轴方向的速度 v_x 随时间呈正弦规律周期性变化。

(3) O_2 点沿 y 轴方向的速度 v_y 随着时间呈余弦规律周期性变化。

(4) O_2 点沿 z 轴方向的速度 v_z 随着时间呈正弦规律周期性变化。

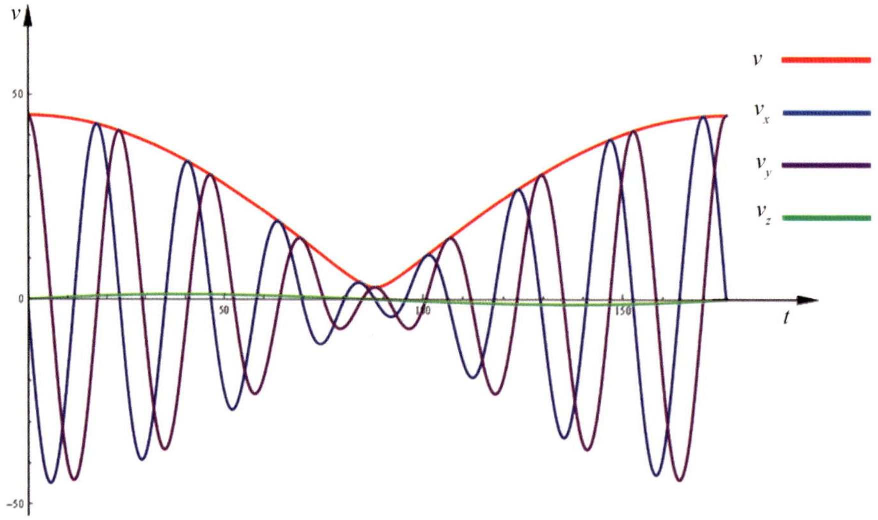

图4-14 冷摆辗过程中 O_2 点的速度与时间 t 之间的关系

$(c_1 = c_2, \omega_1 > 0, \omega_2 > 0, |\omega_1| \neq |\omega_2|)$

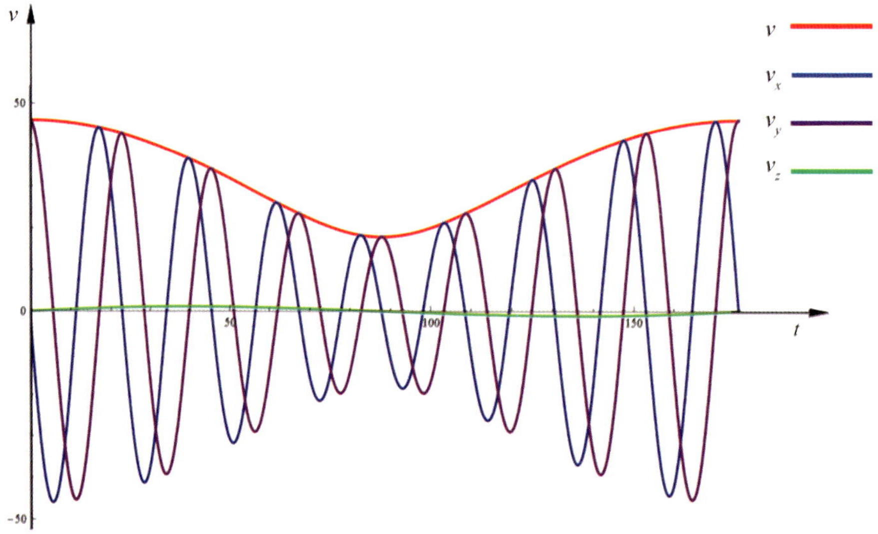

图4-15 冷摆辗过程中 O_2 点的速度与时间 t 之间的关系

$(c_1 = c_2, \omega_1 > 0, \omega_2 > 0, |\omega_1| \neq |\omega_2|)$

在双偏心环偏心距 $c_1 = c_2$ 和 $c_1 \neq c_2$ 两种情况下上模工作面上点 A 的运动轨迹如图

4-16 所示。从图 4-16 可以看出，当 $c_1=c_2$ 时，A 点的运动轨迹是一个被拉长的空间螺旋线，在此螺旋线的中心不存在空白区域。当 $c_1 \neq c_2$ 时，A 点的运动轨迹也是一个被拉长的空间螺旋线，但是在此螺旋线的中心存在空白区域。需要注意的是在这两种情况下 A 点运动轨迹旋转的周数是相同的。

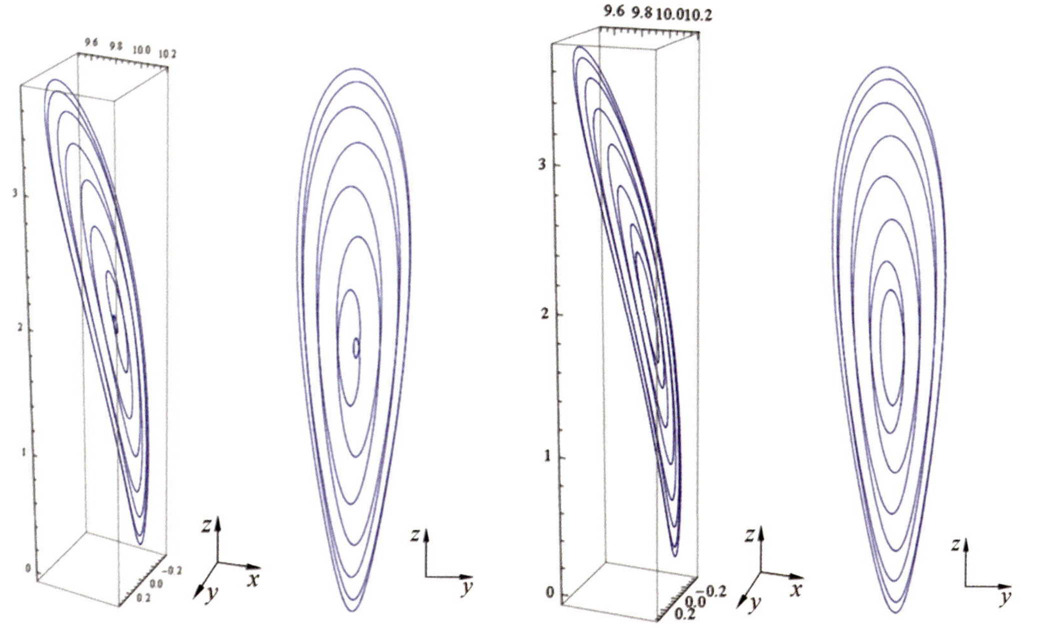

(a)　　　　　　　　(b)

(a) A 点三维运动轨迹及其在 y-z 平面内的投影($c_1=c_2$)；(b) A 点三维运动轨迹及其在 y-z 平面内的投影($c_1 \neq c_2$)

图 4-16　冷摆辗过程中 A 点运动轨迹($\omega_1>0,\omega_2<0,|\omega_1|\neq|\omega_2|$)

4.2.4　双偏心环不同速反向旋转时上模运动轨迹特征

假设外偏心环沿逆时针方向旋转，内偏心环沿顺时针方向旋转，即 $\omega_1>0,\omega_2<0$，并且外、内偏心环的旋转角速度绝对值不相等，即 $|\omega_1|\neq|\omega_2|$。此时在双偏心环偏心距 $c_1=c_2$ 和 $c_1\neq c_2$ 两种情况下上模轴线上 O_2 点的运动轨迹如图 4-17 所示。从图 4-17 可以看出，当 $c_1=c_2$ 时，O_2 点的运动轨迹为空间玫瑰线，此空间螺旋线经过冷摆辗机床轴线 Oz。当 $c_1\neq c_2$ 时，O_2 点的运动轨迹仍为空间玫瑰线，但其并不经过冷摆辗机床轴线 Oz，在其中央存在空白区域。

图 4-18 和图 4-19 为双偏心环不同速反向旋转时 O_2 点的速度与时间 t 之间的关系。从图 4-18 和图 4-19 可以得到以下结论。

(1) O_2 点速度绝对值 v 随时间周期性变化，在每个周期内存在一个波峰和一个波谷。

(2) O_2 点沿 x 轴方向的速度 v_x 随时间呈正弦规律周期性变化。

(3) O_2 点沿 y 轴方向的速度 v_y 随时间呈余弦规律周期性变化。

(4) O_2 点沿 z 轴方向的速度 v_z 随时间呈正弦规律周期性变化。

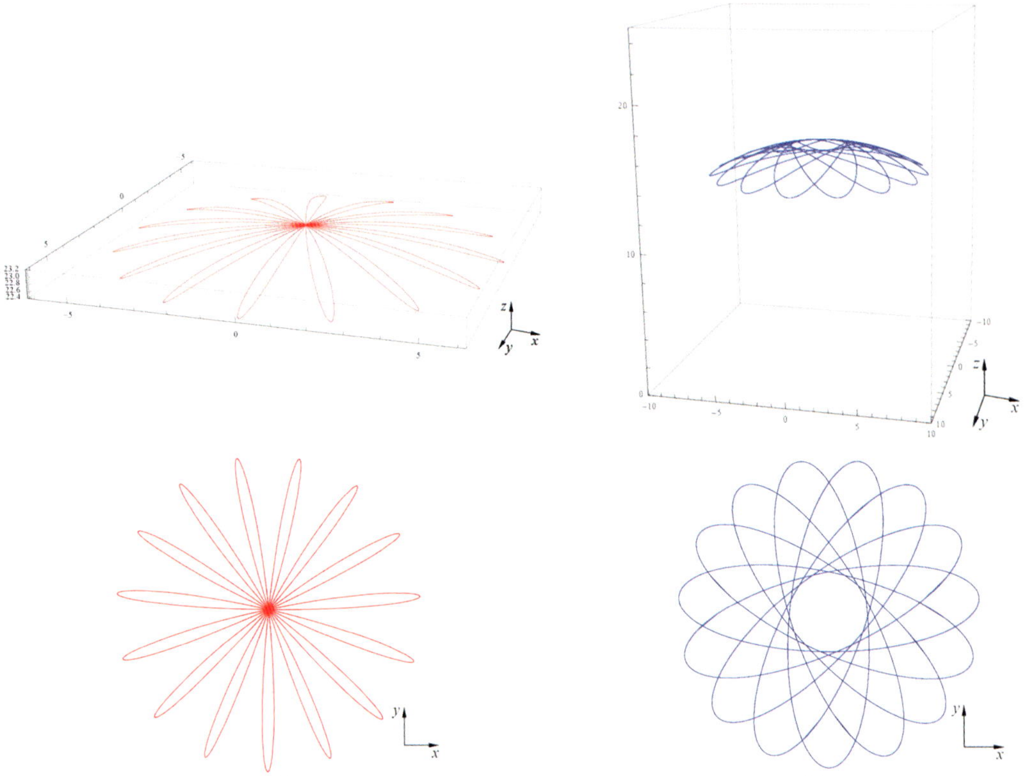

(a) (b)

(a)O_2 点运动轨迹及其在 x-y 平面内的投影($c_1 = c_2$);(b)O_2 点运动轨迹及其在 x-y 平面内的投影($c_1 \neq c_2$)

4-17 冷摆辗过程中 O_2 点的运动轨迹

($\omega_1 > 0, \omega_2 < 0, |\omega_1| \neq |\omega_2|$)

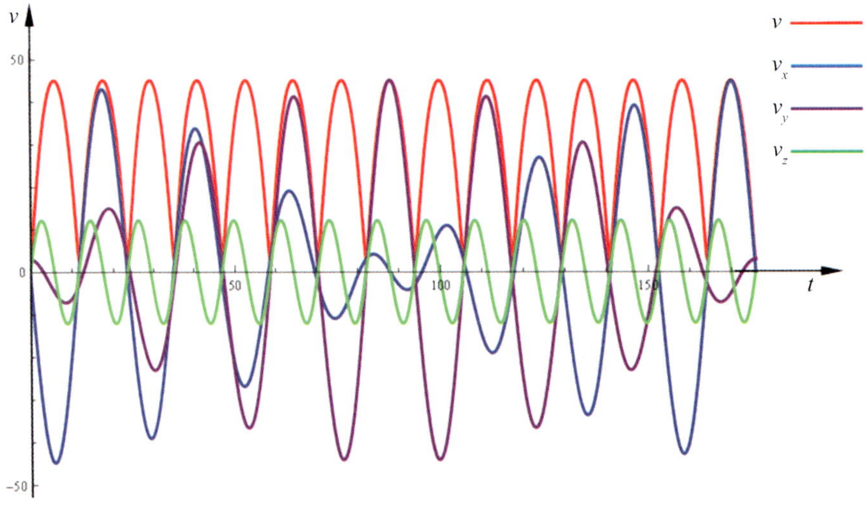

图 4-18 冷摆辗过程中 O_2 点的速度与时间 t 之间的关系

($c_1 = c_2, \omega_1 > 0, \omega_2 < 0, |\omega_1| \neq |\omega_2|$)

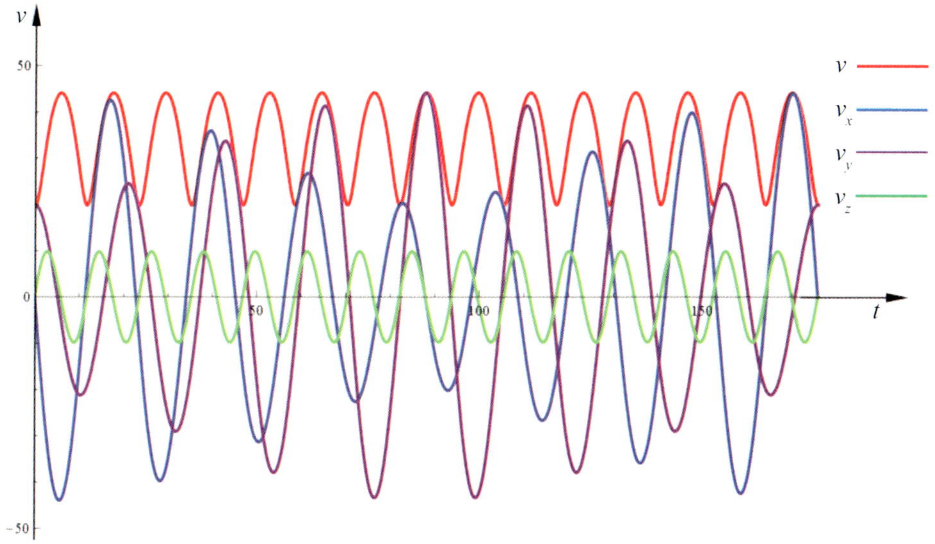

图 4-19　冷摆辗过程中 O_2 点的速度与时间 t 之间的关系

($c_1 \neq c_2, \omega_1 > 0, \omega_2 < 0, |\omega_1| \neq |\omega_2|$)

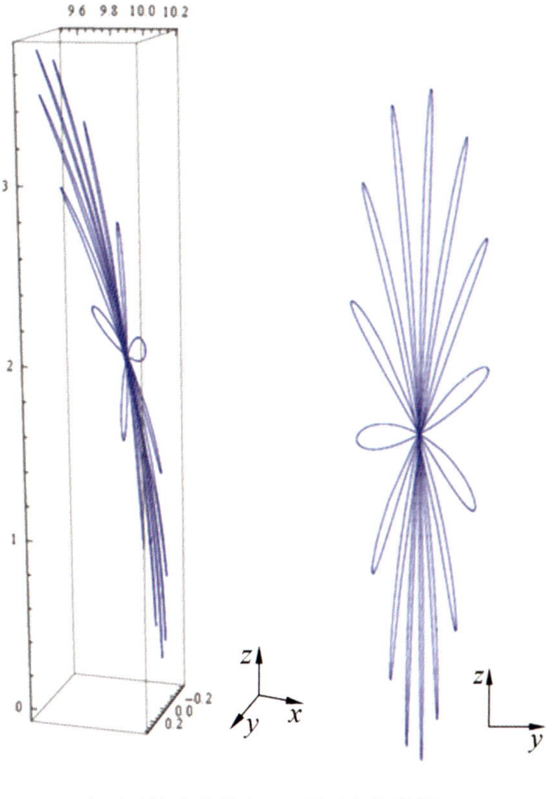

(a) A 点运动轨迹及其在 y-z 平面内的投影($c_1 = c_2$);

图 4-20　冷摆辗过程中 A 点运动轨迹($\omega_1 > 0, \omega_2 < 0, |\omega_1| \neq |\omega_2|$)

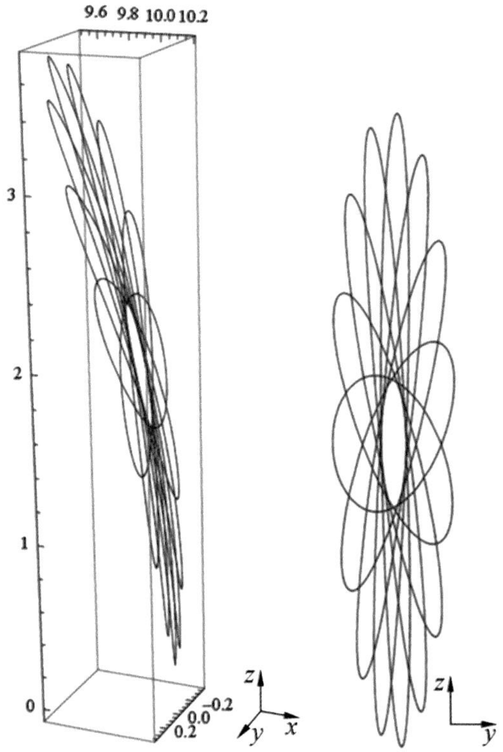

(b) A 点运动轨迹及其在 y-z 平面内的投影 ($c_1 \neq c_2$)

图 4-20 (续)　冷摆辗过程中 A 点运动轨迹 ($\omega_1 > 0, \omega_2 < 0, |\omega_1| \neq |\omega_2|$)

在双偏心环偏心距 $c_1 = c_2$ 和 $c_1 \neq c_2$ 两种情况下上模工作面上 A 点的运动轨迹如图 4-20 所示。从图 4-20 可以看出,当 $c_1 = c_2$ 时,A 点的运动轨迹是一个被拉长的空间玫瑰线,在此玫瑰线的中心不存在空白区域。当 $c_1 \neq c_2$ 时,A 点的运动轨迹也是一个被拉长的空间玫瑰线,但是在此玫瑰线的中心存在空白区域。需要注意的是在这两种情况下 A 点运动轨迹的花瓣数量是相同的。

4.3　冷摆辗机双偏心环结构优化设计

图 4-21 所示为螺旋线轨迹下双偏心环偏心距对冷摆辗成形载荷的影响。从图 4-21(a) 可以看出,当双偏心环偏心距相等时(现有双偏心环冷摆辗机结构),螺旋线轨迹下冷摆辗成形载荷最大值最大,且成形载荷波动最大,这将使冷摆辗机振动和噪声增大,同时降低冷摆辗机的使用寿命。这主要是因为当双偏心环偏心距相等时,上模运动轨迹(除圆轨迹外)总是经过冷摆辗机床的轴线 Oz,此时,锥形上模轴线与冷摆辗机床轴线之间的夹角变化范围大,上模与坯料之间的接触面积波动较大,从而导致冷摆辗成形载荷波动较大且成形载荷最大值较大。

从图 4-21(b) ~ (e) 可以看出,当双偏心环偏心距差值增大时,螺旋线轨迹下冷摆辗成形载荷最大值逐渐减小,且成形载荷波动也逐渐减小,这将使冷摆辗机振动和噪声减小,同时提高冷摆辗机的使用寿命。这主要是因为当双偏心环偏心距不相等时,上模运动轨迹中央出现空白区,即不经过冷摆辗机床的轴线 Oz,且随着双偏心环偏心距差值增大时,其空白区逐渐增大，此时，锥形上模轴线与冷摆辗机床轴线之间的夹角变化范围减小，上模与坯料之间的接触面积波动减小，从而导致冷摆辗成形载荷波动减小且成形载荷最大值减小。

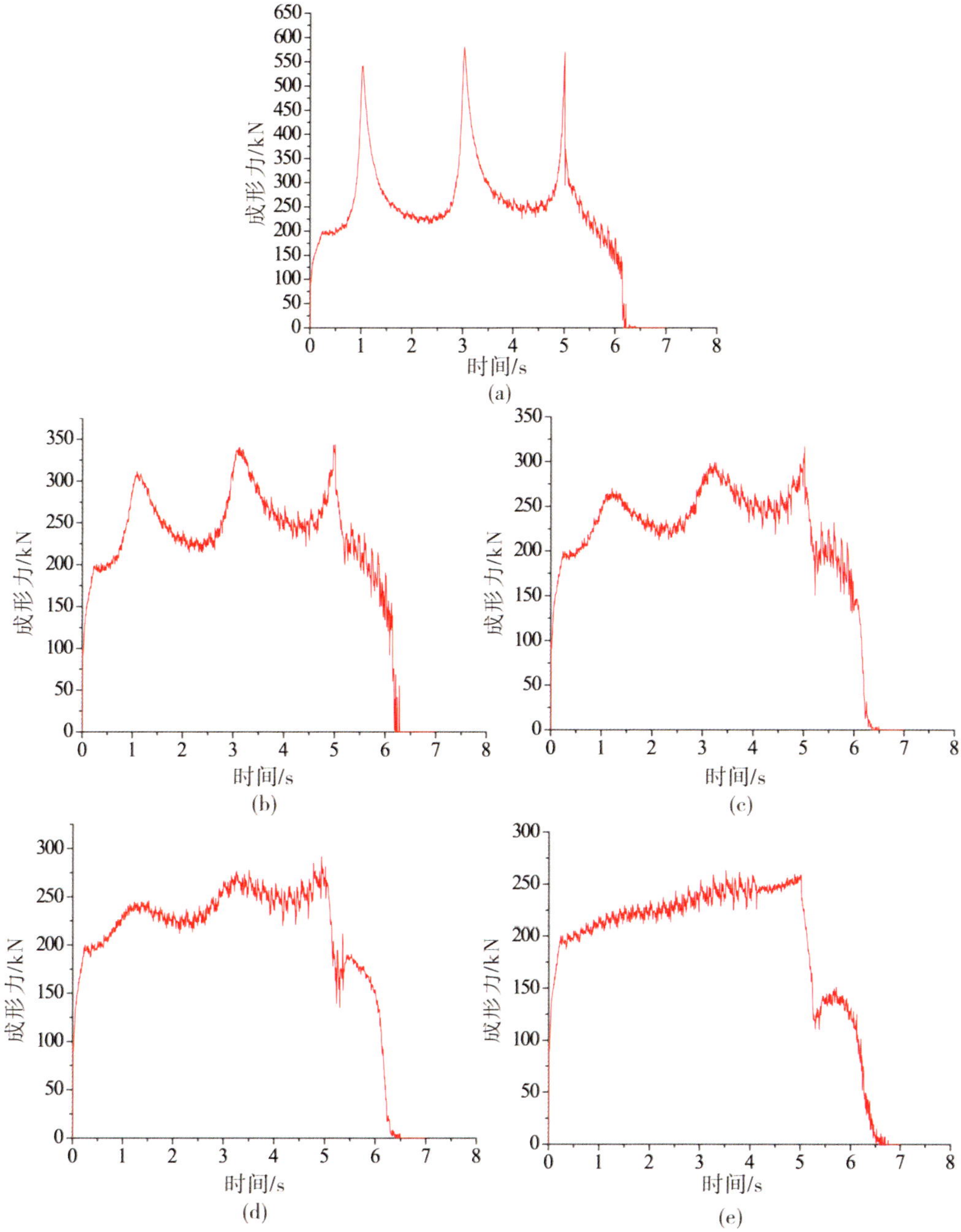

$(a)c_1 = c_2 = 10.5mm$；$(b)c_1 = 8mm, c_2 = 13mm$；$(c)c_1 = 6mm, c_2 = 15mm$；

$(d)c_1 = 4mm, c_2 = 17mm$；$(e)c_1 = 1mm, c_2 = 20mm$

图 4-21　螺旋线轨迹下双偏心环偏心距对冷摆辗成形载荷的影响

因此在实际工业生产中可以通过改变冷摆辗机双偏心环的偏心距来提高冷摆辗机的性能和使用寿命。

第 5 章
斜齿圆柱齿轮冷锻成形

斜齿圆柱齿轮作为传递运动和动力的一种重要零件，具有传动平稳、噪声小、传动效率高等优点，在工业领域有着越来越广泛的应用。目前，斜齿圆柱齿轮主要是通过滚齿、插齿、剃齿等传统金属切削加工来制造，材料利用率低、能耗大、生产成本高，尤其是由于材料金属纤维被切断，严重影响齿轮的使用强度和疲劳寿命。随着现代制造业的迅猛发展，齿轮的性能要求进一步提高，传统的切削加工方法很难满足高性能齿轮加工制造要求。

齿轮精密成形技术属于少无切削加工技术，是一种采用塑性成形的方法成形齿轮的一种新方法，具有材料利用率高、生产率高、成本低、成形的齿轮抗疲劳性能好等优点。

本章采用孔分流冷镦挤成形工艺成形斜齿圆柱齿轮，研究此成形工艺下斜齿圆柱齿轮金属变形规律和成形机制。

5.1 斜齿圆柱齿轮冷锻成形有限元模型建立

5.1.1 斜齿圆柱齿轮几何模型建立

斜齿圆柱齿轮的参数如表 5-1 所示。斜齿圆柱齿轮几何模型采用 Pro/E 软件的“参数设置(parameters)”命令和“添加关系式(relations)”命令，通过输入关系式，确定齿轮分度圆、基圆、齿根圆、齿顶圆等基本尺寸。

表 5-1 斜齿圆柱齿轮零件参数

参数	数值
齿数 Z	23
法向模数 m_n/mm	2
压力角 α/(°)	20
螺旋角 β/(°)	14
齿宽 B/mm	12
分度圆直径 d/mm	47.41
基圆直径 d_b/mm	44.55
齿顶圆直径 d_a/mm	51.41
齿根圆直径 d_f/mm	42.41
齿顶高/mm	2
齿根高/mm	2.5

斜齿圆柱齿轮几何建模方法通常有两种,一种是根据斜齿圆柱齿轮的几何参数特点,首先在基圆柱上生成单个轮齿,再由该轮齿绕基圆柱中心轴线旋转复制,生成斜齿圆柱齿轮的三维模型;另一种是根据斜齿圆柱齿轮几何参数的特点,首先建立齿坯并在齿坯上切料生成单个齿槽,再由齿槽绕齿坯中心轴线旋转复制,生成斜齿圆柱齿轮的三维模型。由于后一种方法生成的齿轮速度快,在进行数据转换时丢失的信息少,在进行有限元模拟时精度更高。因此,采用在齿坯上切料生成齿槽,再旋转复制建立齿轮的三维模型,如图 5-1 所示。

图 5-1　斜齿圆柱齿轮三维模型

5.1.2　凹模型腔和凸模几何模型的建立

斜齿圆柱齿轮的成形效果与模具几何形状密切相关。在已有斜齿圆柱齿轮锻件模型的基础上,利用 Pro/E 软件模具设计模块(MoldDesign)的功能,直接由斜齿圆柱齿轮通过设计分模面以反算的方法得到凹模型腔、凸模的几何模型,如图 5-2 所示。

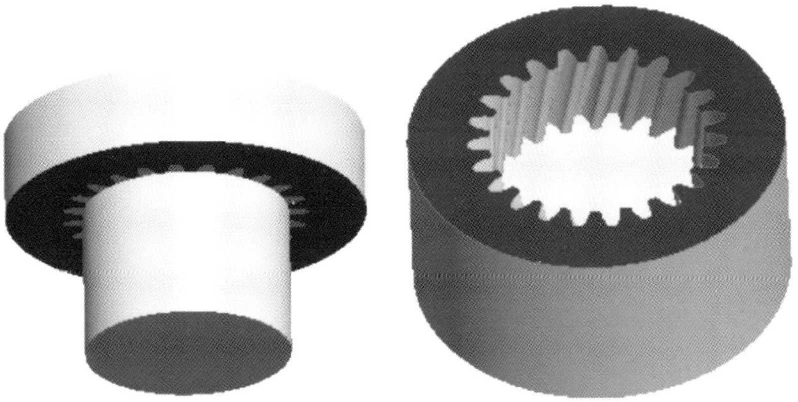

图 5-2　凸模、凹模型腔三维几何模型

5.1.3　坯料几何模型建立

1. 分流锻造原理

分流锻造是指在锻件的非重要部位合理设置溢流口,保证在材料充填模腔的最终时刻仍有材料分流,从而增大零件的自由表面积,控制相对面积缩减率的提高,以避免成形终了时工作压力突然增加。

1)孔分流法

孔分流法如图 5-3 所示,是利用带中心孔的环形坯料,在凸模施加压力的作用下,通过分流孔将材料的流动分成两个方向,一方面材料沿径向向外充填模具齿形型腔即材料的离心流动,另一方面材料沿径向向内充填,内孔直径逐渐缩小,即材料的向心流动。由于向心流动没有模具摩擦阻力,而且没有模具的复杂型腔形状限制,所以流动趋势要比向外流动容易,故常常有内孔先闭合,然后再成形外部齿形的现象。在坯料的某一个位置存在分流面,为了保证齿形具有较好的充填质量,应使分流面的位置与分流孔的圆柱面的位置接近,才能充分发挥分流孔的分流减压的作用。

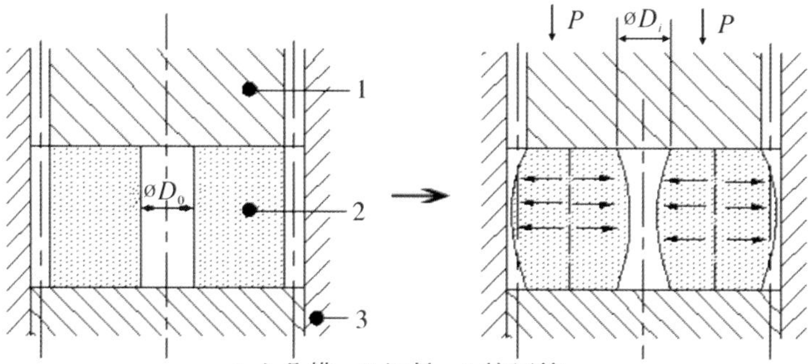

1.上凸模;2.坯料;3.挤压筒

图 5-3 孔分流原理

2)轴分流方法

轴分流法则是在与坯料上下端面接触的凸、凹模上设置有内孔,以使坯料材料有溢出的空间,如图 5-4 所示。采用轴分流方法成形的过程中,由于冲头不得不加工一个溢流圆形槽或内孔,常常导致冲头由于应力集中而开裂。而且流向分流孔的材料,在锻件的顶端会形成一个凸起,大都需要后续机加工切削去掉,使成本相对高一些,效率相对低一些。这一工艺适于成形带有圆形凸台的锻件。

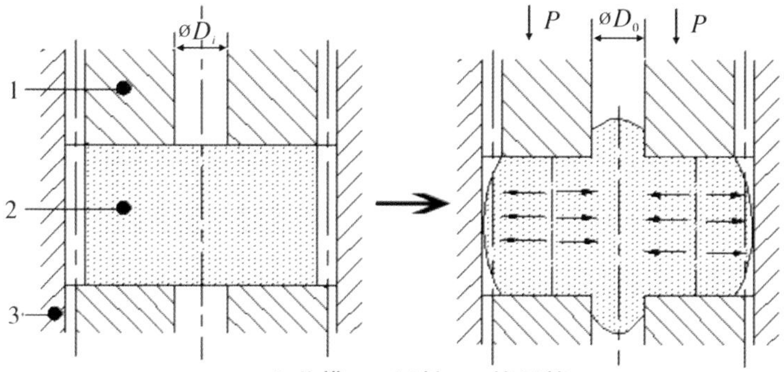

1.上凸模;2.坯料;3.挤压筒

图 5-4 轴分流原理

2. 坯料设计

为了降低成形力,带分流孔的坯料设计如图 5-5 所示。根据表 5-1 的斜齿圆柱齿轮的几何参数,在 Pro/E 软件中建立齿轮的三维实体模型,根据 Pro/E 软件的测量功能可以直接求出齿轮的体积 V_p。在齿轮模拟成形的过程中,由于网格的畸变会导致材料的体积损失,因此,根据体积不变的定律,修正后毛坯的体积为:

$$V_b = (1 + k)V_p \tag{5-1}$$

式中，V_b 为坯料的体积；V_p 为齿轮的体积；k 为毛坯修正系数，取值为 0.01。

根据毛坯的几何关系有：

$$V_b = \pi(D^2 - d_0^{\ 2})H_0/4 \tag{5-2}$$

齿轮在成形的过程中，毛坯的截面形状发生很大的变化，一部分材料会流向齿顶，另一部分材料会流向齿根，为了缩短齿轮在型腔中的镦粗时间，通常取毛坯的外径与齿根圆的直径接近，即 $D = d_f$。

因此，根据式(5-1)、式(5-2)，可得坯料的高度为

$$H_0 = \frac{4V_b}{\pi(D^2 - d_0^{\ 2})} = \frac{4V_p}{\pi(D_r^{\ 2} - d_0^{\ 2})} \tag{5-3}$$

取分流孔径为 20mm，则根据式(5-3)，对应的坯料高度为$H_0 = 19.7$mm。

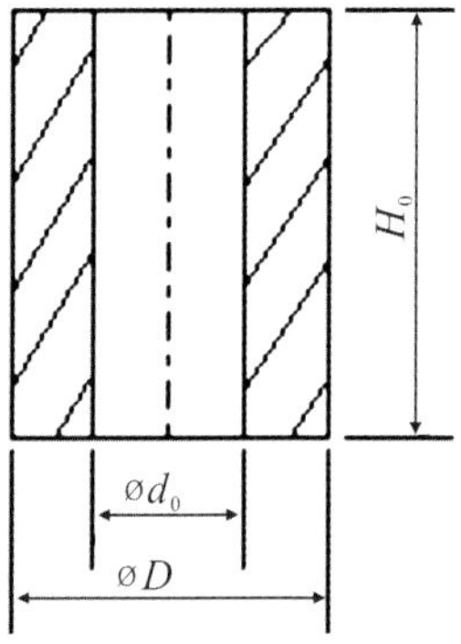

图 5-5　齿轮坯料设计

5.1.4　斜齿圆柱齿轮孔分流镦挤有限元模型

将在 Pro/E 软件中建立的凹模型腔、凸模、导套、坯料的几何模型输出为 STL 格式的文件，然后导入有限元模拟系统 DEFORM-3D 中。

在斜齿圆柱齿轮冷(锻)精密成形过程中，模具只发生极小的弹性变形，为了降低计算成本，在模拟中将凹模型腔、凸模、导套设置为刚性体(rigid-body)，而坯料设为刚塑性体(plastic-body)；在边界条件的设置中将凹模型腔、凸模、导套定义为主接触面，毛坯定义为从接触面，接触面之间采用剪切摩擦条件；毛坯材料为 20CrMnTi 低碳钢。

斜齿圆柱齿轮冷精密成形时，塑性变形的大变形区在齿形部分，而中间部分材料的变形很小近似于作刚性移动。因此，对齿轮坯料进行网格划分时，通过选择区域窗口的形式采用局部细化网格的方法，对齿形部分划分较密的网格，而对中间变形较小的坯料设置较稀疏的网格。设置的网格以及坯料变形终了时的细化网格如图 5-6 所示。

根据所设置的模拟参数，建立的斜齿圆柱齿轮孔分流镦挤有限元模型如图 5-7 所示。

5.2　毛坯与模具接触特点

在斜齿圆柱齿轮整个冷精密成形过程中，由于坯料在凸模压缩下以及螺旋轮齿的结构特点，金属的流动方向由轴向向下慢慢地转变到径向和周向。毛坯与模具的接触区域的大小及位置时刻发生改变，因此分析毛坯与模具的接触状况有助于了解金属材料的流

动情况。

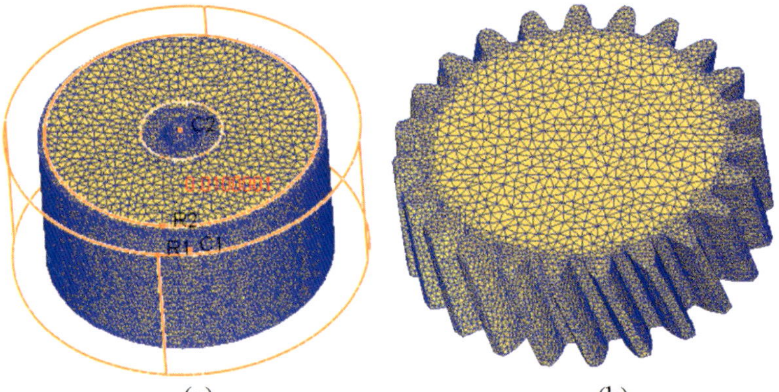

(a) (b)

(a)网格窗口的设置;(b)网格细化后的模型

图 5-6 局部细化的网格

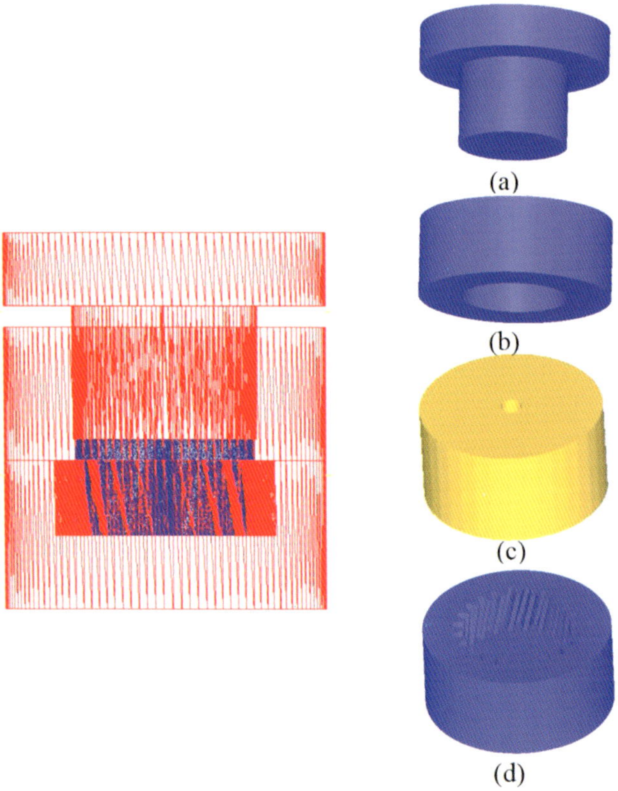

(a)凸模;(b)套筒;(c)坯料;(d)凹模型腔

图 5-7 斜齿圆柱齿轮孔分流镦挤有限元模型

图 5-8 表示凸模在不同压下量时坯料与模具的接触情况。毛坯上布满绿色节点的区域是表示毛坯与齿形凹模型腔的接触区域;覆盖黄色节点的区域即为毛坯与凸模的接触区域;覆盖橙色节点的区域即为毛坯与套筒的接触区域,而覆盖蓝色节点的区域即为毛坯与下垫板的接触区域。

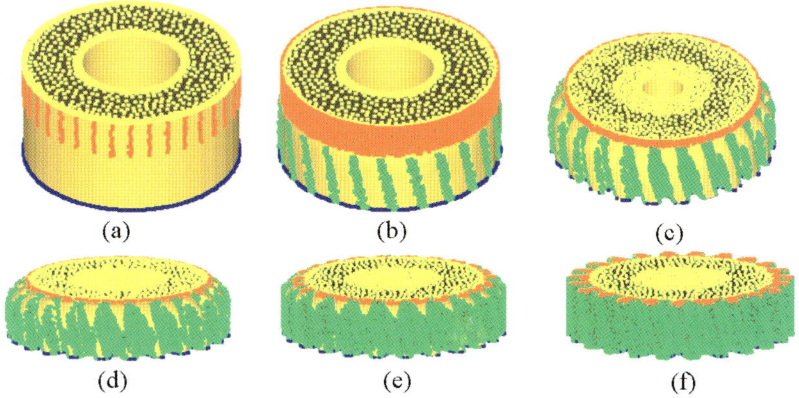

(a)压下量为 0;(b)压下量为 20%;(c)压下量为 80%;(d)压下量为 93%;(e)压下量为 96%;(f)压下量为 100%

图 5-8　凸模在不同压下量时坯料与模具的接触情况

由图 5-8 可以很直观地看到毛坯成形为轮齿的特点。当压下量为 0 时,即凸模还没有对毛坯施加作用力时,因为设计的坯料的直径略小于齿根圆直径,所以坯料与凹模没有接触;随着压下量的增加,坯料首先与凹模型腔的齿顶接触,接着慢慢与型腔齿形的靠近齿顶部分接触,坯料上初现齿形的形状,并且坯料与凹模接触的面积也逐渐增加。当压下量约为 93%时,坯料齿根部分已基本成形,坯料开始与凹模型腔的齿根部分接触,并且是坯料中间部分的材料首先与型腔的齿根接触,说明中间部分材料流动快、变形大。随着压下量的增加,坯料齿顶部分与型腔齿根部分接触的区域慢慢增加,而且坯料齿顶下端与模具型腔齿根接触的区域大于上端[图 5-8(e)],说明材料下端流动的速度大于上端。当压下量达到 100%时,即成形终了时,坯料与凹模型腔全部接触。

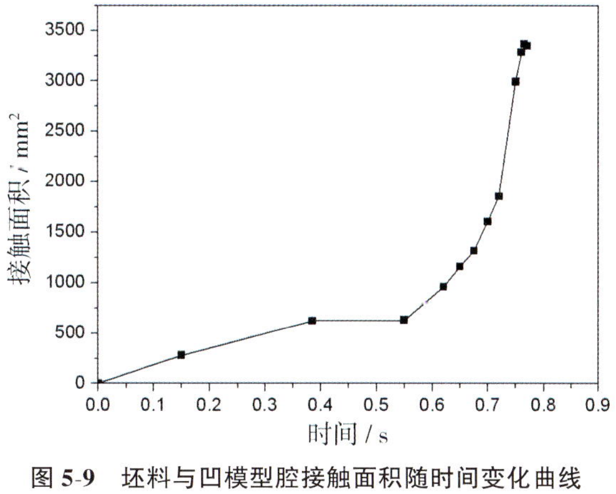

图 5-9　坯料与凹模型腔接触面积随时间变化曲线

图 5-9 给出了斜齿圆柱齿轮成形过程中,坯料与凹模型腔接触面积随时间变化的曲线图。由图 5-9 可知,在整个成形过程中,由于坯料在凸模的作用下,逐渐由轴向向径向和周向充填轮齿得到齿形,所以坯料与凹模型腔的接触面积随着时间的增加而增大。从图 5-9 也可以看出,该曲线可以分为三个阶段,第一阶段是坯料刚与凹模型腔的齿顶接触形成齿根,接触面积由零增加到某一个值;第二阶段是齿形逐渐充填和分流孔径逐渐闭合的阶段,毛坯与凹模型腔之间的接触面积随着齿形的稳定填充而缓慢增加;随着模具行程

的增加，分流孔径慢慢闭合，金属开始填充齿顶型腔，从而导致凹模与毛坯接触面积在成形后期急剧增加。

5.3 应力场分布特点与演化规律

图 5-10 给出了斜齿圆柱齿轮在冷精密成形的过程中，不同压下量时坯料的等效应力分布图。由图 5-10 可知，在变形刚开始的时候，在与凹模型腔齿顶接触的齿根处、坯料中间部位以及分流孔径下端区域应力较大，约为 858MPa[图 5-10(a)]；随着压下量的增加，坯料在凸模的作用下产生镦粗变形，金属不断向凹模型腔流动径向充填齿形，应力分布很不均匀，原先的大应力区应力值继续增大，并且范围逐渐从齿根向齿顶扩展，分流孔周围的材料等效应力也由下而上慢慢扩展[图 5-10(b)]；在压下量为 80%和 95%时，整个坯料均处于塑性变形的状态，变形区内的等效应力分布由不均匀逐渐变为均匀，并且应力值逐渐增大[图 5-10(c)、(d)]；在成形终了时，即压下量为 100%时，由于齿顶与凹模型腔齿根接触，受到凹模型腔齿根挤压的作用，齿顶处的等效应力达到最大值，分流孔周围与齿根之间的环形区域等效应力小一些，但与最大应力相差不大，整个齿轮的应力分布沿轴向和周向分布比较均匀[图 5-10(e)]。

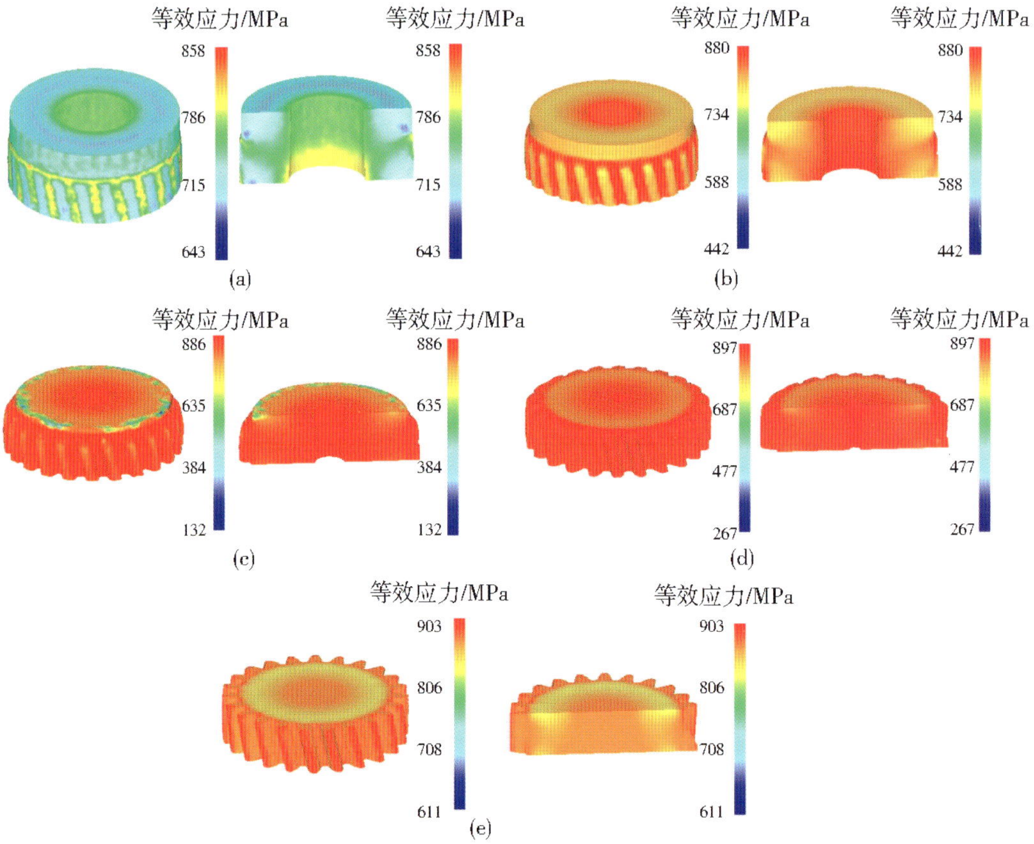

(a)压下量为 20%；(b)压下量为 50%；(c)压下量为 80%；(d)压下量为 95%；(e)压下量为 100%

图 5-10 不同压下量时斜齿圆柱齿轮等效应力分布

为了能够详细研究斜齿圆柱齿轮冷精密成形过程中齿形以及不同方向等效应力的分布规律及演化历程，在坯料上选取一些典型追踪点来检查整个成形过程中的等效应力随成形时间的变化情况。图 5-11 表示了在轮齿凸面与凹面齿根处以及齿顶处分别均匀所取的 3 个追踪点的等效应力随时间变化的曲线。

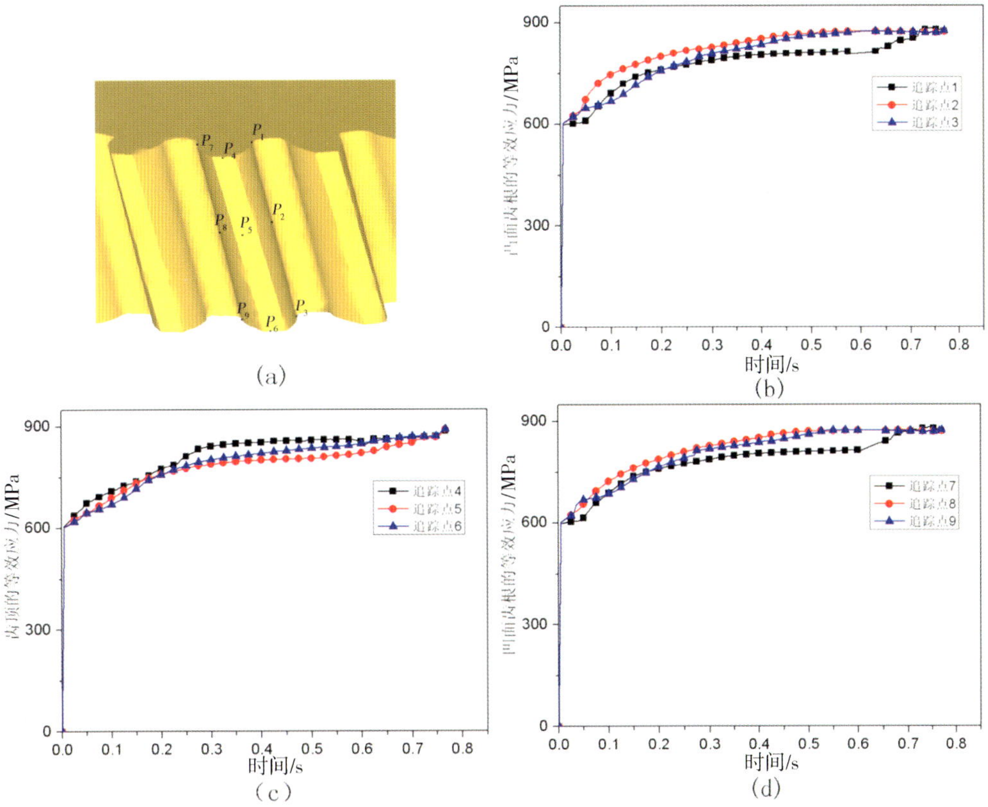

(a)追踪点分布；(b)凸面齿根；(c)齿顶；(d)凹面齿根

图 5-11　轮齿上不同追踪点的等效应力随时间变化的曲线

从图 5-11(b)、(d)可以看出，凸面齿根与凹面齿根追踪点的等效应力随时间的变化趋势是一致的，各个追踪点的等效应力都是随着变形过程的进行而逐渐增大的，且相差不大，而且在成形的后期，各个追踪点的曲线几乎是重合的，这说明在齿根处沿轴向方向等效应力分布几乎是均匀的。并且在整个变形的过程中，凸面齿根中间位置的追踪点 P_2 与凹面齿根中间位置的追踪点 P_8 的等效应力一直略大于相应齿根处的其他两点，说明坯料中间部分受力较大，这与等效应力云图分析的结果是一致的。

图 5-11(c)给出了齿顶的追踪点等效应力随时间变化的曲线。从图 5-11(c)可知，在变形的初始阶段齿顶处各点的等效应力从 0 增加到某一个值，随着变形的继续，各点的等效应力曲线随时间的变化几乎是一致的，说明齿顶沿轴向和周向其等效应力分布也是比较均匀的。与齿根等效应力不同的是，齿顶上端部追踪点 P_4 的等效应力略大于其他两点的等效应力，这是由于齿顶各个追踪点在变形的过程中其在坯料上位置的差异而引起的。齿顶上端的追踪点 4 在开始时刻位于坯料与凹模型腔齿根接触的位置，离凸模较近，在凸模的压缩下，由上端材料将成形力传给 4 点而发生塑性变形；追踪点 6 虽然离凸模较远，但受到下垫

板的作用而发生塑形变形；而齿顶中间位置的追踪点 5 则在上下两端变形材料的作用下被动向齿腔流动形成齿形，由于在成形的初期和中期，齿腔未充满，有较多的自由表面，所以材料的变形量较小，材料是作近似刚性的运动来填充齿形的，因此等效应力较小。

图 5-12 给出了在坯料径向及周向所取的追踪点[图 5-12(a)]及其等效应力随时间变化的曲线。图 5-12(b)所示为沿径向方向均匀分布于毛坯上表面的追踪点 10~13 等效应力随时间变化的曲线。从图中可以看出，在变形的初始阶段，等效应力由 0 急剧增加到某一个值，并随着时间的增大而增大；等效应力沿径向方向变化很小，仅仅是追踪点 12 的等效应力在整个变形期间均略小于其他三个点，而追踪点 10、11 和 13 在变形的过程中，其等效应力随时间变化的曲线基本是重合的。这说明在分流孔附近的区域以及齿顶上等效应力沿径向分布几乎是均匀的，并且属于最大等效应力区域。图 5-12(c)所示为沿周向方向均匀分布于毛坯上表面齿根处的追踪点 14~17 的等效应力随时间变化的曲线。由图可以看出各追踪点等效应力随时间变化的曲线几乎是重合在一起的，这说明等效应力沿周向是均匀分布的。

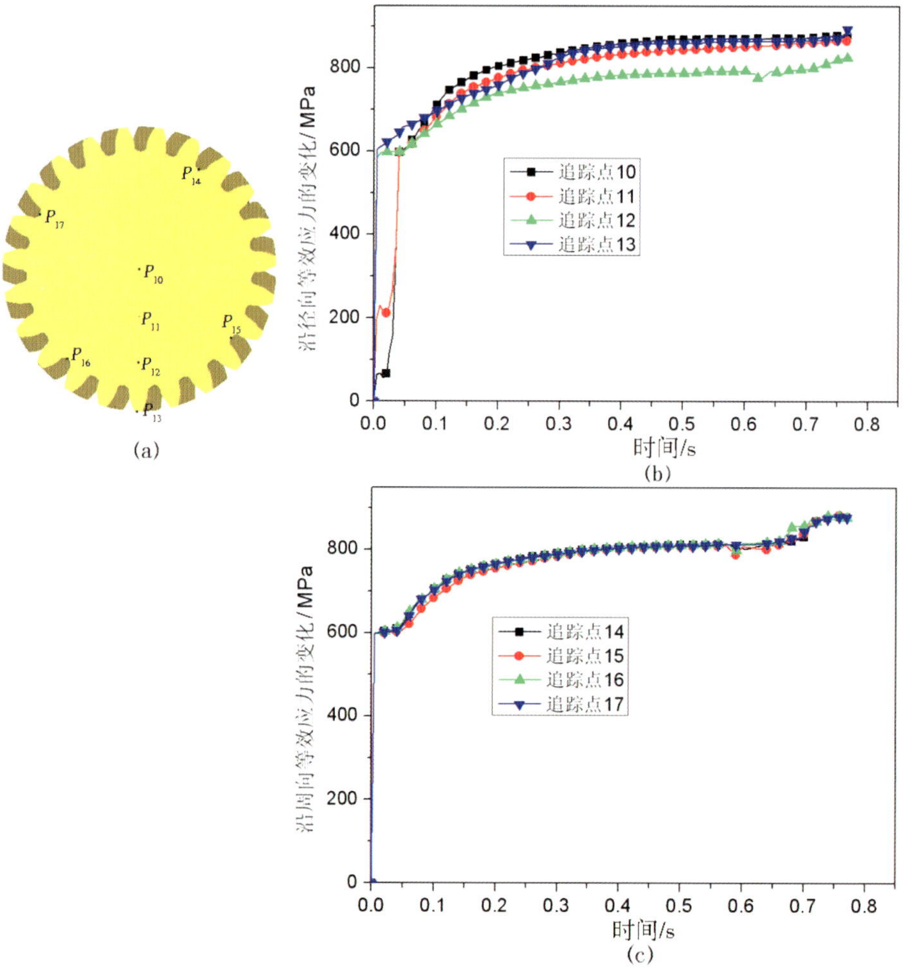

(a)追踪点分布；(b)沿径向方向；(c)沿周向方向

图 5-12　追踪点沿不同方向等效应力随时间变化的曲线

5.4　应变场分布特点与演化规律

图 5-13 给出了斜齿圆柱齿轮在冷精密成形的过程中,不同压下量时坯料的等效应变分布图。

由图 5-13 可知,在变形刚开始的时候,在与型腔齿顶接触的齿根处以及分流孔径下端区域首先产生较大的塑性变形,所以相应的等效应变也较大[图 5-13(a)];随着压下量的增加,坯料在凸模的作用下产生镦粗变形,金属不断向凹模型腔流动径向充填齿形,变形分布很不均匀,原先的大应变区应变值继续增大,并且范围逐渐从齿根向齿顶扩展,分流孔周围的材料变形也由下而上慢慢扩展[图 5-13(b)、(c)、(d)];在成形终了时,即压下量为 100%时,最大应变区转移到分流孔中心的位置,毛坯得到充分变形而形成饱满的螺旋齿形[图 5-13(e)]。

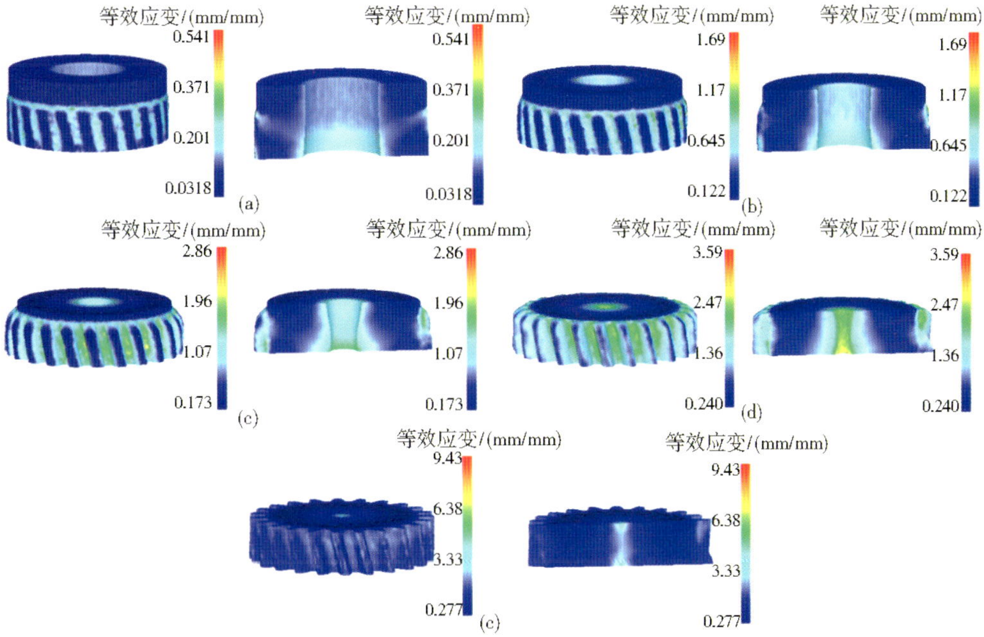

(a)压下量为 20%;(b)压下量为 50%;(c)压下量为 80%;(d)压下量为 95%;(e)压下量为 100%

图 5-13　不同压下量时斜齿圆柱齿轮等效应变分布

从图 5-13 还可以发现,在整个变形的过程中,坯料上齿根区域以及分流孔靠近底部区域的等效应变值在整个成形过程中均是最大的,这表明这些区域金属材料变形量也是最大的。这是由于齿根区域金属材料不仅在轴向压缩作用下形成齿根,同时又推动其周围金属材料向模具型腔填充,而靠近分流孔底部区域材料的流动受摩擦力影响较小,变形较大,孔的变形模式为单鼓形;等效应变沿轴向及径向分布极不均匀,但沿周向方向分布非常均匀;齿根与分流孔之间的环形区域的坯料变形较小,主要在周围材料的拉动下作刚性的移动。

图 5-14 表示在轮齿凸面与凹面齿根处以及齿顶处分别均匀所取的 3 个追踪点的等效应变随时间变化的曲线。从图 5-14(b)、(d)可以看出,凸面齿根与凹面齿根追踪点的等效应变随时间的变化趋势是一致的,各个追踪点的等效应变都是随着变形过程的进行

而逐渐增大的。并且在整个变形的过程中，凸面齿根中间位置的追踪点 P_2 与凹面齿根中间位置的追踪点 P_8 的等效应变一直大于相应齿根处的其他两点，而齿根上端面的点 P_1 和 P_7 的等效应变处于最小值，仅仅在成形的后期即大约 0.65s 左右才开始积累急剧增加。这是因为上端的坯料与凸模接触，受到摩擦力的作用较大，所以发生的塑性变形较小；下端的坯料因为离凸模较远，受摩擦力的影响较小，所以变形量较上端面大；而齿根中间位置的坯料由于受到齿腔齿顶的压力的作用以及上下两端坯料的挤压作用，所以很容易屈服产生较大的塑性变形。

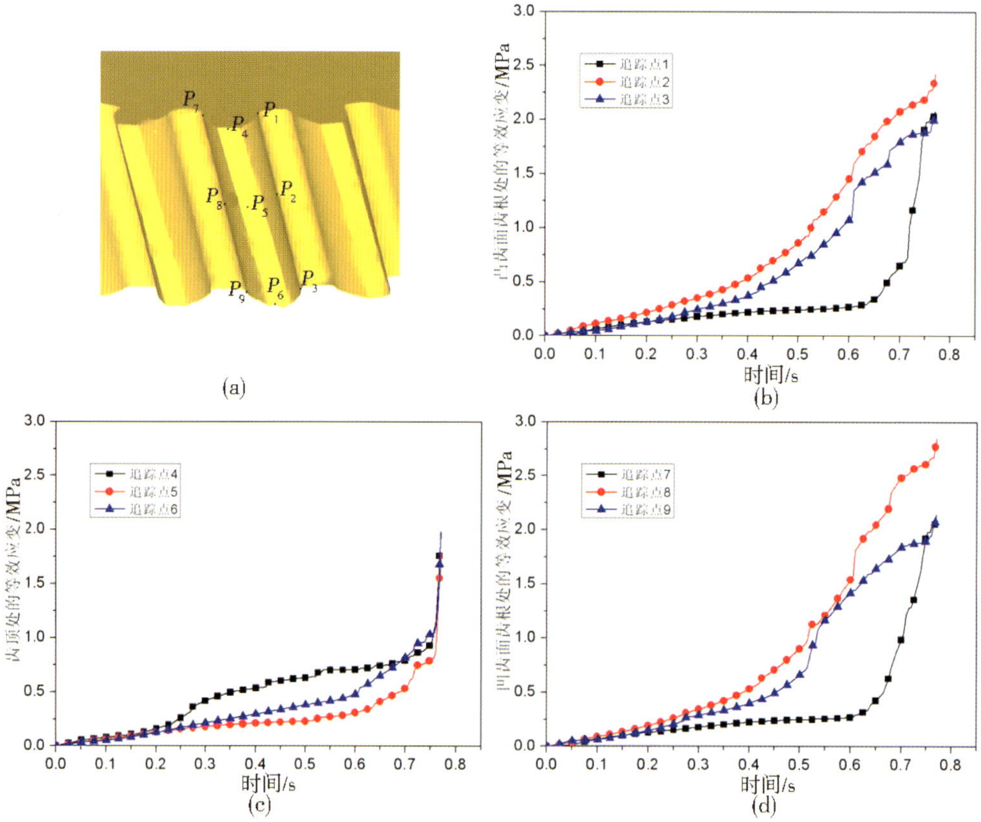

(a)追踪点分布；(b)凸面齿根；(c)齿顶；(d)凹面齿根

图 5-14 轮齿上不同追踪点的等效应变随时间变化的曲线

图 5-14(c)给出了齿顶的追踪点等效应变随时间变化的曲线。从图 5-14(c)可知，在变形的初始阶段齿顶处各点的等效应变从 0 增加到某一个值，随着变形的继续，齿顶上端的追踪点 P_4 等效应变增加较快，而齿顶中间的追踪点 P_8 等效应变增加较缓慢。这是由于齿顶上端的追踪点 4 在开始时刻位于坯料与凹模型腔齿根接触的位置，离凸模较近，在凸模的压缩下，由上端的材料将成形力传给点 4 而发生塑性变形；追踪点 6 虽然离凸模较远，但受到下垫板的作用，而发生塑形变形；而齿顶中间位置的追踪点 5 则在上下两端变形材料的作用下被动向齿腔流动形成齿形，由于在成形的初期和中期，齿腔未充满，有较多的自由表面，所以材料的变形量较小，材料是作近似刚性的运动来填充齿形的；在成形的终了时期，齿形基本充满，仅剩下齿顶部分角隅位置未充满，坯料齿根与齿腔壁接触，对

坯料产生较大的作用力，因此等效应变急剧增加。由 5-14(b)、(c)、(d)也可以看出，轮齿在轴向方向其等效应变分布极不均匀，在成形终了时，最大等效应变位于凹齿面齿根中部，并且齿顶与齿根处的等效应变分布也不一致。

图 5-15 给出了在坯料径向及周向所取的追踪点[图 5-15(a)]及其等效应变随时间变化的曲线[图 5-15(b)、(c)]。图 5-15(b)所示为沿径向方向均匀分布于毛坯上表面的追踪点 10~13 等效应变随时间变化的曲线。从图中可以看出等效应变沿径向方向是变化的，且各追踪点等效应变随变形的继续而逐渐增大，其不均匀性也随变形的继续而增大。追踪点 10 在整个变形过程中一直具有最大的等效应变，这是因为追踪点 10 点位于分流孔的周围，分流孔周围的材料由于受到较小的摩擦力，在凸模轴向压缩的作用下向分流孔内流动而闭合分流孔；追踪点 13 位于坯料与型腔相接触的位置，在上端变形材料的作用下向齿腔填充，所以其变形也较大；而追踪点 11 与追踪点 12 的等效应变变化曲线非常接近，在整个变形的过程中，等效应变变化很小，这表明在齿根与分流孔之间的一环形区域金属的等效应变分布较为均匀，且材料几乎是刚性的向下流动，这与前面对应应变云图的分析非常吻合。

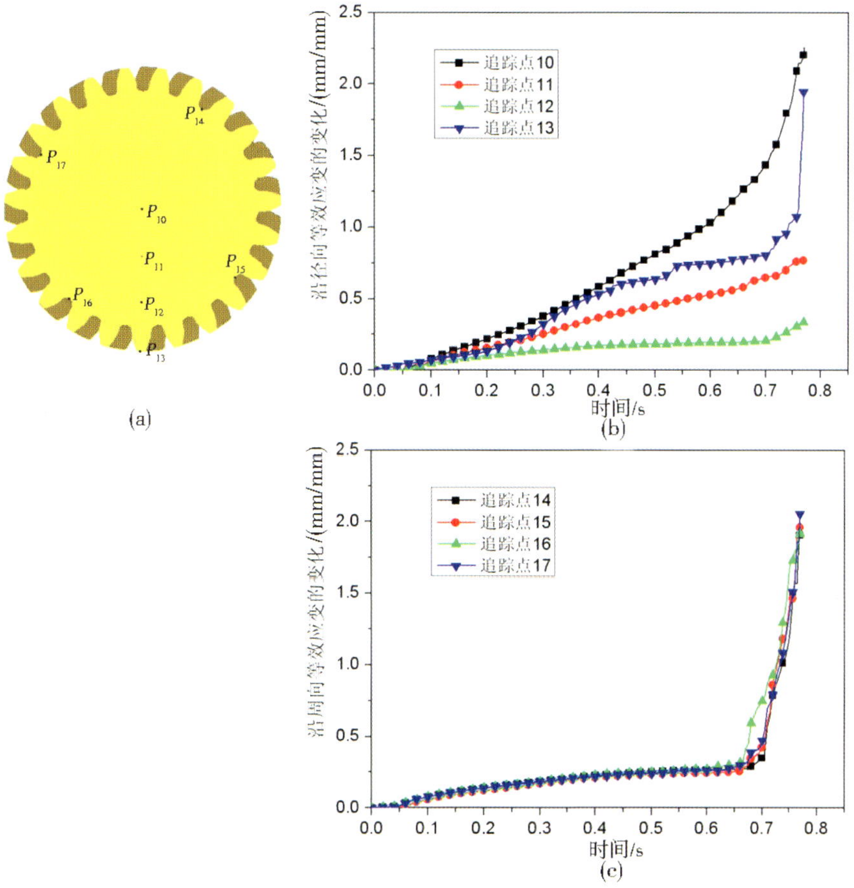

(a)追踪点分布；(b)沿径向方向；(c)沿周向方向

图 5-15　不同方向追踪点等效应变随时间变化的曲线

图 5-15(c)所示为沿周向方向均匀分布于毛坯上表面齿根处的追踪点 14~17 的等效

应变随时间变化的曲线。由图可以知道各追踪点等效应变随时间变化的曲线几乎是重合在一起,这说明等效应变沿周向是均匀分布的。

5.5 速度场分布特点与演化规律

图 5-16 表示斜齿圆柱齿轮冷精密成形过程中,不同压下量时斜齿圆柱齿轮速度场分布情况。

由图 5-16 可以看出,在成形的初期和中期,即压下量为 20%、50%、80%时,坯料上端的金属材料在凸模轴向压缩的作用下轴向向下流动[图 5-16(a)~(c)],分流孔周围的材料向孔内流动以闭合分流孔,而坯料下端成形齿形部分的材料则向型腔流动以充填齿形,因此在坯料下端大概中心位置形成了一个分流面;在成形的后期,即压下量为 93%、96%时,齿轮的大部分齿形已形成,只有齿轮角隅部分未充满,此时金属填充模具型腔角隅的轴向流动阻力急剧增大,而金属的离心和向心的流动阻力相对较小,因此金属主要流动方向是离心方向填充角隅部分和向心方向闭合分流孔,并且分流面的位置慢慢向分流孔中心移动[图 5-16(d)~(e)];在成形终了时,由于分流孔已闭合,而仅仅齿形上端少许角隅的位置还未充满,因此材料在凸模压力的作用下向离心方向流动,以充满齿形上端的角隅位置。

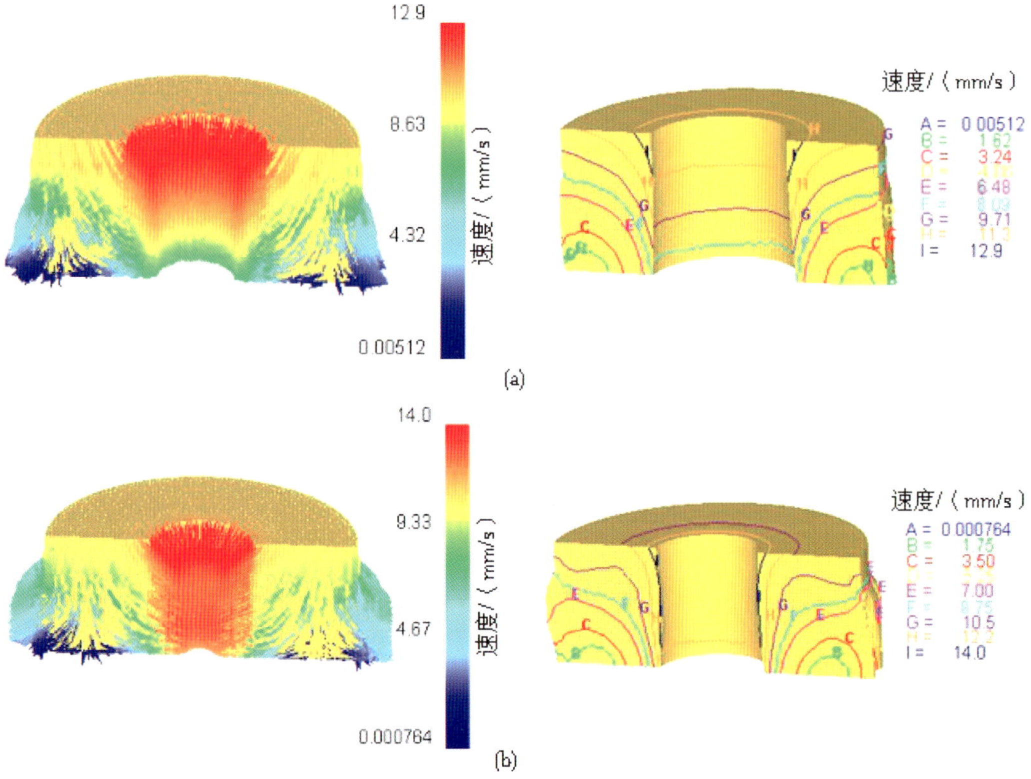

(a)压下量为 20%;(b)压下量为 50%

图 5-16 不同压下量时斜齿圆柱齿轮速度场分布

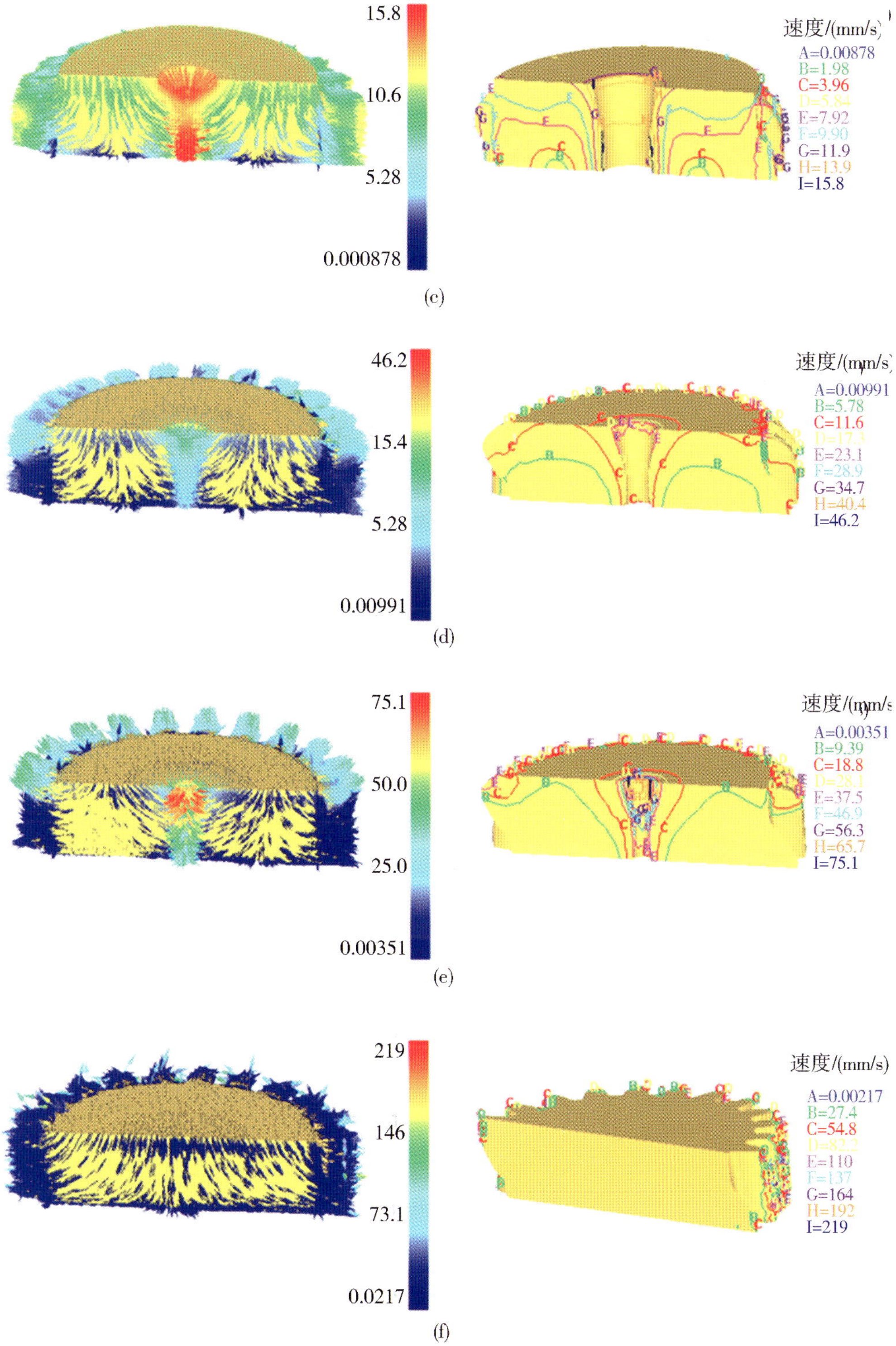

(c)压下量为 80%；(d)压下量为 93%；(e)压下量为 96%；(f)压下量为 100%

图 5-16(续)　不同压下量时斜齿圆柱齿轮速度场分布

由图 5-16 也可以看出,在成形的初期,即压下量为 20%、50%、80%时,由于齿形型腔有较多的自由表面,毛坯上端、分流孔周围和成形齿形的下端金属流动速度都较大,但因为分流孔周围材料的流动阻力小于材料离心流动的阻力,所以此处材料流动的速度最大;在成形的后期,即压下量为 93%、96%时,由于大部分的齿形已充满,坯料从分流孔到齿形部分的中间环形区域的材料的流动速度最小,几乎为零,材料仅仅是在模具压缩力的作用下作刚性向下的流动,推动两侧的材料分别离心流动充填齿形和向心流动闭合分流孔,并且由于坯料下端的齿形几乎充满,所以坯料上端齿形部分以及分流孔部分的材料流动速度较大。而在成形终了时,由于分流孔已闭合,齿形已基本充满,仅仅齿顶部分的少许角隅位置未充满,金属流动阻力剧增,金属材料完全填充齿形型腔变得非常困难,因此与型腔齿根接触的坯料齿顶的端部材料的流速达到最大值。

图 5-17 表示凸面齿根、齿顶、凹面齿顶处追踪点的流动速度随时间变化的曲线图。由图 5-17 可知,凸面与凹面齿根处追踪点的速度随时间的变化趋势基本相同。与凸模接触的追踪点 P_1(即追踪点 1,下同)、P_7 在成形的初期、中期几乎具有与凸模相同的速度进行流动,而在成形的后期,也就是充填齿顶角隅的时候,点 P_1 的速度急剧增加,这是由于此时 P_1 已脱离凸模的压缩作用,而是在其他变形材料的推动下流动方向由轴向转变为切向进行轮齿角隅处的填充;与垫板接触的追踪点 P_3、P_9 在成形时间约为 0.4s 以前,由于垫板对材料摩擦阻力的作用,材料几乎不流动,即流动速度几乎等于 0。在 0.4s 以后,由于剧烈的塑性变形的作用,底部的材料开始流动,并随着变形时间的增大而增大,快速地将下端的齿形充满,当下端齿形首先充满后,下端的材料流动速度又慢慢下降;齿根中间处的追踪点 P_2、P_8 的流动速度始终小于齿根上端位置的追踪点。在凸模刚刚压缩坯料向下运动的时候,追踪点 P_2、P_8 在上端运动材料的作用下,其流动速度由零增加到某一个值,随着变形过程的继续,由于摩擦阻力的作用,其流动速度下降到某一个值。当成形时间大约为 0.5s 左右时,轮齿的齿形开始部分成形,由于轮齿的螺旋结构,该处流动速度在随后的成形过程中,出现较大的波动。

另外,从图 5-17 还可以看出,齿顶处追踪点材料的流动速度的趋势与齿根处不一样。齿顶上端的 P_4 点刚开始位于坯料与型腔相接触的位置,距离凸模有一定的距离,因此该点的速度略小于凸模的速度进行齿腔的充填,而 P_5、P_6 点的速度由于摩擦阻力的作用,速度依次减小,即在轴向方向上,金属流动速度自上而下逐渐减小;随着变形的继续,当变形时间为 0.4s 左右时,由于齿顶中间的金属以及底部的金属与凹模齿腔侧壁还未接触,有较大的自由面,流动阻力较小,因此其径向的充填速度较大,并且大于上端齿顶的速度,说明齿轮首先将下端的齿顶充满。然后由于阻力的作用,流动速度减小,而齿顶上端角隅处由于仍然有部分位置未充满,其流动阻力减小,材料开始充填齿顶角隅处,因此在成形的后期,P_4 点的速度急剧增加以完成齿顶角隅部分的充填。

5.6 斜齿圆柱齿轮冷锻成形过程工艺参数优化

在斜齿圆柱齿轮冷锻成形过程中,分流孔径、成形速度、摩擦因子对成形载荷以及齿轮性能具有重要影响。为此,提出了一种基于有限元和 Taguchi 试验设计相结合的方法对斜齿圆柱齿轮冷锻成形工艺进行了优化。在设计过程中,利用 Taguchi 试验设计的方法安排模拟试验的方案，以降低最大成形载荷、锻件变形均匀性、锻件内部损伤值为优化目标，以分流孔径、摩擦因子、变形速度为优化设计变量，将有限元分析程序 DEFORM-3D 作为优化算法中对优化目标函数的求解器。

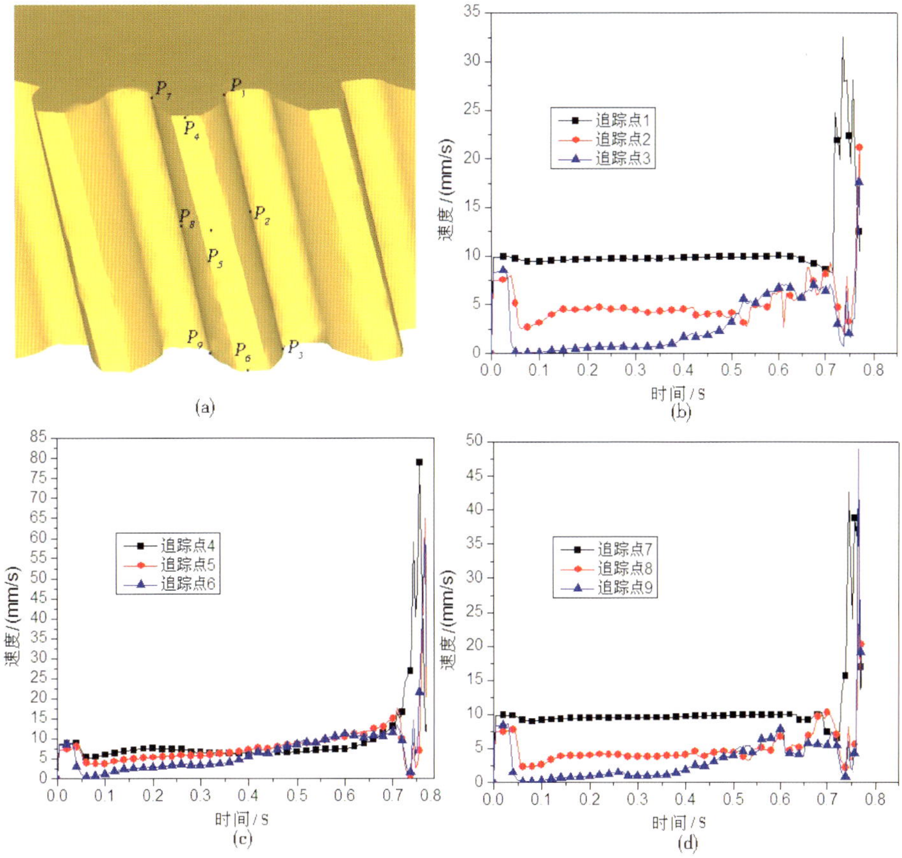

(a)追踪点分布;(b)凸面齿根;(c)齿顶;(d)凹面齿根

图 5-17　轮齿上不同追踪点的流动速度随时间变化的曲线

Taguchi 方法的主要特点是引进质量损失函数，并将其转化为信噪比，以正交试验设计为基础，然后通过对试验方案的统计分析，找出各参数值的最佳水平组合，从而提高产品的性能和质量。

5.6.1　优化目标函数的确定

1. 最大成形载荷 F_{max}

在 Taguchi 方法的使用过程中，关键的步骤是产品质量特性稳健性指标即目标函数的选择。在斜齿圆柱齿轮冷精密成形过程中，由于齿轮变形的复杂性，模具会受到很大的变形抗力的作用，因此，将最大成形载荷作为优化的目标函数。

成形载荷可用与上模接触的所有节点在 z 方向上的分力的总和来表示，即

$$F = \sum_{i=1}^{n} f_{iz} \tag{5-4}$$

式中，f_{iz} 为与上模接触的节点 i 在 z 方向上的分力；n 为与上模接触的节点的总数。

2. 齿轮变形均匀性

在斜齿圆柱齿轮冷精密成形过程中，衡量齿轮质量好坏的一个标准是齿轮等效应变分布的均匀性。齿轮等效应变分布越均匀，表示齿轮在成形过程中其变形越均匀，则齿轮的质量越好，因此将变形均匀性作为另外一个优化的目标函数。变形均匀性是利用每一个单元的等效应变与所有单元平均等效应变的均方差 $\bar{\varepsilon}_{SD}$ 来表示的，即

$$\begin{cases} \bar{\varepsilon}_{SD} = \sqrt{\dfrac{\sum\limits_{i=1}^{N}(\bar{\varepsilon}_i - \bar{\varepsilon}_{ave})^2}{N}} \\ \bar{\varepsilon}_{ave} = \dfrac{\sum\limits_{i=1}^{N}\bar{\varepsilon}_i}{N} \end{cases} \tag{5-5}$$

式中，$\bar{\varepsilon}_i$ 为第 i 个单元的等效应变；$\bar{\varepsilon}_{ave}$ 为所有单元的平均等效应变；N 为总的单元数。$\bar{\varepsilon}_{SD}$ 越小表示齿轮变形越均匀，齿轮质量越好。

3. 齿轮最大损伤值

以空穴理论为基础建立的 Cockroft-Lathem 模型，是用于判断材料韧性断裂的准则。

$$d_f = \int_0^{\varepsilon_f} \frac{\sigma^*}{\bar{\sigma}} \mathrm{d}\bar{\varepsilon} \tag{5-6}$$

式中，d_f 为给定材料的损伤值；ε_f 为材料发生断裂时的应变；σ^* 为最大拉伸主应力；$\bar{\sigma}$ 为等效应力；$\mathrm{d}\bar{\varepsilon}$ 为等效应变增量。

斜齿圆柱齿轮冷精密成形过程中，由于轮齿剧烈的变形以及变形的不均匀性，会导致材料局部的损伤而引起齿轮缺陷。因此，利用齿轮所有单元的最大损伤值 $d_{f\max}$ 作为衡量齿轮变形损伤的指标。齿轮的最大损伤值 $d_{f\max}$ 越小，说明齿轮发生断裂的可能性越小。

5.6.2 正交试验安排

将分流孔径 d_0、摩擦因子 m、凸模速度 v 作为试验因素，并配置好相应的因素水平，如表 5-2 所示。因为要考虑分流孔径与摩擦因子之间的交互作用，所以按照 Taguchi 方法的特点，将分流孔径与摩擦因子之间的交互作用 A×B 作为一个独立的新因素来考虑，根据 4 因素 4 水平的试验，选择 $L_{16}(4^5)$ 的正交表来安排模拟试验。在 DEFORM-3D 中进行斜齿圆柱齿轮冷精密成形的数值模拟，并利用 DEFORM-3D 求出最大成形载荷 $F_{\max}$、变形均匀性 $\bar{\varepsilon}_{SD}$ 和最大损伤值 $d_{f\max}$ 的目标函数值，如表 5-3 所示。

表 5-2 试验因素和水平配置

符号	因素	水平 1	水平 2	水平 3	水平 4
A	分流孔径 d_0/mm	0	5	15	20
B	摩擦因子 m	0. 05	0. 15	0. 25	0. 45
C	凸模速度 v/(mm/s)	10	30	50	80

表 5-3　F_{max}、$\bar{\varepsilon}_{SD}$ 和 d_{fmax} 模拟结果及其 S/N 值

试验号	F_{max}/kN	$\bar{\varepsilon}_{SD}$	d_{fmax}	S/N 值 / dB		
				F_{max}	$\bar{\varepsilon}_{SD}$	d_{fmax}
1	6352	0. 968	0. 344	−76. 06	3. 123	9. 267
2	6875	0. 802	0. 433	−76. 75	1. 917	7. 27
3	7632	0. 732	0. 88	−77. 65	2. 710	1. 11
4	8216	0. 733	0. 351	−78. 29	2. 700	9. 094
5	6226	0. 588	0. 478	−75. 88	4. 613	6. 412
6	6678	0. 572	0. 363	−76. 49	4. 852	8. 802
7	7142	0. 563	0. 445	−77. 08	4. 990	7. 033
8	8262	0. 597	0. 751	−78. 34	4. 481	2. 487
9	6770	0. 586	0. 372	−76. 61	4. 642	8. 589
10	6802	0. 624	0. 471	−76. 65	4. 096	6. 549
11	7201	0. 627	0. 801	−77. 15	4. 055	1. 927
12	8125	0. 667	0. 382	−78. 2	3. 518	8. 359
13	6216	0. 559	0. 43	−75. 87	5. 052	7. 331
14	6596	0. 561	0. 438	−76. 39	5. 021	7. 171
15	7165	0. 578	0. 387	−77. 1	4. 769	8. 246
16	8235	0. 649	0. 363	−78. 31	3. 755	8. 802

5. 6. 3　信噪比 S/N 分析

Taguchi 方法引入信噪比的概念来衡量质量特性值波动的大小。通过利用正交表安排的试验,将有限元模拟的数据结果转换成信噪比,以便于估计优化参数的质量特性,确定各因素对优化目标的影响。根据优化目标属性的不同,优化目标特性值可分为三种:

(1)望目特性值(nominal-the-best):质量特性值存在固定的目标值,希望特性值绕目标值波动,且波动越小越好。

(2)望小特性值(smaller-the-better):质量特性值不取负值,希望特性值越小越好。

(3)望大特性值(larger-the-better):质量特性值不取负值,希望特性值越大越好。

斜齿圆柱齿轮冷精密成形工艺中,选择的三个优化目标为最大成形载荷、变形均匀性和最大损伤值,其 S/N 值越大,表示信号对噪音的敏感程度即 F_{max}、$\bar{\varepsilon}_{SD}$ 和 d_{fmax} 的影响越小。因此选择望小特性值计算目标值的信噪比 η,单位为分贝(dB)。其计算公式为:

$$\eta = -10\log\left(\frac{1}{n}\sum_{i=1}^{n} S_i^2\right) \tag{5-7}$$

式中,S_i 为第 i 次模拟试验中优化目标的值即最大成形载荷 F_{max}、变形均匀性 $\bar{\varepsilon}_{SD}$ 以及最大损伤值 d_{fmax} 的第 i 次模拟试验结果,n 为试验重复的次数。最大成形载荷 F_{max}、变形均匀性 $\bar{\varepsilon}_{SD}$、最大损伤值 d_{fmax} 的信噪比如表 5-3 所示。

图 5-18 给出了各个因素及其水平对最大成形载荷 F_{max}、变形均匀性 $\bar{\varepsilon}_{SD}$、最大损伤值

$d_{f\max}$的信噪比的影响。由图 5-18(a)可知,在所研究的工艺范围内,因素 B 即摩擦因子对最大成形载荷的影响较大,而且随着摩擦因子的增大,其影响是单调递增;而分流孔径和凸模速度则影响较弱,分流孔径的 2 水平和 3 水平对最大成形载荷的影响几乎是一致的。从图 5-18(a)还可以看出,使最大成形载荷最小的最优参数组合是 A4B1C1 或 A2B1C1,而从数值模拟结果(表 5-3)看,最优参数组合是 A4B1C2(第 13 号试验)。

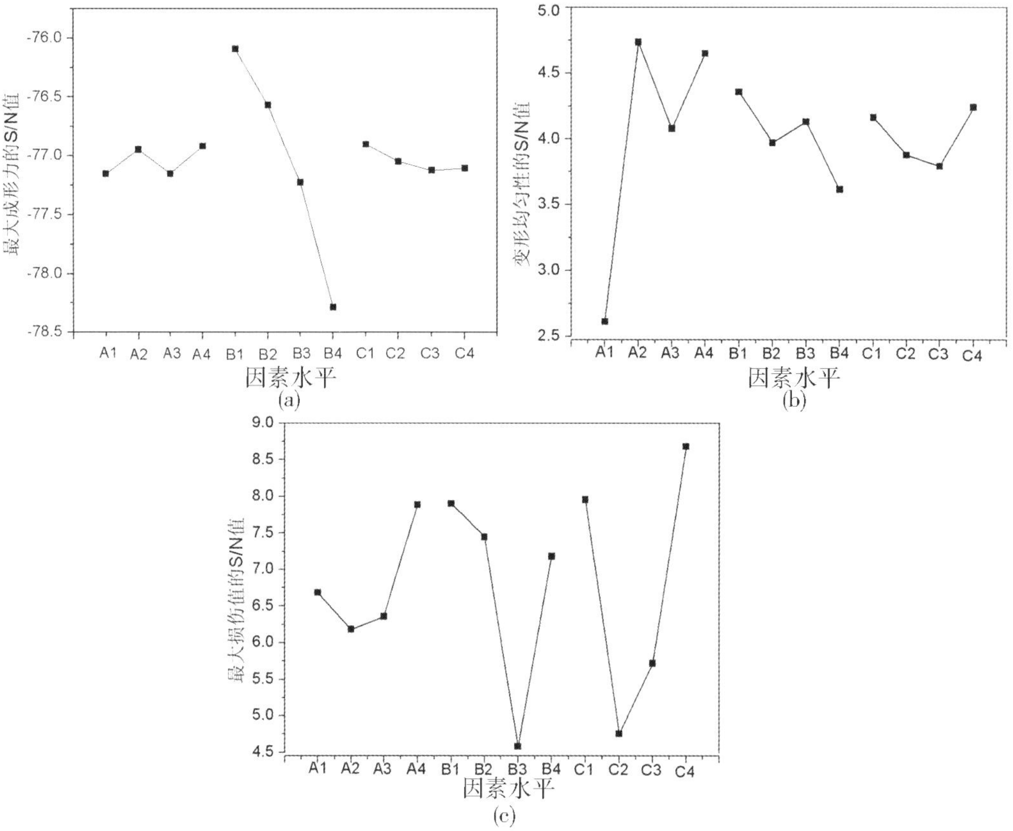

(a)因素水平与最大成形力的关系;(b)因素水平与变形均匀性的关系;(c)因素水平与最大损伤值的关系

图 5-18 因素水平与优化目标 S/N 值的关系

由图 5-18(b)可知,在所研究的工艺范围内,因素 A 即分流孔径对变形均匀性的影响较大,当因素 A 从水平 1 变到水平 2 时,变形趋于更加均匀,当因素 A 从水平 2 变到 3 时,变形均匀性变差,而当因素 A 从水平 3 变到 4 时,变形又趋于均匀;而摩擦因子和凸模速度则影响较弱。从图 5-18(b)还可以看出,因素 A 即分流孔径的 2 水平和 4 水平、因素 C 即凸模速度的水平 1 和水平 4 对变形均匀性的影响几乎没有区别,因此,根据图 5-18(b),使变形更加均匀的最优参数组合初步确定为是 A4B1C4、A2B1C4、A4B1C1、A2B1C1,而从数值模拟结果(表 5-3)看,最优参数组合是 A4B1C2(第 13 号试验)。

由图 5-18(c)可知,在所研究的工艺范围内,因素 B 和因素 C 对最大损伤值的影响较大。当因素 B 从水平 1 变到水平 3 时,最大损伤值逐渐减小,而当因素 B 从水平 3 变到 4 时,最大损伤值又逐渐增大;当因素 C 从水平 1 变到水平 2 时,最大损伤值逐渐减小,而当因素 B 从水平 2 变到 4 时,最大损伤值又逐渐增大;而因素 A 对最大损伤值的影响不是很大。因此,从图 5-18(c)还可以看出,使齿轮内部最大损伤值较小的最优参数组合初步确定为是 A4B1C4,而从数值模拟结果(表 5-3)看,最优参数组合是 A1B1C1(第 1 号试验)。

5.6.4　方差分析

S/N 分析是基于正交试验设计结果的直观分析法。虽然直观分析法具有简单直观、计算量小等优点,但它不能估计误差的大小,不能精确地估计各因素对试验结果影响的重要程度。为了更准确地研究各因素及其交互作用的影响,对所得结果采用方差分析法进行数据处理。

(1)总偏差平方和(the total sum of squares)SS_T 是各试验指标与其平均值之差的平方和。

$$\begin{cases} SS_T = \sum_{j=1}^{m} (\eta_j - \bar{\eta})^2 \\ \bar{\eta} = \frac{1}{m}(\sum_{j=1}^{m} \eta_j)^2 \end{cases} \tag{5-8}$$

式中,m 为正交布置的试验总数(本研究中 $m = 16$);η_j 为第 j 次试验的优化目标的 S/N 值。

(2)各因素引起的偏差平方和 SS_p 为:

$$SS_p = \sum_{k=1}^{r} \frac{(S_{\eta_{kp}})^2}{r} - \frac{1}{m}(\sum_{j=1}^{m} \eta_j)^2 \tag{5-9}$$

式中,p 表示所考察的工艺因素;k 是因素 p 的水平数;r 是因素 p 每个水平重复的试验数,$S_{\eta_{kp}}$ 是表示因素 p 在水平 k 时优化目标的 S/N 值。

(3)误差的偏差平方和

$$SS_e = SS_t - (SS_A + SS_B + SS_C + SS_{A\times B}) \tag{5-10}$$

式中,SS_A、SS_B、SS_C、$SS_{A\times B}$ 分别表示因素 A、B、C 以及因素 A 与 B 交互作用 A×B 的偏差平方和。

(4)计算自由度

总自由度:
$$d_{f_T} = m - 1 \tag{5-11}$$

各因素自由度:
$$d_{f_p} = k - 1 \tag{5-12}$$

误差自由度:
$$d_{f_e} = f_T - f_P \tag{5-13}$$

(5)计算各因素的平均偏差平方和 MS_p 及平均误差平方和 MS_e:

$$MS_p = \frac{SS_p}{d_{f_p}} \tag{5-14}$$

$$MS_e = \frac{SS_e}{d_{f_e}} \tag{5-15}$$

(6)计算各因素的 F 值:

$$F_p = \frac{MS_p}{MS_e} \tag{5-16}$$

(7)计算各因素的贡献率 C_p:

$$C_p = \frac{SS_p}{SS_T} \tag{5-17}$$

利用上述公式,对表 5-3 各项目标进行方差分析,结果如表 5-4、表 5-5、表 5-6 所示。

表 5-4 F_{max} 方差分析结果

方差来源	偏差平方和	自由度	均方差	F 值	贡献率/(%)	排位
A	7.084	3	2.361	0.948	6.88	4
B	26.836	3	8.945	3.593	26.13	2
C	40.96	3	13.65	5.482	39.88	1
A×B	20.36	3	6.787	2.725	19.82	3
误差	7.47	3	2.49		7.29	
总和	102.71	15			100.00	

表 5-5 $\bar{\varepsilon}_{SD}$ 方差分析结果

方差来源	偏差平方和	自由度	均方差	F 值	贡献率/(%)	排位
A	11.56	3	3.853	55.04	81.3	1
B	1.175	3	0.392	5.6	8.26	2
C	0.565	3	0.188	2.69	3.97	4
A×B	0.714	3	0.238	3.4	5.02	3
误差	0.21	3	0.07		1.45	
总和	14.224	15			100.00	

表 5-6 d_{fmax} 方差分析表

方差来源	偏差平方和	自由度	均方差	F 值	贡献率/(%)	排位
A	7.084	3	2.361	0.948	6.88	4
B	26.836	3	8.945	3.593	26.13	2
C	40.96	3	13.65	5.482	39.88	1
A×B	20.36	3	6.787	2.725	19.82	3
误差	7.47	3	2.49		7.29	
总和	102.71	15			100.00	

由方差分析表 5-4 可知,对于最大成形载荷,摩擦因子是主要的影响因素,贡献率约为 94.11%,其 F 值:$F>F_{0.01}(3,3)=29.5$,因此其影响具有高度的显著性,置信度达到 99%;而分流孔径、凸模速度和分流孔径与摩擦因子的交互作用影响较小。各因素及其交互作用的影响次序依次为:(主)B→A→A×B→C(次)。A×B 交互作用的最佳搭配由表 5-7 可知为 A4B1 或 A2B1,这与单独考察因素 A、B 对最大成形载荷的影响 A4B1C1 或 A2B1C1 是一致的。根据 S/N 分析可知,因素 A 是次重要因素,所以需要追加试验判断 A4B1C1 或 A2B1C1 哪一个是最优的工艺方案。通过模拟试验,A4B1C1 的最大成形载荷为 6 157kN,A2B1C1 的最大成形载荷为 6 243kN。因此,最大成形载荷最小的最优工艺方案确定为 A4B1C1。

表 5-7　因素 A×B 的交互作用对最大成形载荷影响

因素	A1	A2	A3	A4
B1	-76. 06	-75. 88	-76. 61	-75. 87
B2	-76. 75	-76. 49	-76. 65	-76. 39
B3	-77. 65	-77. 08	-77. 15	-77. 1
B4	-78. 29	-78. 34	-78. 2	-78. 31

由方差分析表 5-5 可知,对于变形均匀性,分流孔径是主要影响因素,贡献率约为 81. 3%,其 F 值:$F>F_{0.01}(3,3)=29.5$,因此其影响具有高度的显著性,置信度达到 99%;摩擦因子是次重要影响因素,贡献率约为 8. 26%,其 F 值:$F>F_{0.1}(3,3)=5.39$,因此其影响是显著的,置信度达到 90%;凸模速度和分流孔径与摩擦因子的交互作用影响较小。各因素及其交互作用的影响次序依次为:(主)A→B→A×B→C(次)。A×B 交互作用的最佳搭配由表 5-8 可知为 A4B1,这与单独考察因素 A、B 对变形均匀性的影响 A4B1C4、A2B1C4、A4B1C1、A2B1C1 是不一致的。因为 A 是主要影响因素,因素 A 的水平确定为水平 4,因此初步确定变形更加均匀的最优工艺方案有 A4B1C1 和 A4B1C4 两组。通过追加模拟试验,方案 A4B1C1 的 $\bar{\varepsilon}_{SD}$ 为 0. 524,而方案 A4B1C4 的 $\bar{\varepsilon}_{SD}$ 为 0. 575,因此最终确定使变形更加均匀的方案为 A4B1C1。

表 5-8　因素 A×B 的交互作用对 $\bar{\varepsilon}_{SD}$ 影响

因素	A1	A2	A3	A4
B1	3. 123	4. 613	4. 642	5. 052
B2	1. 917	4. 852	4. 096	5. 021
B3	2. 710	4. 990	4. 055	4. 769
B4	2. 7	4. 481	3. 518	3. 755

由方差分析表 5-6 可知,对于齿轮内部的最大损伤值,凸模下行速度是主要影响因素,贡献率约为 39. 88%,其 F 值:$F>F_{0.1}(3,3)=5.39$,因此其影响是显著的,置信度为 90%;摩擦因子是次重要影响因素,贡献率约为 26. 13%;分流孔径和分流孔径与摩擦因子的交互作用影响较小。各因素及其交互作用的影响次序依次为:(主)C→B→A×B→A(次)。A×B 交互作用的最佳搭配 A1B1,这与单独考察因素 A、B 对最大损伤值的影响 A4B1C4 是不一致的。因为 A 对最大损伤值的影响不大,因此因素 A 选择水平 4。初步确定使齿轮内部最大损伤值最小的方案为 A4B1C4。

表 5-9　因素 A×B 的交互作用对 d_{fmax} 影响

因素	A1	A2	A3	A4
B1	9. 267	6. 412	8. 589	7. 331
B2	7. 27	8. 802	6. 549	7. 171
B3	1. 11	7. 033	1. 927	8. 246
B4	9. 094	2. 487	8. 359	8. 802

5.6.5 验证试验

根据S/N值分析以及方差分析可知，对于最大成形载荷的最优方案为A4B1C1，对于变形均匀性的最优方案为A4B1C1，对于齿轮内部最大损伤值的最优方案为A4B1C4。由于最优方案A4B1C1、A4B1C4均不在所做的16组试验中，所以须通过追加试验再分别与表5-3中性能指标最高的13号、1号试验进行比较，以确定最终的优化参数组合方案。在有限元模型中，设置最优参数组合即分流孔径为20mm、摩擦因子为0.05、凸模速度分别为10mm/s和80mm/s进行数值模拟，模拟结果如表5-10所示。由表5-10可知，最大成形载荷优化之后，从6 216kN下降到6 157kN，其信噪比由-75.88增加到-75.78；衡量变形均匀性的$\bar{\varepsilon}_{SD}$值优化之后，从0.559下降到0.524，其信噪比由5.052增加到5.614；齿轮内部的最大损伤值d_{fmax}优化之后，从0.344下降到0.338，其信噪比由9.269增加到9.422。

表5-10 各目标优化前后的结果比较

优化目标	优化前设计	优化后设计
F_{max}/kN	6 216	6 157
$\bar{\varepsilon}_{SD}$	0.559	0.524
d_{fmax}	0.344	0.338
F_{max}的S/N值/dB	-75.88	-75.78
$\bar{\varepsilon}_{SD}$的S/N值/dB	5.052	5.614
d_{fmax}的S/N值/dB	9.269	9.422

5.6.6 基于Taguchi的多目标优化

利用Taguchi方法得到的优化参数组合是在给定的数值范围内，以单目标分别优化得到的不同的优化参数。但如果只对一个目标进行优化，可能这个目标会达到最佳值，但对于另一个目标却不一定是理想的结果，所以有必要对斜齿圆柱齿轮冷精密成形过程进行多目标优化设计，以便获得综合性能较好的齿轮。

多目标优化问题是一个较复杂的问题，求解难度也很大。目前，求解多目标优化问题的方法可分为间接法和直接法两大类。直接法就是直接求出非劣解，然后从中选出较好解。间接法是最常用的多目标优化问题的求解方法。即设法将原多目标问题转化成一个单目标问题，然后再利用有关算法求解此单目标问题，并将所求得的单目标问题的解作为该多目标优化问题的最优解。将多目标转化成单目标的方法有主要目标法和加权函数法。

本书研究采用线性加权和法将包含最大成形载荷、齿轮变形均匀性和齿轮内部损伤值的多目标优化问题转化为单目标优化问题进行研究。线性加权和法的关键在于如何选取合理的权系数ω_i，以反映各个单目标对整个多目标问题的重要程度，使原多目标优化问题合理地转化为单目标优化问题。

1. 基于线性加权和法多目标优化

线性加权和法又称线形组合法,它是处理多目标优化问题常用的较简便的一种方法。所谓线性加权和法就是按照多个目标的重要程度,分别乘以一组权系数,然后相加,将多个子目标函数转变成一个单一目标函数,再对此目标函数进行优化求解。本书研究中,利用线性加权和法将多目标的信噪比进行权因子赋值转变成单目标优化问题:

$$\eta_j = \sum_{k=1}^{3} \omega_k \eta_{kj} \tag{5-18}$$

式中,η_j 为第 j 次试验的多目标的 S/N 值;η_{kj}为第 j 次试验第 k 个单目标的 S/N 值;ω_k 为第 k 个单目标的 S/N 值的权因子;k 为优化目标的个数。

对于线性加权和法中,每个多目标的权因子通常满足以下条件

$$\sum_{k=1}^{3} \omega_k = 1 \tag{5-19}$$

在斜齿圆柱齿轮冷精密成形过程中,最大成形载荷决定了所选用设备的吨位和模具的寿命,变形均匀性和齿轮内部的最大损伤值决定了成形后齿轮的质量,因此这三个目标具有同等的重要程度。故在本书研究中,选取了这三个目标的权因子均为1/3进行优化,力求使优化的参数组合下成形出来的齿轮零件具有优良的综合性能,即利用线性加权和法处理后的多目标函数为:

$$\eta_j = \frac{1}{3}\eta_{1j} + \frac{1}{3}\eta_{2j} + \frac{1}{3}\eta_{3j} \tag{5-20}$$

式中,η_{1j}、η_{2j}、η_{3j}分别为第 j 次试验最大成形载荷 $F_{\max}$、变形均匀性 $\bar{\varepsilon}_{SD}$、最大损伤值 $d_{f\max}$的 S/N 值。

2. 多目标优化的 S/N 值及极差分析

依据式(5-20)以及表5-3,当每个单目标的加权因子为1/3时,多目标的 S/N 值如表5-11所示。

图5-19给出了因素水平与多目标 S/N 值的关系。由图5-19可知,因素A对多目标的影响是单调增加的,即随着因素A从水平1变到水平4,其S/N值是逐渐增大的;因素B从水平1变到水平3,其S/N值逐渐减小,而从水平3变到水平4,其S/N值是逐渐增大的;因素C从水平1变到水平2,其S/N值逐渐减小,而从水平3变到水平4,其S/N值是逐渐增大的,水平2和水平3对S/N值的影响几乎是一致的,水平1和水平4的影响区别也不大。因此,考虑到模拟误差,多目标S/N值最大的最优参数组合确定为A4B1C4、A4B1C1。而根据表5-11可知,最优的参数组合是A2B2C4(试验6),所以需要追加试验进行验证比较,以最终确定最优的方案。

表5-12是单目标与多目标优化前后的比较。由表5-12可知,多目标优化后的方案为A4B1C1,其最大成形载荷与变形均匀性均是最优的,只有最大损伤值比单目标优化的值大0.046;而另外两种方案A4B1C4和A2B2C4只有一项目标是最优的。

因此综合以上分析结果,斜齿圆柱齿轮冷精密成形的最优参数组合方案是A4B1C1,即坯料的分流孔径为20mm,摩擦因子为0.05,凸模下行速度为10mm/s时,这种最优参数组合方案下成形的齿轮具有最佳的综合性能。

表 5-11 多目标的 S/N 值

试验号	S/N 值/dB			多目标 S/N 值/dB
	F_{max}	$\bar{\varepsilon}_{SD}$	d_{fmax}	
1	-76.06	3.123	9.267	-21.223
2	-76.75	1.917	7.27	-22.521
3	-77.65	2.710	1.11	-24.61
4	-78.29	2.700	9.094	-22.165
5	-75.88	4.613	6.412	-21.618
6	-76.49	4.852	8.802	-20.945
7	-77.08	4.990	7.033	-21.686
8	-78.34	4.481	2.487	-23.791
9	-76.61	4.642	8.589	-21.126
10	-76.65	4.096	6.549	-22.002
11	-77.15	4.055	1.927	-23.723
12	-78.2	3.518	8.359	-22.108
13	-75.87	5.052	7.331	-21.162
14	-76.39	5.021	7.171	-21.399
15	-77.1	4.769	8.246	-21.362
16	-78.31	3.755	8.802	-21.918

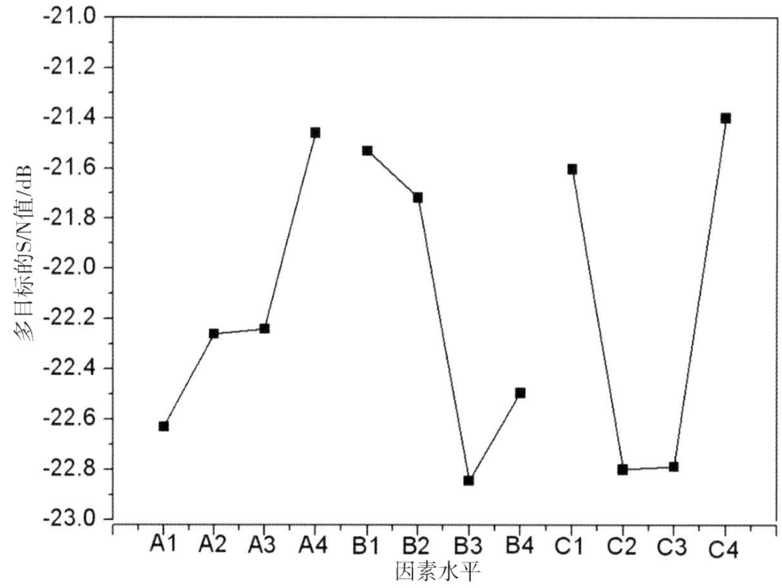

图 5-19 因素水平与多目标 S/N 值的关系

表 5-12　单目标与多目标优化前后的比较

优化目标	单目标优化前设计	单目标优化后设计	多目标优化后设计		
			A4B1C1	A4B1C4	A2B2C4
F_{max}/kN	6 216	6 157	6 157	6 350	6 644
$\bar{\varepsilon}_{SD}$	0. 559	0. 524	0. 524	0. 575	0. 562
d_{fmax}	0. 344	0. 338	0. 384	0. 338	0. 325

5.7　斜齿圆柱齿轮冷锻成形实验

在上述有限元模拟分析的基础上，进行了斜齿圆柱齿轮冷锻成形实验。实验模具的装配图如图 5-20 所示。由于斜齿圆柱齿轮结构复杂，齿形是螺旋的，成形后的齿轮脱模很困难，因此设计了齿形顶出型芯。在齿形顶出型芯与凹模型腔之间留有少量间隙，成形完成后，通过推力球轴承推动齿形顶出型芯，顶出型芯在向上运动的过程中同时作螺旋旋转运动，从而把成形齿轮顶出模具型腔。

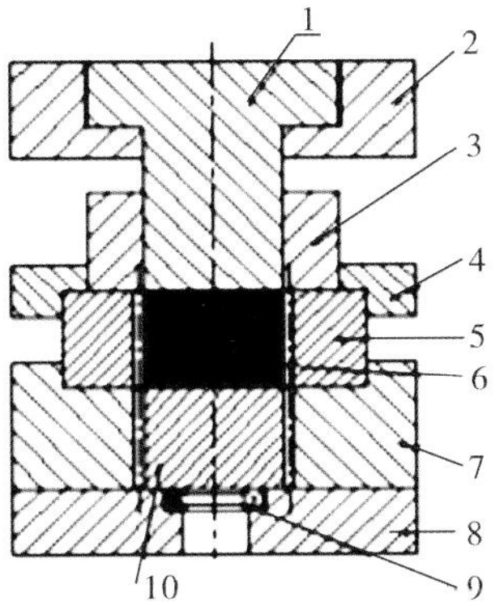

1.凸模；2.凸模固定板；3.套筒；4.固定板；5.齿形凹模型腔；6.胚料；
7.凹模固定板；8.支撑板；9.推力球轴承；10.齿形顶出型芯

图 5-20　斜齿圆柱齿轮冷锻成形实验模具装配图

(a)　(b)　(c)

(a)齿形凹模型腔；(b)齿形顶出型芯；(c)装配模具

图 5-21　斜齿圆柱齿轮冷锻成形实验模具实物图

设计了分流孔径分别为 5mm、10mm、15mm、20mm、25mm 的毛坯，毛坯的外径为 42mm，对应的坯料高度分别为 15.4mm、16.1mm、17.4mm、19.7mm、23.6mm。制备好的毛坯试样如图 5-22(a)所示，冷锻成形的斜齿圆柱齿轮如图 5-22(b)所示。从图 5-22(b)可以看出，在成形终了时，分流孔均已闭合，说明材料在向型腔流动的同时也向分流孔流动。具有不同分流孔径的毛坯成形出的齿轮质量有所不同，分流孔径为 5mm、10mm 和 15mm 时，齿轮齿顶端部未完全充满，而且分流孔径越小，未充满的部分越多。分流孔径为 20mm 时，齿形充填最饱满。分流孔径为 25mm 时，在齿轮齿顶端部有少许未充满的部分。

(a)

(b)

(a)具有不同分流孔径毛坯试样；(b)具有不同分流孔径成形齿轮零件

图 5-22　不同分流孔径的毛坯和实验成形的斜齿圆柱齿轮

第 6 章
斜齿圆柱齿轮温锻成形

斜齿圆柱齿轮几何形状复杂,采用温锻成形工艺对提高其成形性能、降低成形力、提高模具寿命有着重要作用。温锻成形是介于冷锻成形和热锻成形之间的一种新型的塑性成形工艺,是为了充分发挥冷锻成形和热锻成形的优点而迅速发展起来的少无切削的压力加工工艺。温锻成形与冷锻成形相比,成形力大大减少;与热锻成形相比,加热时的氧化、脱碳都大大减少,产品的尺寸精度较高,其力学性能也较好。

本章通过有限元数值模拟方法,揭示斜齿圆柱齿轮温锻成形过程中宏观变形和微观组织演化规律,为斜齿圆柱齿轮温锻成形制造提供理论依据和技术支撑。

6.1 斜齿圆柱齿轮温锻成形有限元模型建立

本章利用刚黏塑性热力耦合理论,在 DEFORM-3D 软件中建立斜齿圆柱齿轮温锻成形热力耦合有限元模型。本章目标齿轮参数同第 5 章。

6.1.1 坯料模型与模具模型

坯料模型包括坯料的几何模型、坯料的网格划分、坯料的材料模型等。根据体积不变的原则,选用坯料外径为 42mm,高度为 15.2mm 的圆柱形坯料,坯料被离散为 107 994 个四节点四面体单元;发生大变形的轮齿部位采用了网格细化窗口来控制网格疏密,解决变形过程中复杂形状处网格产生的严重畸变问题,使得模拟可以顺利进行。划分网格后的坯料和模具如图 6-1 所示。

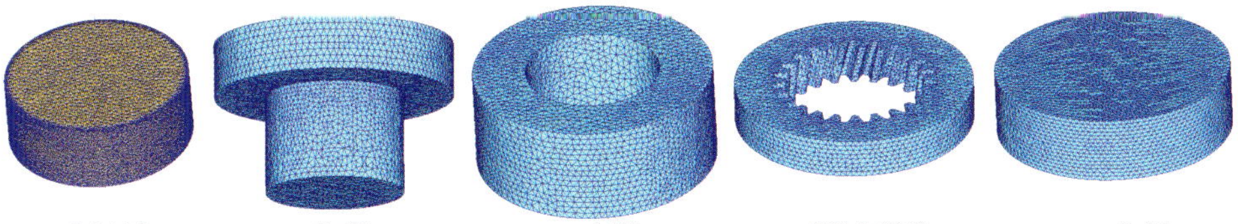

(a)毛坯料　(b)凸模　(c)套筒　(d)凹模型腔　(e)垫板

图 6-1　毛坯及模具的有限元网格

坯料材料为 20CrMnTi 钢,在温锻成形时,材料的流动应力除了与应变和应变速率有关之外,很大程度上还取决于温度,材料的本构关系采用下列模型:

$$\bar{\sigma} = \bar{\sigma}(\bar{\varepsilon}_1, \bar{\varepsilon}_2, T) \tag{6-1}$$

式中,$\bar{\sigma}$ 为等效应力;$\bar{\varepsilon}_1$ 为等效应变;$\bar{\varepsilon}_2$ 为等效应变速率;T 为变形温度。

在温成形时,材料和模具之间存在着热交换,热交换的大小与材料的热性能有关。20CrMnTi 钢材料的热导率、比热容与温度之间的关系如图6-2所示。

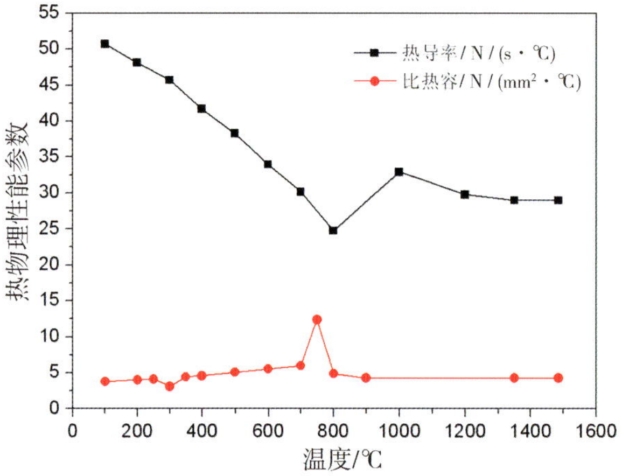

图 6-2 20CrMnTi 的热导率、比热容随温度变化的曲线

模具的几何模型如第 5 章所示的方法建立。因为需要考虑模具与坯料之间的换热行为,因此需要对模具进行网格的划分。本章中,各模具零部件均设置为刚体,凸模离散为 48 837 个四节点四面体单元,凹模型腔离散为 36 656 个四节点四面体单元,套筒离散为 46 083 个四节点四面体单元,下垫板离散为 48 786 个四节点四面体单元。模具材料选用 H13,其热导率为 24. 8N/(s·℃),比热容为 3. 107N/(mm^2·℃)。

6. 1. 2 接触边界条件与传热边界条件的设置

在塑性成形的过程中,坯料在模具的作用下发生塑性变形,变形的坯料与模具表面之间存在着剧烈的摩擦,摩擦力的大小和方向是受许多因素影响的。而且对于热力耦合分析的过程,摩擦功转变成热也是影响坯料温度场分布的一个方面之一。本章中模具和坯料之间采用了剪切摩擦条件,并设定其摩擦系数。坯料与模具之间的接触界面设置成刚体-柔体的接触类型,即将硬度较大的模具定义为刚体,而将硬度较小的坯料定义为柔体。并且通过定义刚体-柔体的接触误差来定义成形过程中,模具与坯料接触节点对。

在大多数情况下,金属塑性变形是通过模具在与坯料的接触面上施加载荷来实现的。因此,在热变形过程中模具与坯料之间由于存在温度梯度,所以就存在热量的传输,即坯料通过接触面以对流或热传导的方式向模具传热;另外,由于模具与坯料的温度同周围环境温度之间也存在差异,因此,坯料与模具和周围环境之间也会以辐射的形式进行换热;同时,由于模具与坯料的接触面上存在相对滑动,因此还存在摩擦生热。为了准确地分析斜齿圆柱齿轮温成形过程中温度场的变化,必须对不同的传热方式进行计算。

在 DEFORM-3D 前处理器中,选择变形和传热模块,在模拟控制窗口(slmulation control),定义环境温度为室温 20℃,定义坯料或模具的自由表面与外界环境的对流换热系数为 0. 02N/(s·mm·℃)。由于坯料与模具表面之间的传热非常复杂,往往包含多种传热方式,因此在 DEFORM-3D 中,通过定义坯料与模具接触面之间的一个等效的表面传热系数计算热量的交换,本章选取的表面传热系数为 5N/(s·mm·℃)。另外,还需要定义坯料与模具之间用于热交换的表面,可以通过 heat exchange with environment 命令定义热交换的表面。

因为齿轮在成形的过程中,会发生剧烈的变形,该变形会部分转变成热,因此在热力耦合的有限元分析中,还需要设置功热转化的效率,通常取值为 0.9,也就是说在齿轮成形的过程中,有 90%的变形能转变成热能存在于传热的计算中。

6.1.3　成形工艺参数的确定

斜齿圆柱齿轮温锻成形是一个多因素耦合的过程,坯料的变形温度、成形速度、模具预热温度、润滑及摩擦条件等都会对其成形过程产生影响。为了研究不同的坯料变形温度、成形速度、摩擦因子、模具预热温度对其成形规律的影响,采用如下工艺方案进行模拟计算:

(1)假定模具预热温度为 250℃、摩擦因子为 0.25、凸模成形速度为 30mm/s 时,坯料的初始温度分别为 700℃、750℃、800℃、850℃。

(2)假定坯料初始温度为 750℃,模具预热温度为 250℃、凸模成形速度为 30mm/s 时,摩擦因子分别为 0.05、0.25、0.35、0.45。

(3)假定坯料初始温度为 750℃,模具预热温度为 250℃、摩擦因子为 0.25 时,凸模成形速度分别为 10mm/s、30mm/s、50mm/s、80mm/s。

(4)假定坯料初始温度为 750℃,摩擦因子为 0.25,凸模成形速度为 30mm/s 时,模具预热温度分别为 200℃、250℃、300℃。

6.2　斜齿圆柱齿轮温锻成形温度场分布及演化规律

6.2.1　坯料初始变形温度对坯料温度场分布影响

图 6-3 坯料初始变形温度对斜齿圆柱齿轮温度场分布的影响。由图 6-3 可以知道,随着变形的进行,具有不同初始温度的坯料其温度场分布趋势基本一致,即坯料各处内外温差增大,温度分布的不均匀性明显增强。另外,温度的最大值、最小值也随着压下量的变化而出现变化,最大值一直增大,最小值在压下量小于 90%时减小,大于 90%时最小值又增大。这说明随着变形的进行,坯料与模具接触面积的增大,在变形量小的部位模具冷却作用加强,而变形量大的部位,其热效应加强导致坯料温度升高。在成形终了时,随着坯料初始温度的升高,坯料温度场分布的不均匀性增强。但坯料温度沿周向分布几乎是均匀的。

当变形温度一定时,如 $T = 750$℃时[图 6-3(b)],在变形的初始阶段,即压下量为 20%和 50%时,坯料与模具接触的上下两端面由于热交换,温度有所降低,而坯料心部的温度以及坯料齿形部分的温度几乎保持不变,坯料齿根部分由于受到型腔齿顶的作用发生塑性变形,使坯料的温度有所上升,处于温度最高的区域。随着变形的继续,当压下量为 90%时,与模具接触的上下两表面的温度继续下降,而齿根和齿顶部分的温度继续升高;当压下量为 96%时,齿根和齿顶部分的温度继续上升。这是由于在这一阶段,坯料受到模具压缩力的作用,大量的坯料充填齿形,变形剧烈,由塑性变形转换成热量的形式占主导地位，而坯料与模具的接触传热很少，因此坯料的最高温度和最低温度均升高。在变形终了时，齿形已完全充满，热量的传输达到了平衡状态，坯料大部分位置温度分布基本均匀，在齿形部分温度升高到最大值。

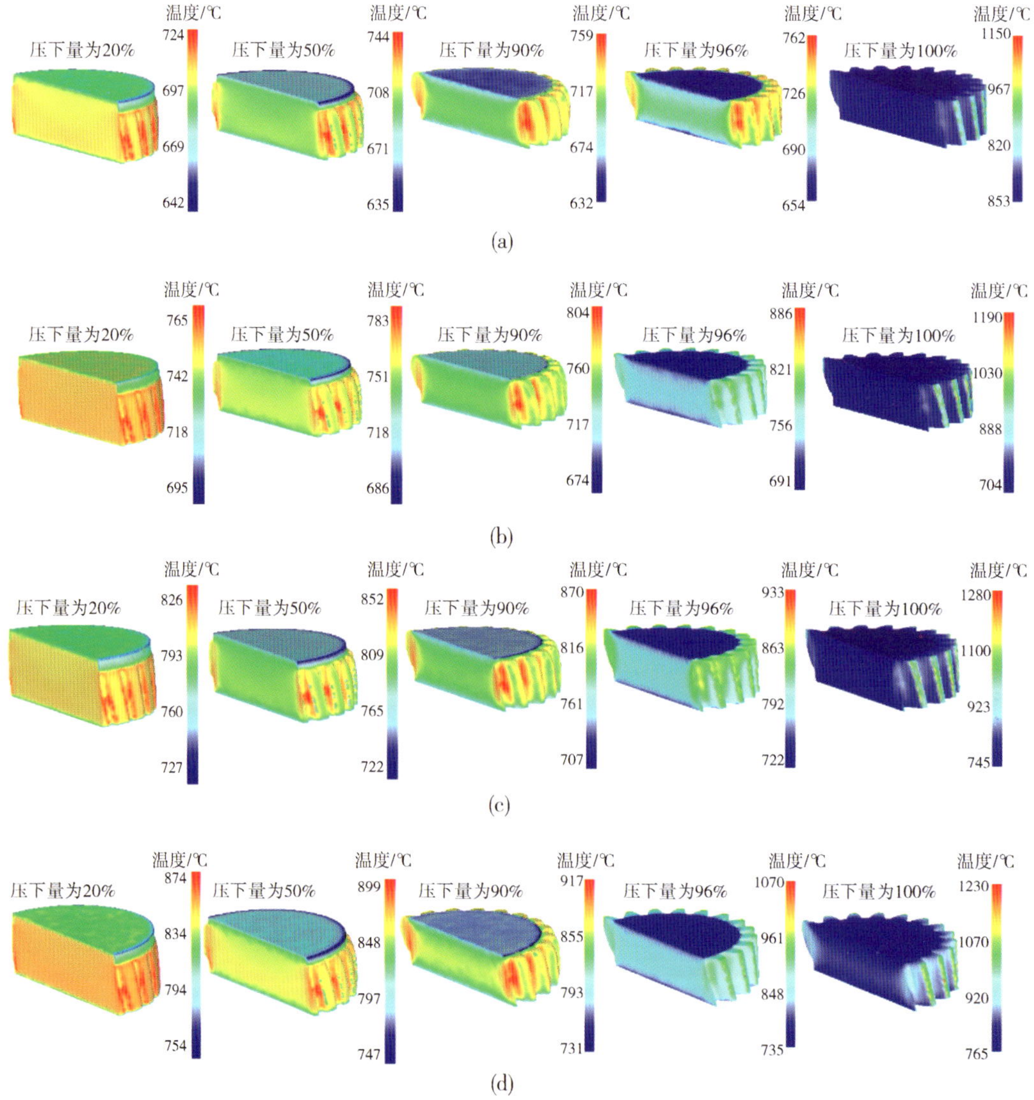

(a) $T=700℃$；(b) $T=750℃$；(c) $T=800℃$；(d) $T=850℃$

图 6-3 坯料初始变形温度对斜齿圆柱齿轮温度场分布的影响

为了更好地分析轮齿上温度的分布，依据追踪点的方法，在轮齿的凸齿面齿根、齿顶、凹齿面齿根自齿轮上端面到下端面分别取均匀分布的 12 个点（取 $T=750℃$），对其温度分布情况分别进行跟踪分析，各节点的温度分布曲线如图 6-4 所示。

由图 6-4 可知，凸面齿根与凹面齿根温度分布几乎是一致的，齿根上端面温度比齿根下端面的温度高。齿顶温度分布极不均匀，在离上端面大约 2mm 距离处，温度具有最高值，而与下垫板接触的齿根处温度最低。这是因为齿形上端面齿顶最后充填，其与模具接触的时间较短，而齿形下端面齿顶最先充填，其与模具接触的时间较长。

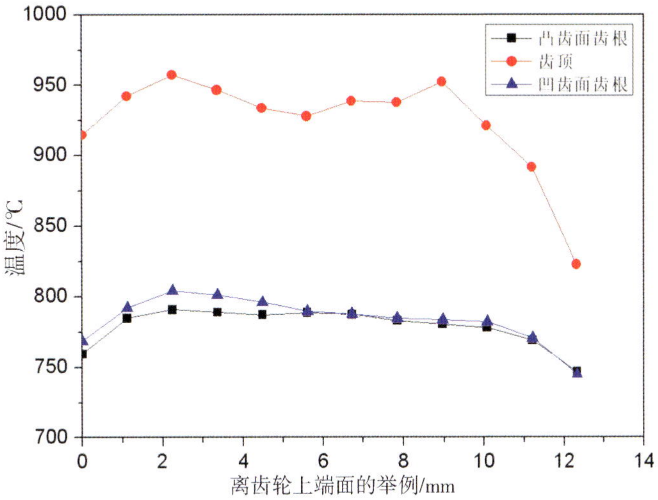

图 6-4　斜齿圆柱齿轮齿根与齿顶处温度的分布

6.2.2　摩擦因子对坯料温度场分布影响

图 6-5 给出了终成形时，坯料温度为 750℃、成形速度为 30mm/s、模具预热温度为 250℃时，摩擦因子分别为 0.05、0.25、0.35、0.45 时的坯料温度场分布。其中每一幅图的左图为坯料上温度分布的云图，右图为具有某一温度值的节点百分数等值区域占齿轮总节点数的百分比。

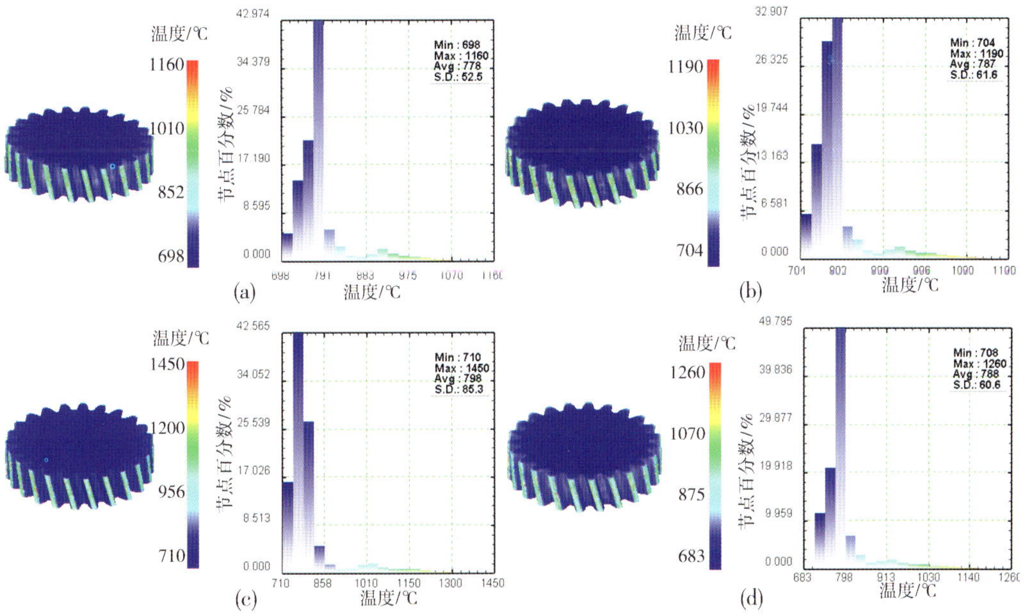

(a) $m=0.05$；(b) $m=0.25$；(c) $m=0.35$；(d) $m=0.45$

图 6-5　摩擦因子对斜齿圆柱齿轮温度场分布的影响

由图 6-5 可知,摩擦因子对坯料温度场分布的影响不是很大,各种摩擦因子条件下,坯料温度场分布的趋势基本一致。随着摩擦因子的增大,其温度的最高值逐渐增加。这是因为随着摩擦因子的增大,坯料与模具表面的摩擦力增大,变形剧烈,由于摩擦生热和变形热效应导致坯料温度升高。由图 6-5 还可以看出,减小摩擦因子有利于提高温度场分布的均匀性。

6.2.3　成形速度对坯料温度场分布影响

图 6-6 给出了终成形时,坯料温度为 750℃、摩擦因子为 0.25、模具预热温度为 250℃时,成形速度分别为 10mm/s、30mm/s、50mm/s、80mm/s 时的坯料温度场分布。其中每一幅图的左图为坯料上温度分布的云图,右图为具有某一温度值的节点百分数等值区域占零件总节点数的百分比。

由图 6-6 可知,随着凸模压下速度的增大,坯料终成形时的最大温度和最低温度上升。这是因为随着凸模压下速度的增加,齿轮成形过程所用的时间减小,坯料和模具之间接触时间减少,因而热量损失较少,故和模具接触的区域温度下降较少;同时,由于变形时间缩短,因塑性变形和摩擦产生的热量来不及释放,导致坯料的温度上升。由图 6-6 还可以知道,坯料在各成形速度下的平均温度分别为 755℃、787℃、807℃、818℃,温度的平均偏差分别为 47.3、61.6、80.7、74.9。这说明随着成形速度的增大,温度场分布的均匀性先减小接着又增大。

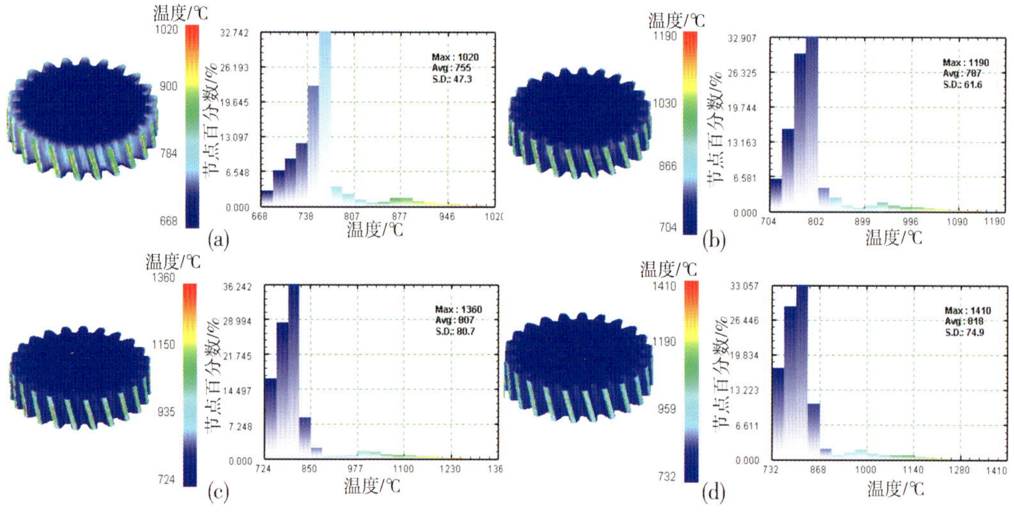

(a) v = 10m/s;(b) v = 30m/s;(c) v = 50m/s;(d) v = 80m/s

图 6-6　成形速度对斜齿圆柱齿轮温度场分布的影响

6.2.4　模具预热温度对坯料温度场分布影响

图 6-7 给出了终成形时,坯料温度为 750℃、摩擦因子为 0.25、成形速度为 30mm/s 时,模具预热温度分别为 200℃、250℃、300℃的坯料温度场的分布。其中每一幅图的左图为坯料上温度分布的云图,右图为具有某一温度值的节点百分数等值区域占零件总节点数的百分比。

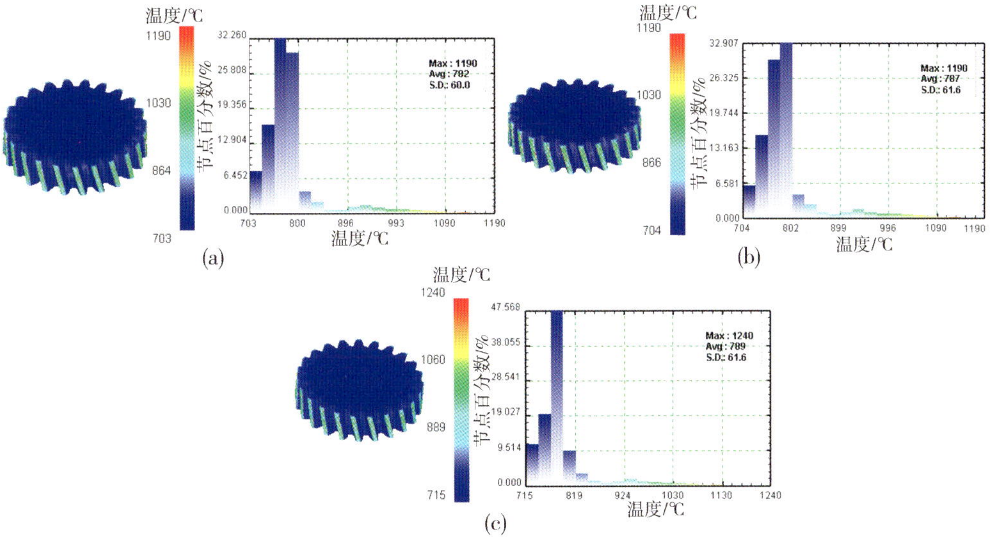

(a) $T=200$℃；(b) $T=250$℃；(c) $T=300$℃

图 6-7　模具预热温度对斜齿圆柱齿轮温度场分布的影响

由图 6-7 可知，随着模具预热温度的升高，坯料与模具接触的表面温度下降逐渐减缓，最高温度逐渐上升。这是因为模具预热温度升高，坯料和模具之间的温差减小，因而坯料热交换较少，变形热效应占主要优势，因此坯料变形剧烈的区域最高温度增加。由图 6-7 还可以知道，坯料在不同模具预热温度下平均温度分别为 782℃、787℃、789℃，温度的平均偏差分别为 60℃、61.6℃、61.6℃。这说明模具预热温度对坯料温度场分布均匀性的影响不大，但提高模具预热温度可以增加坯料的平均温度，改善材料的流动性能。

6.2.5　模具温度场分布

图 6-8 给出了坯料在不同初始变形温度下模具型腔温度场分布情况。由图 6-8 可知，随着坯料初始变形温度的升高，模具型腔的最大温度逐渐增加。温度依次由初始的 250℃升高到 356℃、364℃、370℃、378℃。这是由于坯料变形温度越高，坯料与模具之间的温差越大，则热量交换越剧烈。而且最高温度均处于与坯料齿根接触的模具型腔齿顶上，这是由于模具型腔的齿顶与坯料的齿根接触的时间最长，而模具型腔的最低温度则由于辐射与周围环境之间进行的热交换较少，所以温度下降较少，均为 249℃。

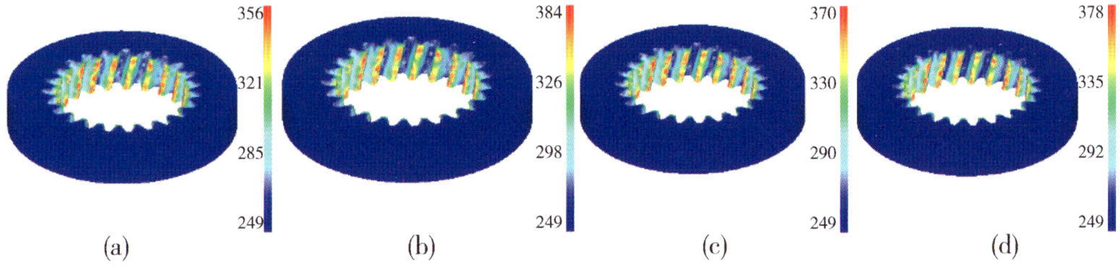

(a) $T=700$℃；(b) $T=750$℃；(c) $T=800$℃；(d) $T=850$℃

图 6-8　坯料初始变形温度对模具温度场分布的影响

6.3 斜齿圆柱齿轮温锻成形等效应力场分布及演化规律

6.3.1 坯料等效应力场分布及演化规律

坯料在不同压下量时的等效应力分布如图 6-9 所示。由图 6-9 可知,随着压下量的增加,坯料等效应力的最小值逐渐增大,但最大值并不是单调递增。在变形的初始阶段,即压下量为 20%,由于坯料齿根首先与模具型腔齿顶接触,所以齿轮齿根处等效应力最大,坯料中间部分等效应力较小;当压下量为 50%时,等效应力的分布趋势没有变化,依然是齿根处等效应力最大,中心部位较小,但最大等效应力及齿顶部分等效应力略有减小。随着变形的继续,即压下量为 90%时,大部分齿形已形成,齿根与齿顶的等效应力分布几乎是均匀的,仅在齿顶上端面与凸模边缘相交接的部分等效应力最大,坯料中心部位等效应力仍然最小;当压下量为 96%时,齿形基本填充,只有齿顶上端部分位置未充满,成形的自由表面减小,坯料在凸模轴向压缩以及型腔侧壁的挤压下,等效应力增加,齿顶上端部也是等效应力最大的区域;在成形终了时,等效应力在各个轮齿上均匀分布,并且是高应力区,坯料中心部位的材料作刚性的运动,所以一直是低应力区。

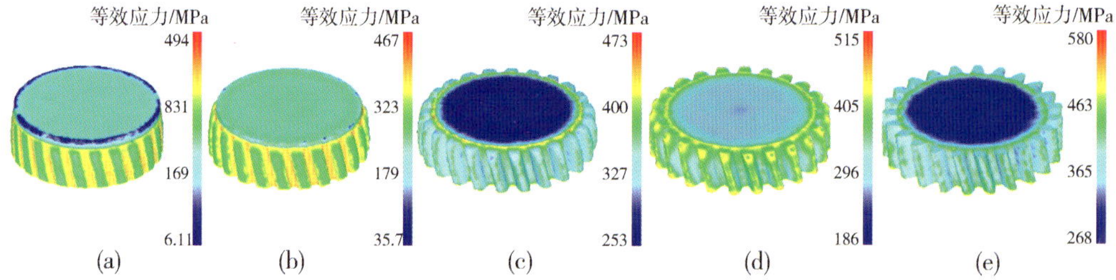

(a)压下量为 20%;(b)压下量为 50%;(c)压下量为 90%;(d)压下量为 96%;(e)压下量为 100%

图 6-9 坯料在不同压下量时的等效应力分布

6.3.2 坯料初始变形温度对坯料等效应力场分布影响

图 6-10 给出了在终成形时,坯料初始变形温度分别为 700℃、750℃、800℃、850℃时等效应力分布图,其中,纵坐标表示的是具有某一应力值的节点百分数。由图 6-10 可知,在不同的变形温度下,齿轮各部位等效应力分布的趋势基本一致。齿顶处等效应力较大,中间部分等效应力较小。由图 6-10 还可以发现,平均等效应力随着变形温度的升高而减小。在形变温度为 700℃时平均等效应力高达 387MPa,但是当温度升高到 850℃时,等效应力减小到 272MPa。这是由于坯料的变形温度越高,其变形抗力减小。

6.3.3 摩擦因子对坯料等效应力场分布影响

图 6-11 给出了在终成形时,不同摩擦因子分别为 0.05、0.25、0.35 和 0.45 时齿轮等效应力分布。由图 6-11 可知,在不同的摩擦因子下,齿轮各部位等效应力分布的趋势基本一致。齿轮下端面与模具底面接触齿根处等效应力较大,中间部分等效应力较小,而且上端面等效应力小于下端面等效应力。在摩擦因子为 0.05、0.25、0.35 和 0.45 时最大等

效应力随着摩擦因子的增大先增大后减小。

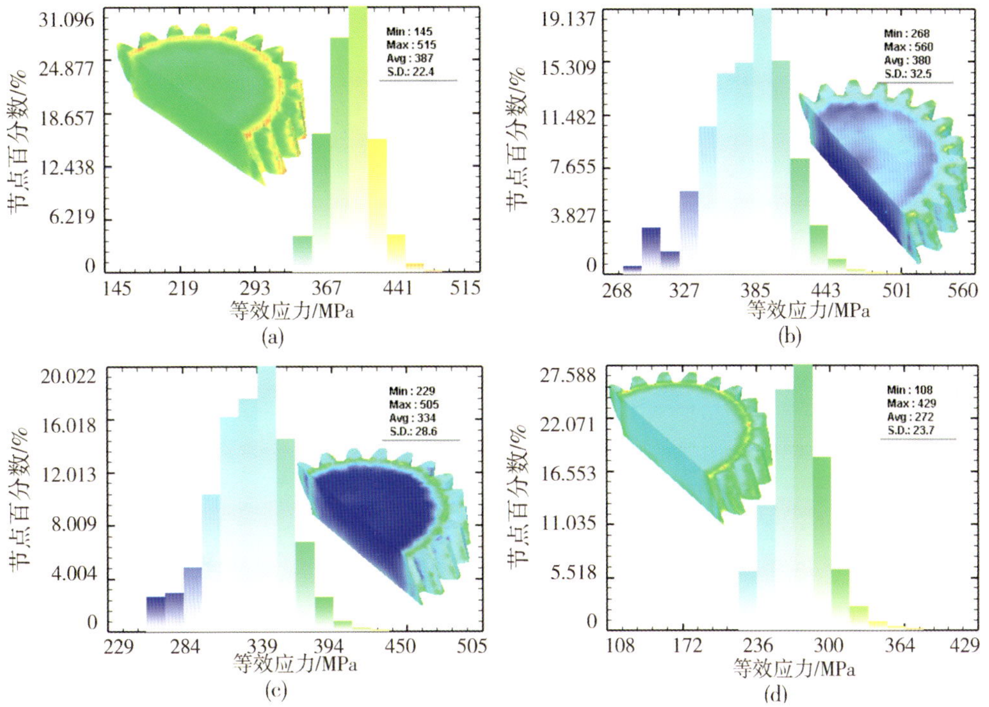

(a) $T=700$℃；(b) $T=750$℃；(c) $T=800$℃；(d) $T=850$℃

图 6-10　坯料初始变形温度对斜齿圆柱齿轮等效应力场分布的影响

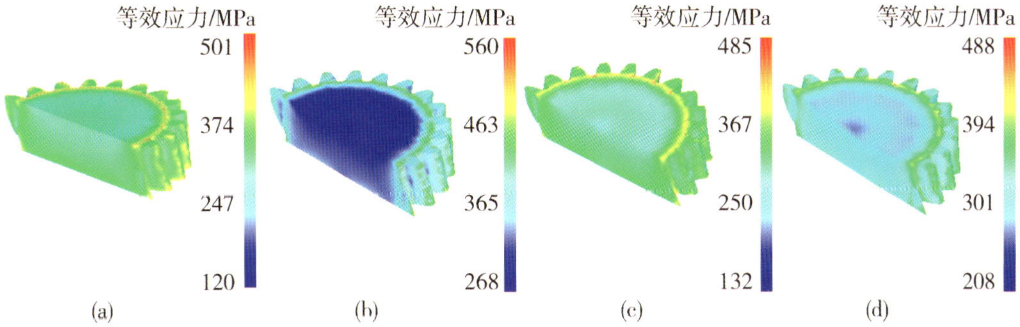

(a) $m=0.05$；(b) $m=0.25$；(c) $m=0.35$；(d) $m=0.45$

图 6-11　摩擦因子对斜齿圆柱齿轮等效应力场分布的影响

6.3.4　成形速度对坯料等效应力场分布影响

图 6-12 给出了在终成形时，成形速度分别为 10mm/s、30mm/s、50mm/s 和 80mm/s 时等效应力分布。由图 6-12 可知，在不同的成形速度下，齿轮各部位等效应力分布的趋势基本一致。在成形速度为 10mm/s、30mm/s、50mm/s 和 80mm/s 时最大等效应力随着成形速度的增大先增大后减小。这是由于成形速度较低时，坯料与模具接触时间长，传热效应大于变形热效应，坯料温度下降，等效应力增大。当速度继续增大，由于坯料变形时间较短，坯料与模具接触时间短，传热效应较小，坯料温度升高，等效应力减小。

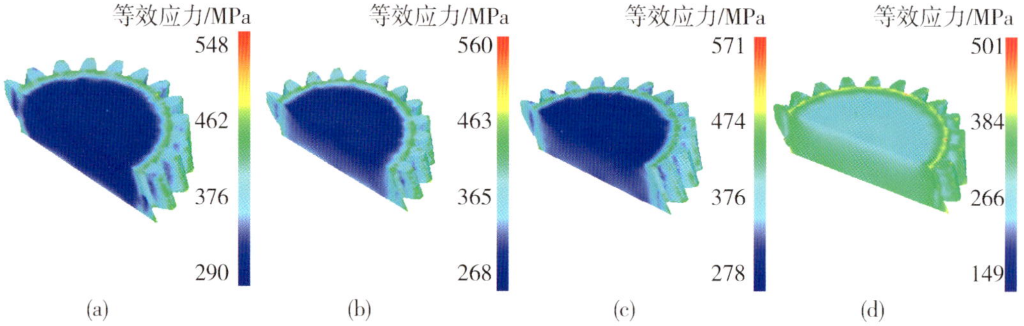

(a) $v=10$m/s;(b) $v=30$m/s;(c) $v=50$m/s;(d) $v=80$m/s

图 6-12　成形速度对斜齿圆柱齿轮等效应力场分布的影响

6.4　斜齿圆柱齿轮温锻成形等效应变分布及演化规律

6.4.1　坯料等效应变场分布及演化规律

图 6-13 表示坯料初始变形温度为 750℃时,摩擦因子为 0.25,凸模下行速度为 30mm/s 时,坯料的等效应变随压下量的分布云图。由图 6-13 可知,随着压下量的增加,坯料的等效应变逐渐增加。在变形的初始阶段,即压下量为 20%和 50%时,由于坯料齿根首先与模具型腔齿顶接触,所以齿根处等效应变最大,坯料中间部分以及齿顶部分等效应变较小;随着变形的继续,即压下量为 90%时,大部分齿形已形成,塑性变形区逐渐由齿根向齿顶扩展,齿根处仍然具有最大等效应变;当压下量为 96%和 100%时,齿形基本填充,只有齿顶上端部分位置未充满,因此塑性变形区几乎扩展到整个齿形上,齿根部分仍然是最大等效应变区。从图 6-13 还可以发现,等效应变沿周向分布较均匀,而且在整个成形的过程中,中间部分的材料发生较小变形,主要是作刚性的流动。

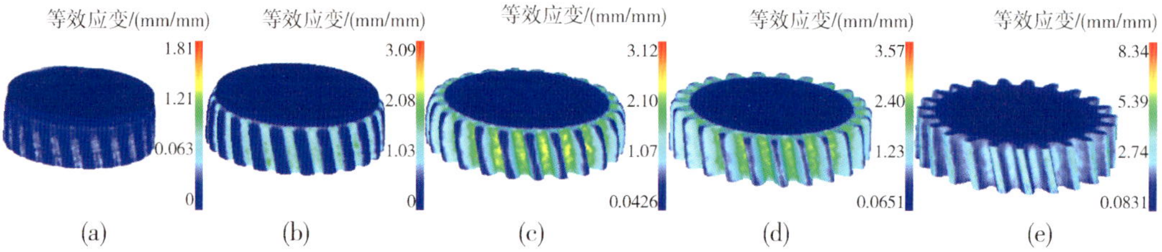

(a)压下量为 20%;(b)压下量为 50%;(c)压下量为 90%;(d)压下量为 96%;(e)压下量为 100%

图 6-13　斜齿圆柱齿轮等效应变场分布

为了研究轮齿上等效应变的分布,依据追踪点的方法,在轮齿的凸齿面齿根、齿顶、凹齿面齿根自齿轮上端面到下端面分别取均匀分布的 12 个点(取 $T=750$℃),对其等效应变分布情况分别进行跟踪分析,各节点的等效应变分布曲线如图 6-14 所示。

由图 6-14 可知,在整个齿根上,凹面齿根的等效应变略大于凸面齿根的等效应变,且齿根上的等效应变自上而下沿轴向分布差别不大,凸面与凹面齿根上端面的等效应变具有最大值。齿顶等效应变分布极不均匀,在离上端面大约 0.2mm 距离处,等效应变达到最大值,而与凸模和下垫板接触的齿顶上端面以及下端面等效应变具有最小值。

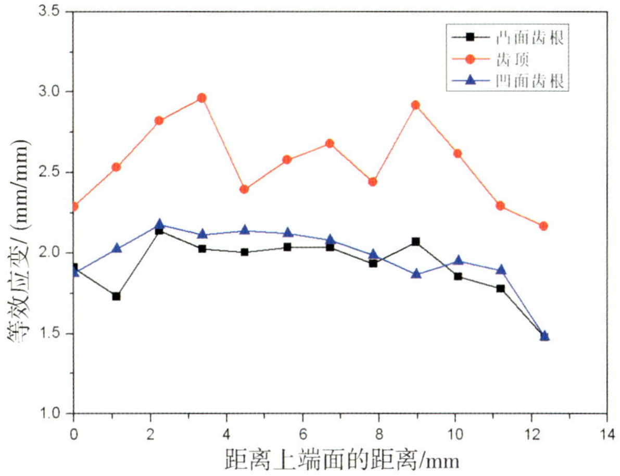

图 6-14　斜齿圆柱齿轮齿根与齿顶等效应变的分布

6.4.2　变形温度对坯料等效应变场分布影响

图 6-15 给出了在终成形时，坯料初始变形温度分别为 700℃、750℃、800℃、850℃时等效应变的分布，其中，纵坐标表示的是具有某一应变值的节点百分数。由图 6-15 可知，在不同的变形温度下，齿轮各部位等效应变分布的趋势基本一致。随着坯料初始变形温度增加，等效应变最大值先增大后减小。但坯料初始变形温度对平均应变影响不大，在不同变形温度下，坯料平均应变大约在 1.46 左右。

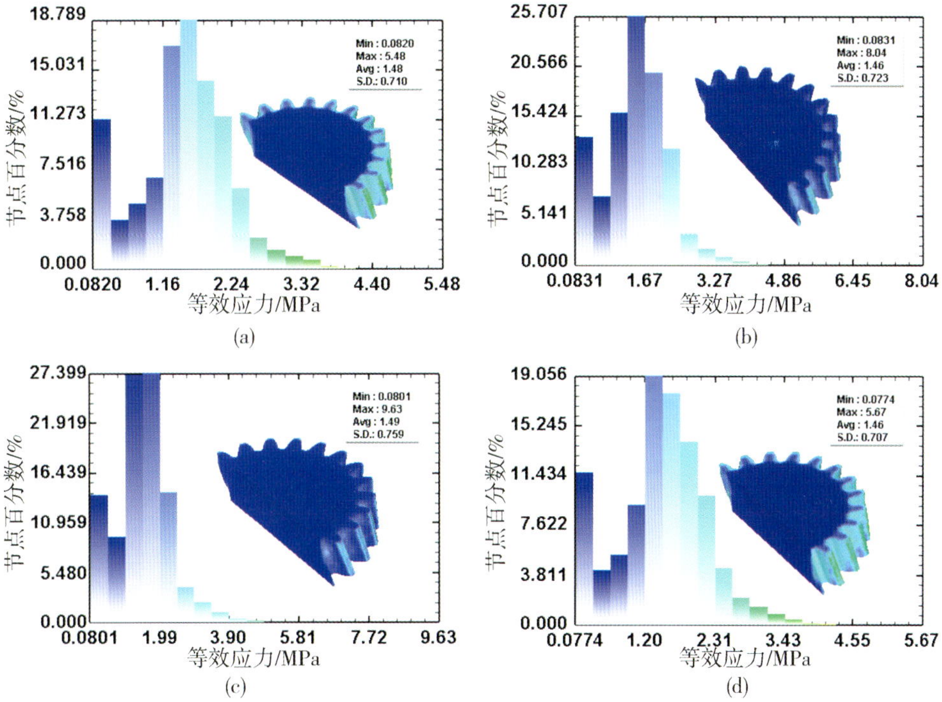

(a) $T=700$℃；(b) $T=750$℃；(c) $T=800$℃；(d) $T=850$℃

图 6-15　变形温度对斜齿圆柱齿轮等效应变场分布的影响

6.4.3　摩擦因子对坯料等效应变场分布影响

图6-16给出了在终成形时，摩擦因子分别为0.05、0.25、0.35、0.45时等效应变分布。由图6-16可知，在不同摩擦因子下，齿轮各部位等效应变分布的趋势基本一致。随着摩擦因子增大，最大等效应变先增大后减小。

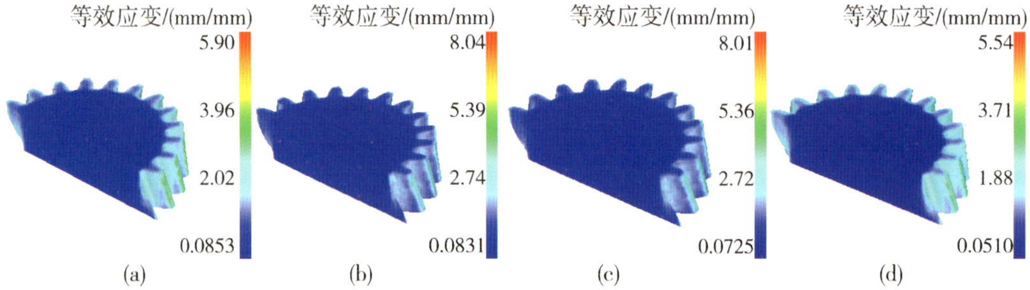

(a) $m=0.05$; (b) $m=0.25$; (c) $m=0.35$; (d) $m=0.45$

图6-16　摩擦因子对斜齿圆柱齿轮等效应变场分布的影响

6.4.4　成形速度对坯料等效应变场分布影响

图6-17给出了在终成形时，成形速度分别为10mm/s、30mm/s、50mm/s和80mm/s时等效应变分布。由图6-17可知，在不同成形速度下，齿轮各部位等效应变分布的趋势基本一致。随着成形速度增大，最大等效应变是先增大后减小。

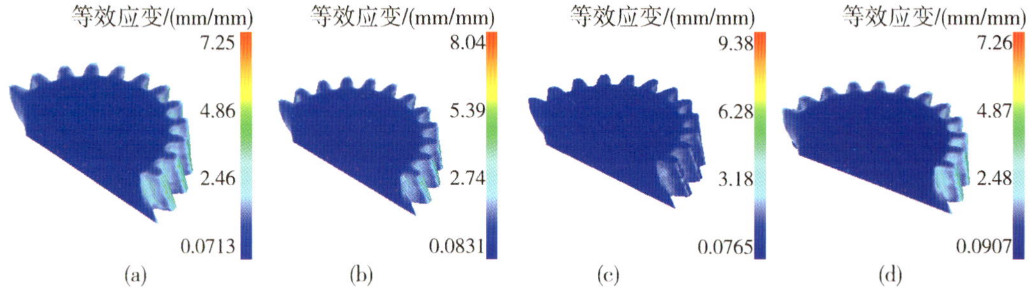

(a) $v=10$mm/s; (b) $v=30$mm/s; (c) $v=50$mm/s; (d) $v=80$mm/s

图6-17　成形速度对斜齿圆柱齿轮等效应变场分布的影响

6.4.5　模具预热温度对坯料等效应变场分布影响

图6-18给出了在终成形时，模具预热温度分别为200℃、250℃、300℃时等效应变分布。由图6-18可知，在不同的预热温度下，齿轮各部位等效应变分布的趋势基本一致。随着模具预热温度的增加，最大等效应变逐渐增加。

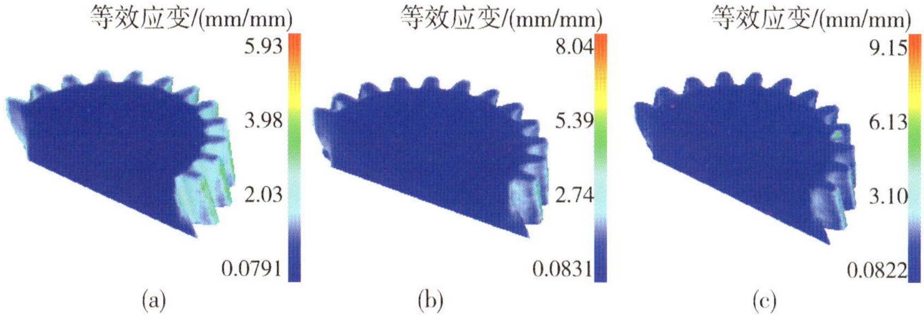

(a) $T=200$℃;(b) $T=250$℃;(c) $T=300$℃

图 6-18 模具预热温度对斜齿圆柱齿轮等效应变场分布的影响

6.5 斜齿圆柱齿轮温锻成形速度分布及演化规律

6.5.1 坯料速度场分布及演化规律

图 6-19 表示坯料初始温度为 750℃,凸模压下速度为 30mm/s 时,坯料的速度场随压下量变化的矢量图和云图。

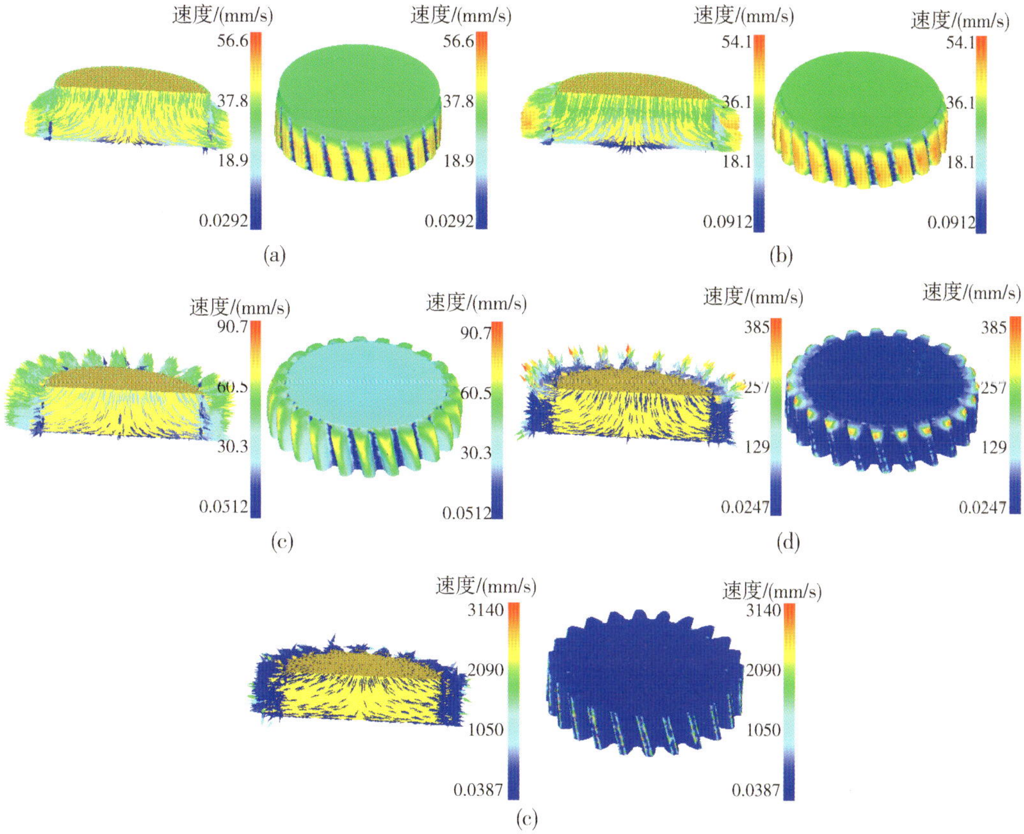

(a)压下量为 20%;(b)压下量为 50%;(c)压下量为 90%;(d)压下量为 96%;(e)压下量为 100%

图 6-19 斜齿圆柱齿轮速度场随压下量变化的分布

在变形的初始阶段,坯料在凸模的压缩下,中间大部分材料以与凸模相等的速度作刚性向下流动,因为型腔有大量的自由空间,所以齿顶材料以较大的速度流向型腔,齿根部分的材料由于受到型腔齿顶的作用,流动速度最小,几乎等于0mm/s,如图6-19(a)所示;随着变形的继续,齿顶材料的流动速度比变形初始阶段略小一点,齿根部分材料的流动速度仍然最慢,齿顶材料的流动速度最快,中间靠上端的大部分材料仍然以与凸模相等的速度刚性向下流动,下端的材料则沿径向方向充填齿腔,所以齿轮下端的齿形先成形,如图6-19(b)所示;随着压下量的增加,轮齿的大部分齿形已成形,齿顶与凹模型腔接触的面积增大,自由表面减小,所以靠近上端面的未充满的齿顶处材料的流动速度最大,而齿根部分材料的流动受阻,流动速度仍然是最小,由于下垫板对坯料摩擦阻力的作用,中心部分的材料自上而下流动速度依次减小,上端的材料开始向径向流动充填齿顶未充满的部分,如图6-19(c)所示;在压下量为96%时,齿轮基本充满,仅仅齿顶角隅部分有少许未充满的位置,齿轮基本与型腔贴合,所以齿轮大部分位置材料流动速度较小,只有未充满的齿顶部分流动速度较大,如图6-19(d)所示;在变形终了时,整个材料的流动速度几乎都减小为0,仅仅在齿顶部位,材料的流动速度逐渐增加,如图6-19(e)所示。

6.5.2 变形温度对坯料速度场分布影响

图6-20给出了在终成形时,坯料初始变形温度分别为700℃、750℃、800℃、850℃时速度场的分布,其中,纵坐标表示的是具有某一速度值的节点百分数。由图6-20可知,在不同的变形温度下,齿轮各部位速度场分布的趋势基本一致。从图6-20还可以看出,随着变形温度的增加,其平均流动速度的大小先增大后减小。

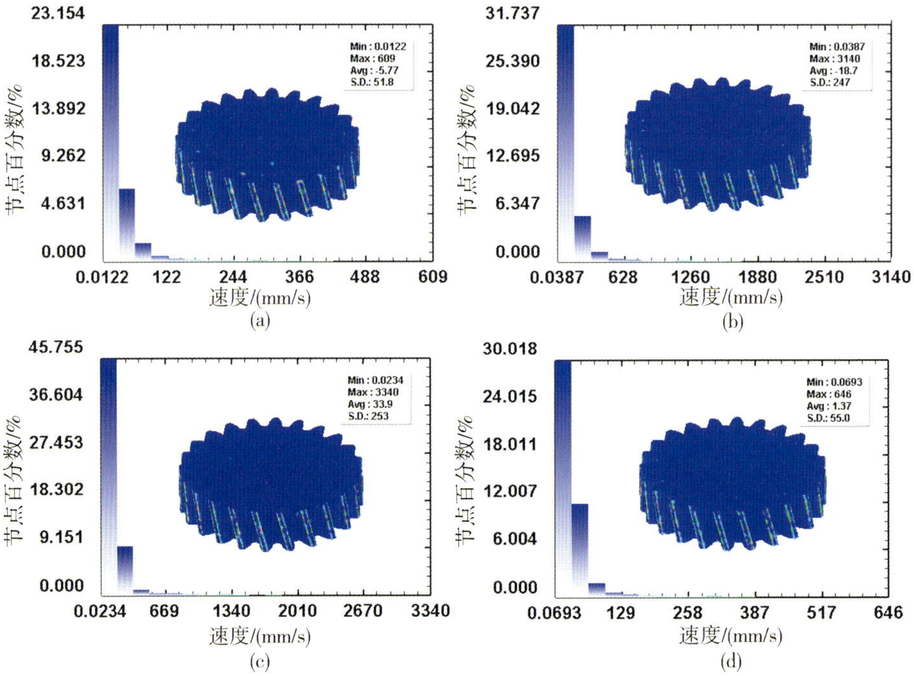

(a) $T=700℃$;(b) $T=750℃$;(c) $T=800℃$;(d) $T=850℃$

图6-20 变形温度对斜齿圆柱齿轮速度场分布的影响

6.6　斜齿圆柱齿轮温锻成形微观组织演化规律

6.6.1　20CrMnTiH 钢流动应力和微观组织数学模型建立

为了确定 20CrMnTiH 钢的温热变形行为和微观组织演变数学模型，确定了热压缩实验方案。在 Gleeble-3500 热模拟机上将 Φ8mm × 12mm 的 20CrMnTiH 钢试样分别进行了热压缩实验。实验温度分别为 850℃、950℃、1050℃、1150℃，应变速率分别为 0.01s^{-1}、0.1s^{-1}、1s^{-1}，压缩量分别为 40%、50%、60%。图 6-21 为 20CrMnTiH 钢应力 - 应变曲线。由图 6-21 可知，随着变形温度的升高、应变速率的减小，20CrMnTiH 钢热压缩过程中的流变应力值也减小。

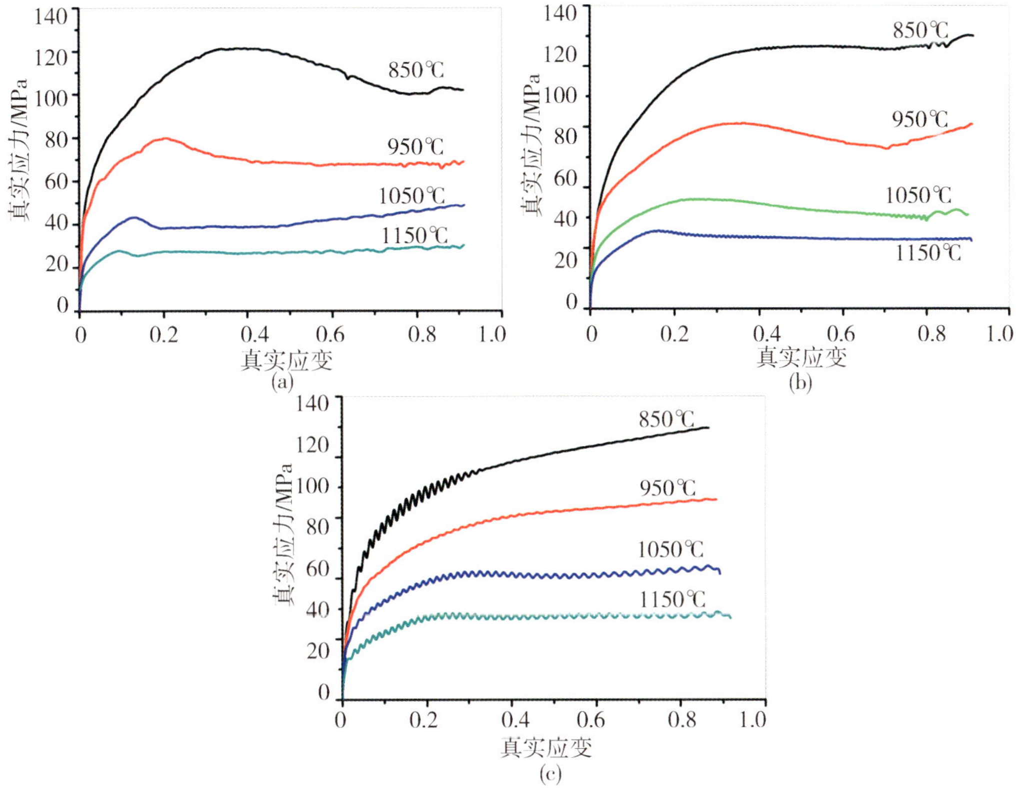

(a) 应变速率为 0.01s^{-1}；(b) 应变速率为 0.1s^{-1}；(c) 应变速率为 1s^{-1}

图 6-21　20CrMnTiH 钢在不同的应变速率和变形温度下的应力应变曲线图

依据热压缩实验结果，通过对数据的处理和分析，推导 20CrMnTiH 钢的流变应力和微观组织演化数学模型如下：

流动应力数学模型：

$$\sigma = e^{(0.167\ln\dot{\varepsilon} + 7.791\times10^{3}/T - 1.134)},\quad 0.01s^{-1} < \dot{\varepsilon} < 0.1s^{-1} \tag{6-2}$$

$$\sigma = \frac{1}{0.01135}\sinh^{-1}\left[\exp\frac{\ln\dot{\varepsilon} - \ln(2.987\times10^{14}) + (3.8899\times10^{5})/8.314T}{5.3914}\right],\quad 1s^{-1} < \dot{\varepsilon} < 5s^{-1} \tag{6-3}$$

晶粒长大模型：

$$d_g^{5.268} = d_0^{5.268} + 8.21 \times 10^{17} t^{0.997606} \exp(-303882.7/RT) \tag{6-4}$$

动态再结晶模型：

$$\varepsilon_c = 0.8\varepsilon_p \tag{6-5}$$

$$\varepsilon_p = 1.3615 \times 10^{-2} \dot{\varepsilon}^{0.1784} \exp(34370.81/RT) \tag{6-6}$$

动态再结晶运动学模型：

$$X_{\mathrm{drex}} = 1 - \exp\left[-3.842259\left(\frac{\varepsilon - \varepsilon_c}{\varepsilon_{0.5}}\right)^{1.676366}\right] \tag{6-7}$$

$$\varepsilon_{0.5} = 2.225 \times 10^{-3} \dot{\varepsilon}^{0.189125} \exp(55345.99/RT) \tag{6-8}$$

动态再结晶晶粒长大模型：

$$d_{\mathrm{drex}} = 3.718443 d_0^{2.07413} \dot{\varepsilon}^{-0.17247} \varepsilon^{0.18937} \exp(-72358.3/RT) \tag{6-9}$$

6.6.2 动态再结晶演化规律

图 6-22 表示斜齿圆柱齿轮温锻成形过程中，坯料在不同压下量下动态再结晶体积分数的分布与演化情况，其中每幅图中左图为坯料动态再结晶体积分数分布云图，右图为某一动态再结晶体积分数的节点数占总节点数的百分比。

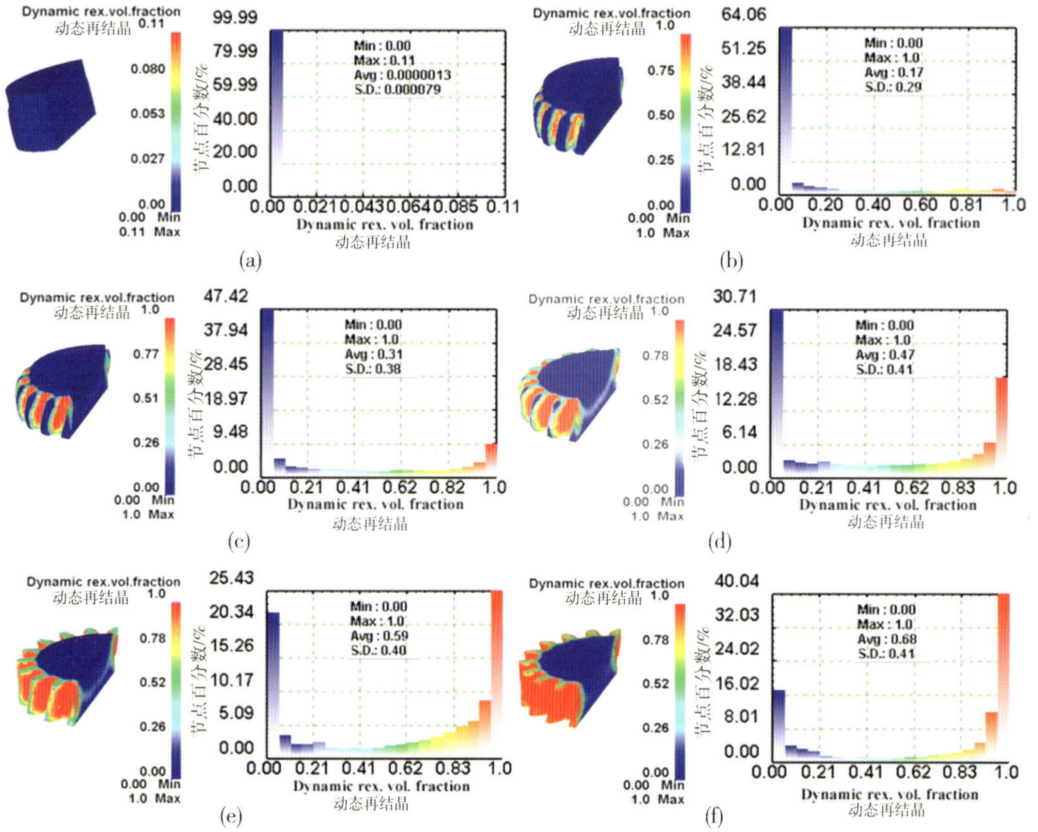

(a)压下量为30%;(b)压下量为60%;(c)压下量为75%;(d)压下量为90%;(e)压下量为95%;(f)压下量为100%

图 6-22 斜齿圆柱齿轮动态再结晶体积分数分布

由图 6-22 可知,变形较剧烈的齿形部分,最先发生动态再结晶,且动态再结晶发生的速度非常快。随着凸模压下量增加,应变不断增大,齿根处的动态再结晶区域不断增大,慢慢向两边的齿廓面扩展。当压下量达 95%时,齿根与侧边齿廓面大部分发生了动态再结晶。随着压下量继续增加,齿顶处也发生动态再结晶。然而,坯料心部动态再结晶发生较少,这是由于坯料上下端面与模具接触,通过接触面与模具发生传热,温度降低,同时坯料心部塑性变形较小。

6.6.3　平均晶粒尺寸演化规律

图 6-23 表示斜齿圆柱齿轮温锻成形过程中,坯料在不同压下量下平均晶粒尺寸分布与演化情况,其中每幅图中左图为坯料平均晶粒尺寸分布云图,右图为某一平均晶粒尺寸的节点数占总节点数的百分比。

由图 6-23 可知,晶粒尺寸细化的区域分布几乎是与动态再结晶发生区域的分布是一致的,发生动态再结晶的区域的晶粒尺寸得到了明显的细化。随着压下量不断增大,齿根与齿廓侧面发生动态再结晶,达到了晶粒细化的目的。而由于坯料心部动态再结晶发生较少,所以坯料心部晶粒细化部明显。

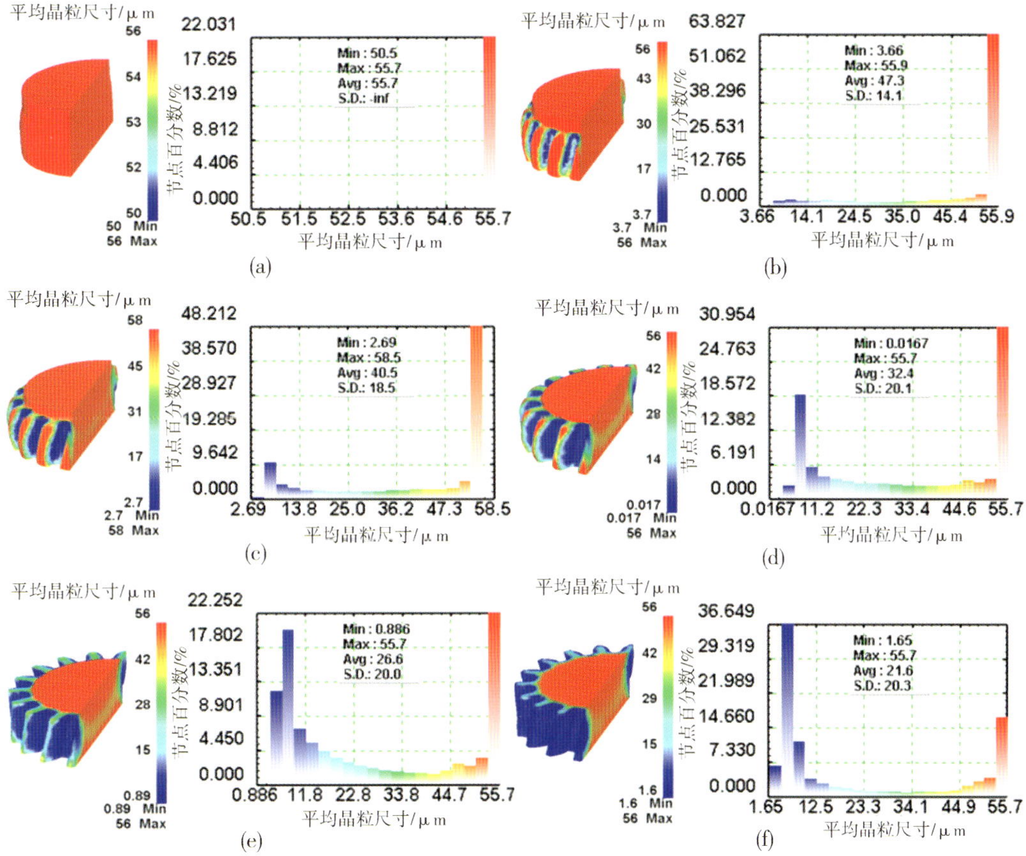

(a)压下量为 30%;(b)压下量为 60%;(c)压下量为 75%;(d)压下量为 90%;(e)压下量为 95%;(f)压下量为 100%

图 6-23　斜齿圆柱齿轮在不同压下量下平均晶粒尺寸分布与演化情况

第 7 章
直齿非圆锥齿轮热锻成形

7.1　引言

齿轮是动力和运动传递的机械关键基础零件，它分为圆齿轮（节曲面是旋转曲面的齿轮，包括圆柱齿轮、圆锥齿轮）和非圆齿轮（节曲面是非旋转曲面的齿轮，包括非圆柱齿轮、非圆锥齿轮）两大类。圆齿轮可以实现定传动、比传动，已经广泛用于机械、汽车、火车、舰船、航空航天、仪器仪表等许多工业领域。非圆齿轮可以实现变传动比传动，具有许多圆齿轮无法实现的特殊传动性能，非常适合用于制造特种功能的机械传动机构，例如：高机动军车防滑差速器、航空航天飞行仪表、变传动比转向器、变量齿轮泵、液体流量计、机床转位机构等。随着机械装备和国防建设的快速发展，迫切需要研究、生产、应用非圆齿轮传动机构，所以非圆齿轮传动日益得到工业界和学术界的重视。

非圆锥齿轮可以实现两相交轴或交错轴之间变传动比动力和运动传递，采用变传动比空间传动的非圆锥齿轮差速器不仅具有结构紧凑、传动平稳、效率高、寿命长等优点，而且还具有差速防滑功能，在泥泞、湿滑、冰雪等地面的通过性能比传统的圆锥齿轮差速器有大幅度提高。非圆锥齿轮是形状最复杂的非圆齿轮，其设计制造理论与技术是非圆齿轮传动机构设计、制造和应用研究的前沿。与具有平面圆节曲线的圆锥齿轮（图 7-1）相比，非圆锥齿轮（图 7-2）具有复杂的空间非圆节曲线，使得其整体和局部（齿形）几何形状十分复杂，这给非圆锥齿轮设计与制造带来巨大困难。经过国内外非圆齿轮传动学者长期深入研究，非圆锥齿轮设计理论已经建立，但是其制造理论和技术尚处于探索之中。目前，非圆齿轮主要采用五轴联动数控加工中心切削制造，以防滑差速器非圆锥齿轮加工为例，非圆锥齿轮切削加工效率约为 3 小时每个，加工成本约为 1500 元每个，这种技术经济指标完全不适应现代制造业的发展。而且，切削加工不能细化齿轮基体晶粒，不能形成沿齿面分布的金属流线，难以制造高性能长寿命非圆锥齿轮。因而，多轴联动数控加工无法满足低成本、高效率、高性能非圆锥齿轮加工制造要求。精密塑性成形是高性能齿轮先进制造技术，它具有生产效率高、材料利用率高、成本低、齿面金属流线连续、齿轮内部组织细化、齿轮力学性能优良等优点。

本章以空间节曲线直齿非圆锥齿轮制造为对象，提出空间节曲线直齿非圆锥齿轮热锻成形新方法。通过有限元数值模拟计算和物理实验，研究直齿非圆锥齿轮热锻塑性变形规律和成形机制，为直齿非圆锥齿轮精密成形制造提供理论依据和技术支撑。

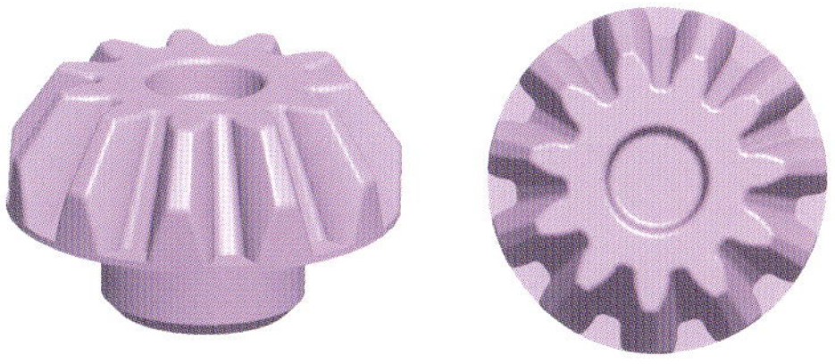

图 7-1　直齿圆锥齿轮三维几何模型

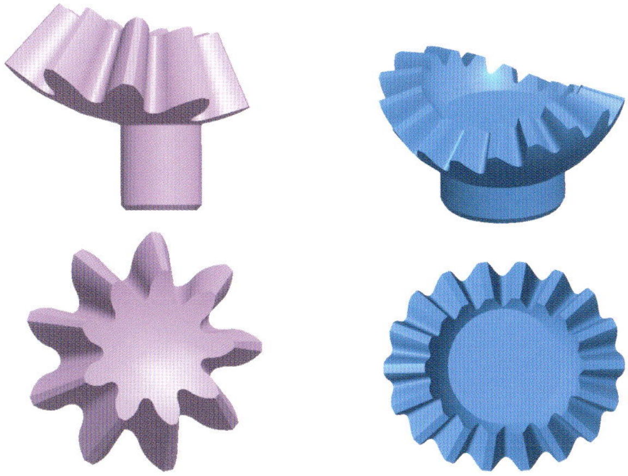

(a)　(b)

(a)行星齿轮;(b)半轴齿轮

图 7-2　防滑差速器直齿非圆锥齿轮三维几何模型

7.2　直齿非圆锥齿轮热锻成形坯料优化设计

7.2.1　坯料优化设计方案

如上所述,直齿非圆锥齿轮几何形状十分复杂,从而导致其热锻成形过程中金属流动和齿形充填十分复杂。坯料形状对直齿非圆锥齿轮热锻成形过程中金属流动和齿形充填具有十分重要的影响。因此,首先需要对直齿非圆锥齿轮热锻成形坯料进行优化设计。

根据下模型腔的结构特点,并且考虑坯料在模具中容易定位,设计了两种坯料设计方案来研究其对直齿非圆锥齿轮热锻成形过程及锻件成形性能影响规律。两种坯料设计方案如图 7-3 所示。方案 1 的坯料在下模中以成形直齿非圆锥齿轮轴杆部分的下模型腔来定位,方案 2 的坯料以成形直齿非圆锥齿轮背部台阶轴的下模形腔来定位。两种设计方案下的坯料尺寸如表 7-1 所示。此外,为了更好地对比两种设计方案下的直齿非圆锥齿轮成形过程,以上下模具间闭合间隙 S 来表示成形过程的参数。

表 7-1　直齿非圆锥齿轮热锻成形两种坯料设计方案

方案	坯料直径 D/mm	坯料高度 h/mm	坯料高径比 h/D
方案 1	45.0	75.1	1.67
方案 2	65.0	36.0	0.55

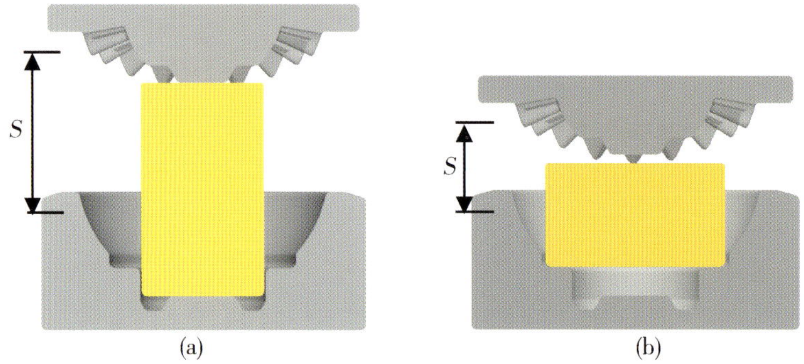

S 为上下模具间闭合间隙

(a)设计方案 1;(b)设计方案 2

图 7-3 直齿非圆锥齿轮热锻成形坯料设计方案示意图

7.2.2 直齿非圆锥齿轮冷摆辗成形有限元模型

采用有限元模拟方法对直齿非圆锥齿轮热锻成形坯料进行优化设计。在 DEFORM-3D 软件中建立了直齿非圆锥齿轮热锻成形有限元模型,如图 7-4 所示。将齿形结构设计在主动加载的上模,有利于提高齿形的填充效果。直齿非圆锥齿轮的材料为低碳合金钢 20CrMnTiH。采用 Gleeble 热模拟试验机开展圆柱镦粗热模拟压缩实验,建立了成形温度范围为 750℃~1150℃,应变速率范围为 0.01s^{-1}~20s^{-1}的 20CrMnTiH 应力-应变材料模型,如图 7-5 所示。在直齿非圆锥齿轮热锻成形前,需将坯料加热到 950℃,并将模具温度预热到 300℃。该模型中采用剪切摩擦进行边界上摩擦条件的计算,摩擦因子设为 0.3。模具与坯料间的界面传热系数为 11N/(s·mm·℃)。为提高运算效率,将模具设置为刚性体,并采用四面体单元对其进行单元划分,最小单元尺寸为 0.5mm,单元尺寸比为 5。坯料设置为刚塑性体,采用四面体单元对其进行单元划分,最小单元尺寸为 0.3mm,单元尺寸比为 5。设置上模为主动加载模具,其加载速度为 100mm/s。

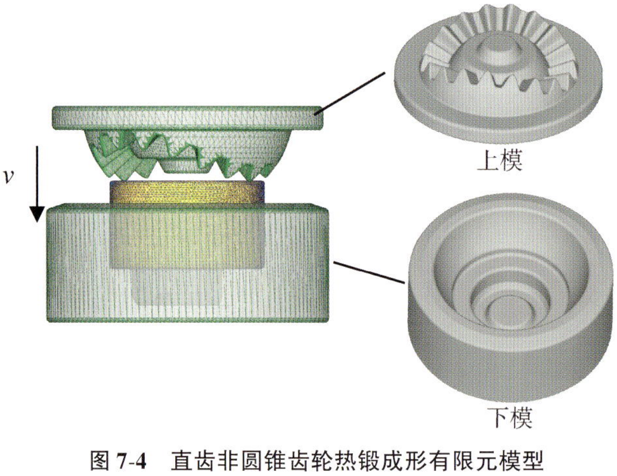

图 7-4 直齿非圆锥齿轮热锻成形有限元模型

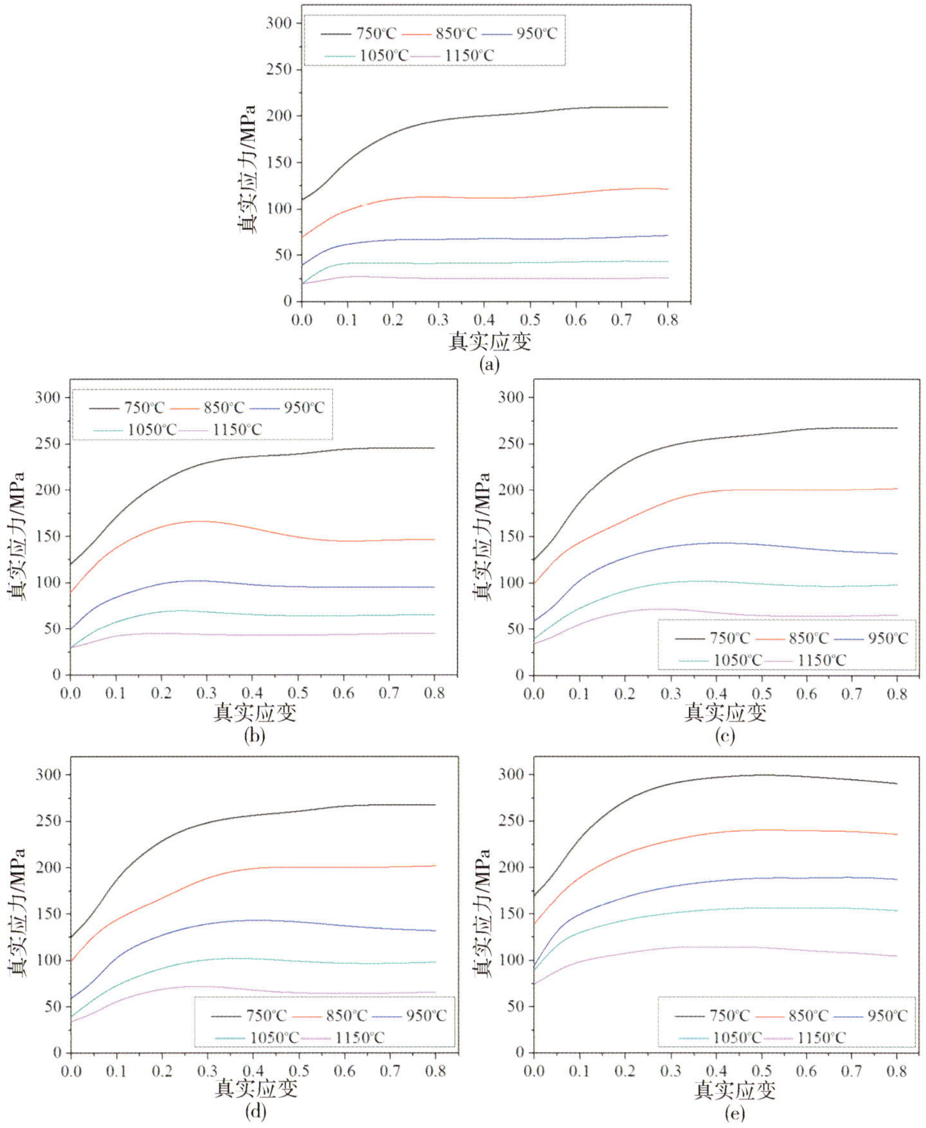

(a)应变速率为 0.01s^{-1}；(b)应变速率为 0.1s^{-1}；(c)应变速率为 1s^{-1}；(d)应变速率为 10s^{-1}；(e)应变速率为 20s^{-1}

图 7-5　不同应变速率下 20CrMnTiH 应力-应变关系曲线

7.2.3　两种坯料设计方案下直齿非圆锥齿轮热锻成形对比分析

1. 金属流动对比分析

为了清晰地展示直齿非圆锥齿轮热锻成形过程，图 7-6、图 7-7 分别展示了两种坯料设计方案下的坯料变形过程，图 7-8、图 7-9 分别展示了两种坯料设计方案下各个齿形的填充过程。

在方案 1 条件下，由于坯料的高径比较大，坯料首先经历明显的镦粗变形阶段，坯料逐渐呈现鼓形，如图 7-6(b)、(c)所示。随着热锻成形过程的继续，各齿逐渐开始成形，且各齿的小端齿形最先开始成形。从图 7-6(d)可以看出，椭圆齿轮短轴处的齿形最先成形，并且该处齿轮的大端齿形附近开始出现飞边。当 $S=3.93$mm 时，所有齿形均完成填充。此后,多余金属进一步形成飞边,如图 7-6(e)所示。从图 7-8 的齿形填充过程可以看出,各齿均从小端齿形开始成形,并且从小端齿形到大端齿形逐渐完成齿形填充。对比各齿的成形时刻可以看出,椭圆齿轮短轴处的齿形最先成形,椭圆齿轮长轴处的齿形最后成形。从椭圆齿轮短轴到长轴,齿形填充所需的时间逐渐增长。

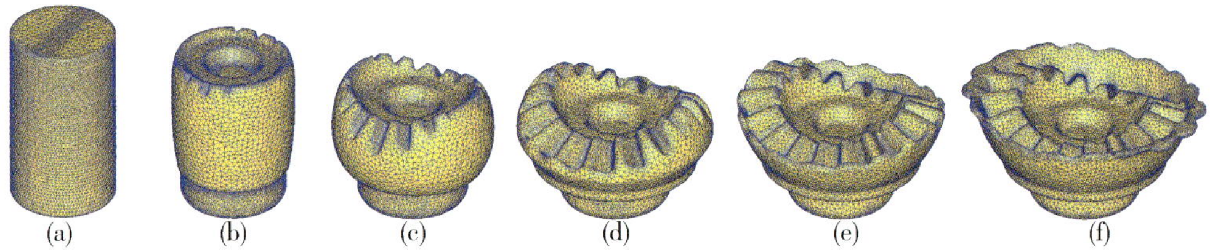

(a) S = 56.70mm;(b) S = 31.72mm;(c) S = 13.76mm;(d) S = 5.46mm;(e) S = 3.93mm;(f) S = 3mm

图 7-6　方案 1 下的直齿非圆锥齿轮热锻成形过程

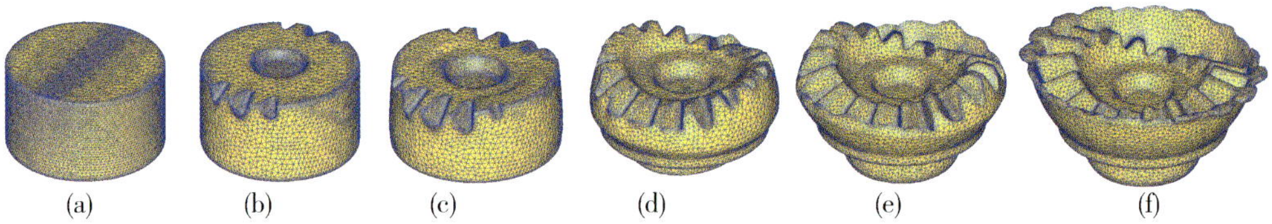

(a) S = 30.30mm;(b) S = 22.80mm;(c) S = 16.95mm;(d) S = 8.41mm;(e) S = 3.56mm;(f) S = 3mm

图 7-7　方案 2 下的直齿非圆锥齿轮热锻成形过程

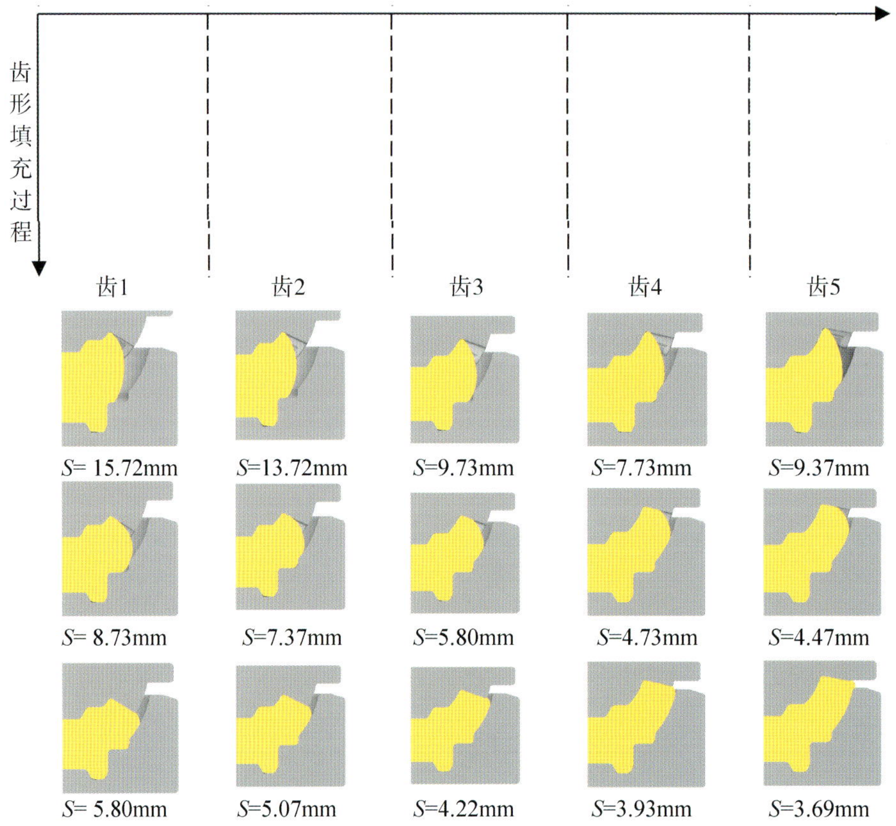

图 7-8　方案 1 下的直齿非圆锥齿轮各齿成形过程

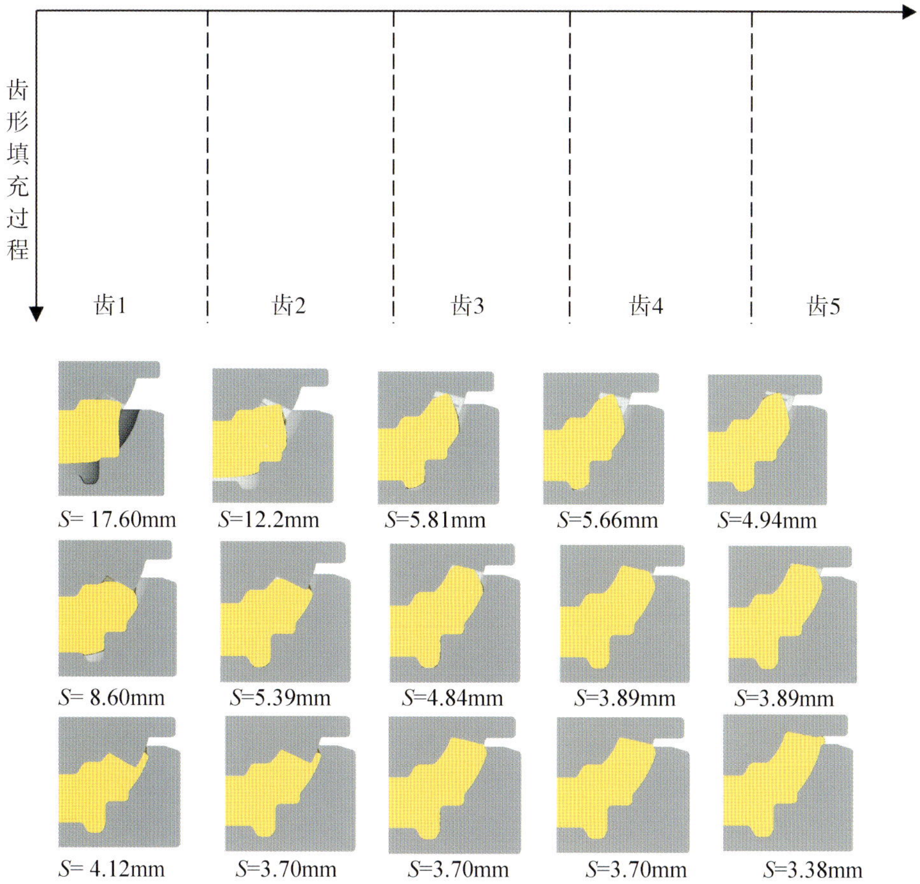

图 7-9　方案 2 下的直齿非圆锥齿轮各齿成形过程

在方案 2 条件下，由于坯料的高径比较小，坯料在热锻成形过程中无明显的镦粗成形过程，直接开始成形齿，如图 7-7(b)所示。随着热锻成形过程的继续，金属不断流入齿形型腔。与方案 1 相似，飞边同样首先在椭圆齿轮短轴处大端齿形处产生，如图 7-7(d)所示。然而，飞边产生时所有齿均未成形，这说明该方案下容易导致金属流出型腔。但随着金属流向飞边的阻力增大，迫使更多金属流向齿形模腔，从而也能够使得各齿完成填充，图 7-7(e)所示。对比图 7-6(e)和图 7-7(e)可以看出，当所有齿成形时，方案 2 的锻件飞边明显大于方案 1。此外，从图 7-7 的齿形填充过程可以看出，各齿形的最初成形区均位于齿形的中部。随着热锻成形过程的继续，金属逐渐向齿形小端和齿形大端流动。齿 1 和齿 2 的大端齿形先与小端齿形成形，并开始形成飞边。齿 3、齿 4 和齿 5 的小端齿形和大端齿形几乎同时成形。值得注意的是，在方案 2 下，各小端齿形处均容易出现一个密闭的空腔，该空腔不利于小端齿形的成形，因此需要避免。

通过以上分析得出，方案 1 的金属流动更合理，齿形更容易成形。

2. 等效应变分布对比分析

由于两种坯料设计方案下直齿非圆锥齿轮的热锻成形过程存在明显差异，必然导致锻件的变形程度及变形均匀性存在差异。图 7-10(a)为两种坯料设计方案下直齿非圆锥齿轮齿形表面上的等效应变分布云图。从图中可以看出,方案 1 下各齿形的齿根以及齿面上的大等效应变区(等效应变大于 2.75)明显大于方案 2,说明方案 1 的齿面强化程度明显高于方案 2。从各齿形与飞边交汇处的剧烈塑性变形区可以看出,方案 2 下的剧烈塑性变形区主要集中于齿 1 和齿 2 附近,而方案 1 下的剧烈塑性变形区分布相对较为均匀。导致该现象的原因是方案 1 的飞边区域金属流动较方案 2 更为均匀。

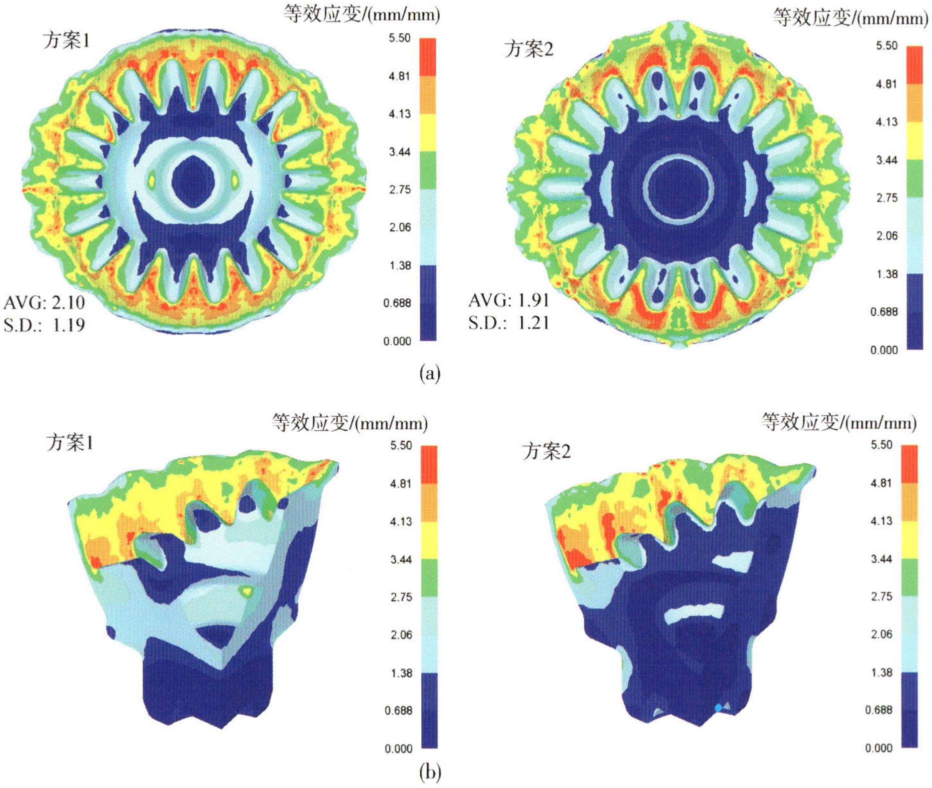

(a)齿形表面等效应变分布图;(b) 等效应变分布剖面图

图 7-10 两种毛坯设计方案下直齿非圆锥齿轮等效应变分布对比图

图 7-10(b)为直齿非圆锥齿轮等效应变剖面图。从图中可以看出,方案 1 的小等效应变区(等效应变小于 1.38)主要集中在轴杆部位,而方案 2 下的小塑性变形区几乎占据除齿形和飞边外的绝大部分区域。方案 2 的小塑性变形区明显大于方案 1。这意味着,方案 1 中参与大塑性变形的金属明显多于方案 2,金属的流动性较好,有利于齿轮的成形。此外,方案 1 下的平均等效应变大于方案 2,并且等效应变标准差小于方案 2。这说明,方案 1 下的锻件塑性变形程度更大,并且更均匀,这有利于提高直齿非圆锥齿轮的性能。

3. 温度场分布对比分析

图 7-11(a)为直齿非圆锥齿轮齿形表面上的温度分布云图。从图中可以看出,在两种设计方案下,从齿形 1 到齿形 5 温度均呈现出逐渐增大的趋势。这是因为齿形的填充过程均为从齿形 1 到齿形 5 逐步填充。越早成形的齿形,金属与模具接触的时间越久,热传导越显著,因此温度越低。然而由于在两种设计方案下变形过程存在差异,导致了锻件

温度场大小及分布存在差异。在设计方案 1 下，各齿形均从齿形小端到齿形大端逐步填充，因此温度亦从齿形小端到大端逐渐增大。然而在设计方案 2 下，齿形的初始填充位置位于齿形中部，因此各齿形上的低温区均出现在齿形中间区域。

图 7-11(b) 为直齿非圆锥齿轮温度场剖面图。从图中可以看出，在直齿非圆锥齿轮内部均出现温度高于坯料初始温度的高温区(>950℃)。这是由于塑性变形产热的累计而导致坯料内部温度升高所致。并且，在设计方案 2 下直齿非圆锥齿轮内部的高温区明显大于方案 1。这是由于设计方案 2 下的成形时间短，模具与坯料间因热传导而散失的热量相对较少。

模具上的温度分布对于预测模具的失效具有重要的指导意义。图 7-12 为两种设计方案下所对应的上模(成形齿形的模具)的温度场分布云图。从图中可以看出，模具的高温区均出现在用于成形齿形 1 齿槽所对应的区域，这是由于该区域与坯料的接触时间最长，由坯料上传递的热量最多所致。然而，设计方案 2 下，模具高温区更大，且集中于模具的尖端部分，更容易使得模具在该区域出现热疲劳失效，降低模具的使用寿命。相比之下，设计方案 1 下的模具温度分布较为均匀。

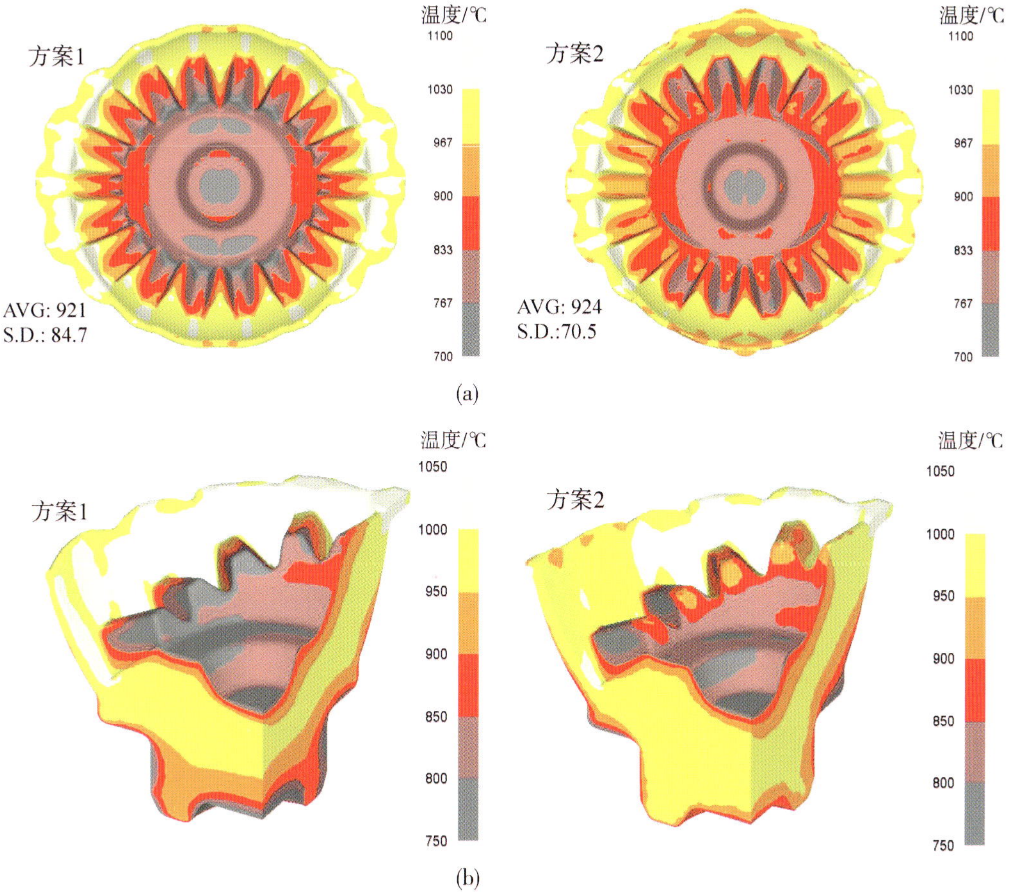

(a) 齿形表面温度分布图；(b) 温度分布剖面图

图 7-11　两种毛坯设计方案下直齿非圆锥齿轮温度分布对比图

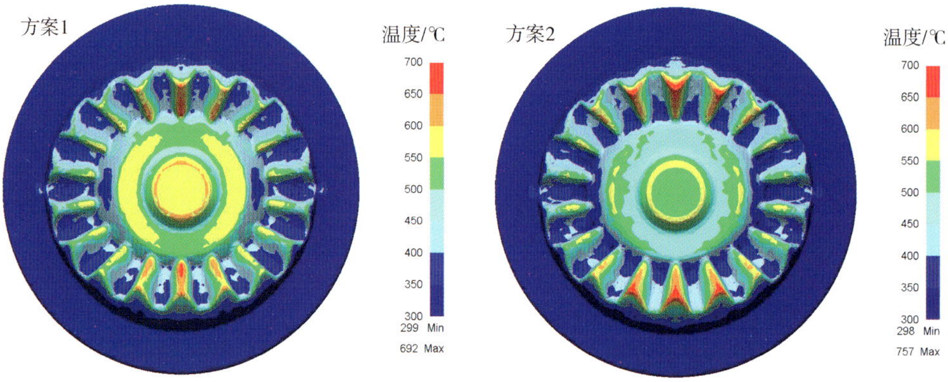

图 7-12　两种毛坯设计方案下模具温度分布对比图

4. 验证试验

根据上述有限元模拟分析结果,采用设计方案 1 所成形的直齿非圆锥齿轮不仅成形过程更合理,锻件塑性变形程度更高更均匀,并且模具上温度分布更合理,有利于提高模具寿命,因此采用设计方案 1 的坯料尺寸开展工艺试验。试验所用的模具如图 7-13 所示。选用吨位为 630t 的摩擦压力机,采用石墨乳喷涂于模具表面的润滑方式进行润滑。通过工艺试验成功获得了直齿非圆锥齿轮锻件,如图 7-14 所示。从图 7-14 可以看出,直齿非圆锥齿轮填充较好。通过对比发现,有限元模拟所得的锻件形状与工艺试验锻件形状基本一致,从而验证了有限元模拟的可靠性和坯料设计方法的合理性。

图 7-13　直齿非圆锥齿轮热锻成形实验模具

图 7-14　热锻成形的直齿非圆锥齿轮锻件

7.3　直齿非圆锥齿轮热锻成形规律

7.3.1　应力场分布与演化规律

图 7-15 为直齿非圆锥齿轮热锻成形过程中，不同模具闭合间隙下的等效应力场分布云图。图 7-16 为直齿非圆锥齿轮锻件的平均等效应力和等效应力标准差随上模行程的变化曲线。从图中可以看出，在成形初始阶段，等效应力随着上模的加载逐渐由坯料上下端面向芯部扩散，此时坯料整体平均等效应力随模具闭合间隙减小而明显增大，同时由于坯料表面与坯料芯部的等效应力存在梯度差，因此坯料整体等效应力标准差也明显增大。当进入稳定变形阶段，除齿轮轴杆部分已经基本成形外，其余部分均承受较大的等效应力。稳定成形阶段中，平均等效应力和等效应力标准差均保持较为稳定。在成形末期，模具型腔逐渐闭合，金属快速填充齿形，多余金属形成飞边，从而导致平均等效应力呈现明显增大趋势。并且齿形表面所承受的压力由于金属流动受阻而增大，使得表面应力与芯部应力梯度差明显增大，因此等效应力标准差迅速增大，坯料上的应力分布更不均匀。

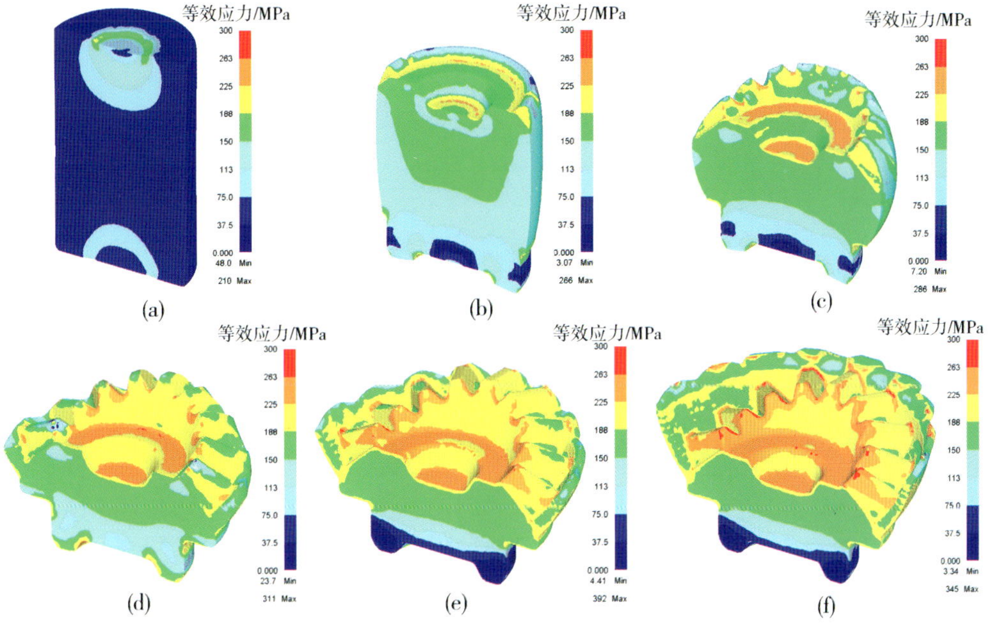

(a) S=54.68mm；(b) S=31.72mm；(c) S=13.76mm；(d) S=5.46mm；(e) S=3.93mm；(f) S=3mm

图 7-15　直齿非圆锥齿轮热锻成形过程中等效应力场演变云图

为了详细揭示直齿非圆锥齿轮上的等效应力分布规律，在各齿形上由小端齿形到大端齿形取五个等距的齿形截面，并测量各齿形截面齿廓上的等效应力分布规律。由于齿形两侧的等效应力分布规律相似，故仅取单侧齿廓进行规律揭示。图 7-17 为齿形截面选取位置示意图。图 7-18 为直齿非圆锥齿轮上各齿廓的等效应力分布规律曲线。

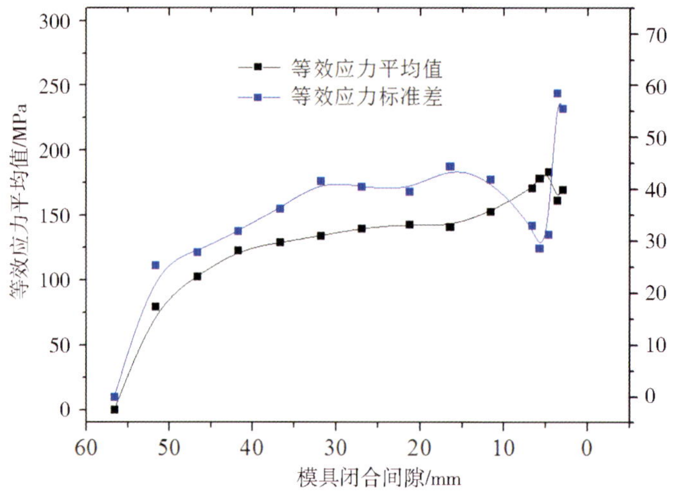

图 7-16 直齿非圆锥齿轮锻件的等效应力平均值和等效应力标准差随上模行程的变化曲线

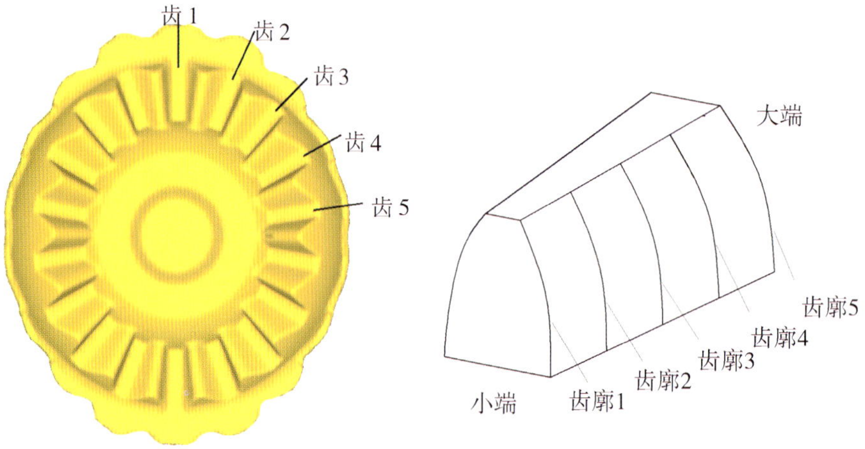

图 7-17 齿形截面选取示意图

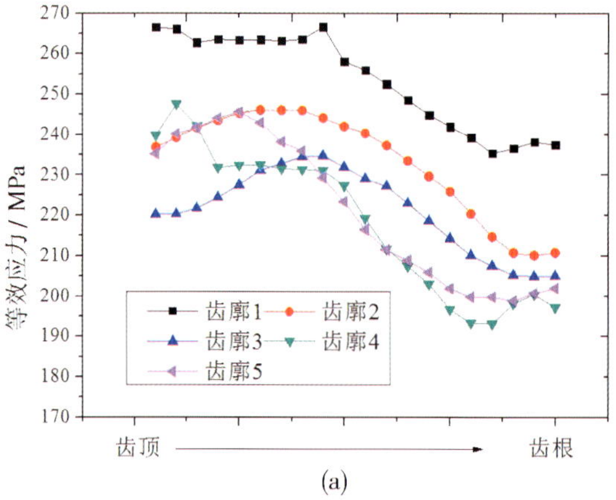

(a) 齿形 1

图 7-18 直齿非圆锥齿轮上各齿形表面的等效应力分布规律曲线

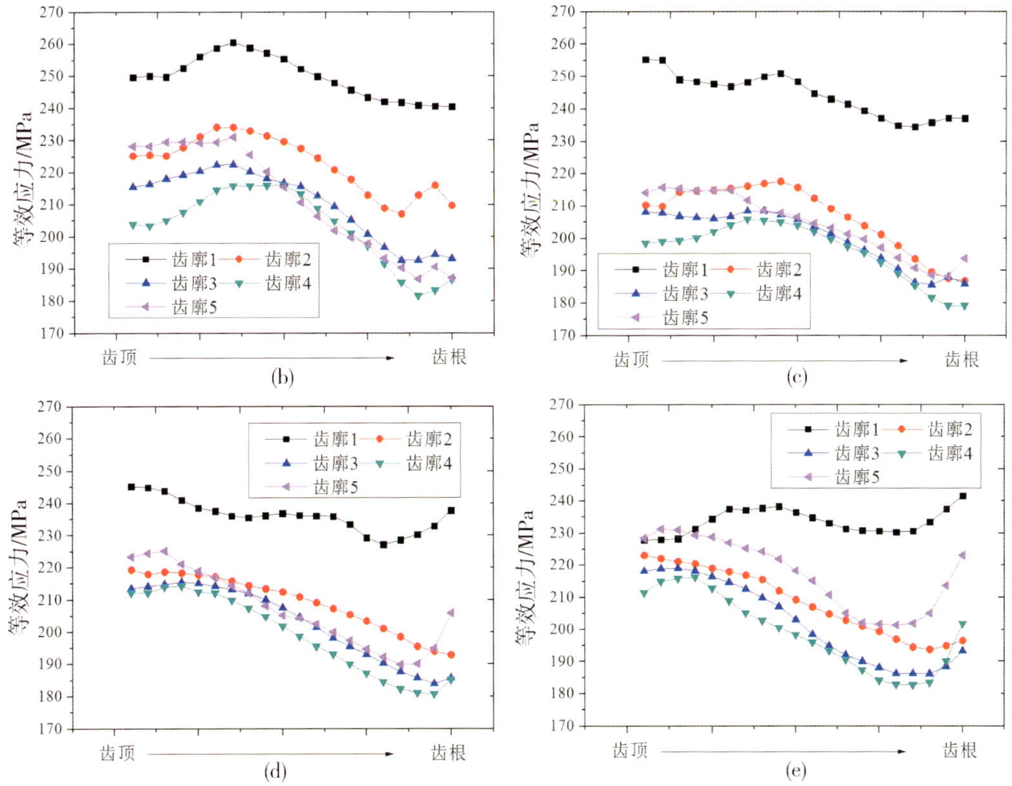

(b) 齿形 2;(c) 齿形 3;(d) 齿形 4;(e) 齿形 5

图 7-18(续)　直齿非圆锥齿轮上各齿形表面的等效应力分布曲线

从图 7-18 可以看出,每条齿廓线上,从齿顶到齿根等效应力值均呈逐渐减小趋势。对比各齿面上由小端齿形到大端齿形的等效应力曲线可以看出,从齿廓 1 到齿廓 4,等效应力值呈逐渐减小趋势,而由于齿廓 5 位于近飞边区域,该处金属流动剧烈而容易形成应力集中,因此该区域的等效应力有所增大。对比各齿面间的等效应力分布规律可以看出,由齿面 1 到齿面 5,等效应力值呈现逐渐减小的趋势,齿面等效应力平均值略有下降,同时齿面等效应力标准差也略有下降,即等效应力分布越均匀,如图 7-19 所示。

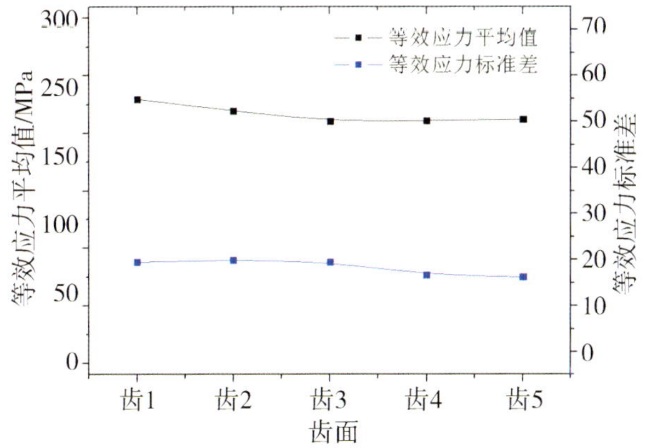

图 7-19　齿面上等效应力平均值与等效应力标准差变化曲线

7.3.2 应变场分布与演化规律

图 7-20 为不同模具闭合间隙下直齿非圆锥齿轮等效应变分布云图。从图中可以看出,随着模具闭合间隙的增大,坯料的塑性变形区逐渐由表面往芯部扩展。轴杆部分尺寸因与坯料尺寸接近,因此塑性变形程度微弱。由于齿形几何形状复杂,金属经历较大的塑性变形,因此齿形区域的等效应变值较大。各小端齿形区域由于最先成形,且成形后该区域的金属受到模具形腔的限制而几乎不再流动,因此该区域形成小等效应变区。如图 7-21 为直齿非圆锥齿轮热锻过程中等效应变平均值和等效应变标准差随模具闭合间隙的演变曲线。从图 7-21 可以看出,随着变形的进行,坯料塑性变形不断累积,同时由于齿轮形状的复杂性,导致不同区域的金属塑性变形程度存在差异,因此塑性变形越来越不均匀。

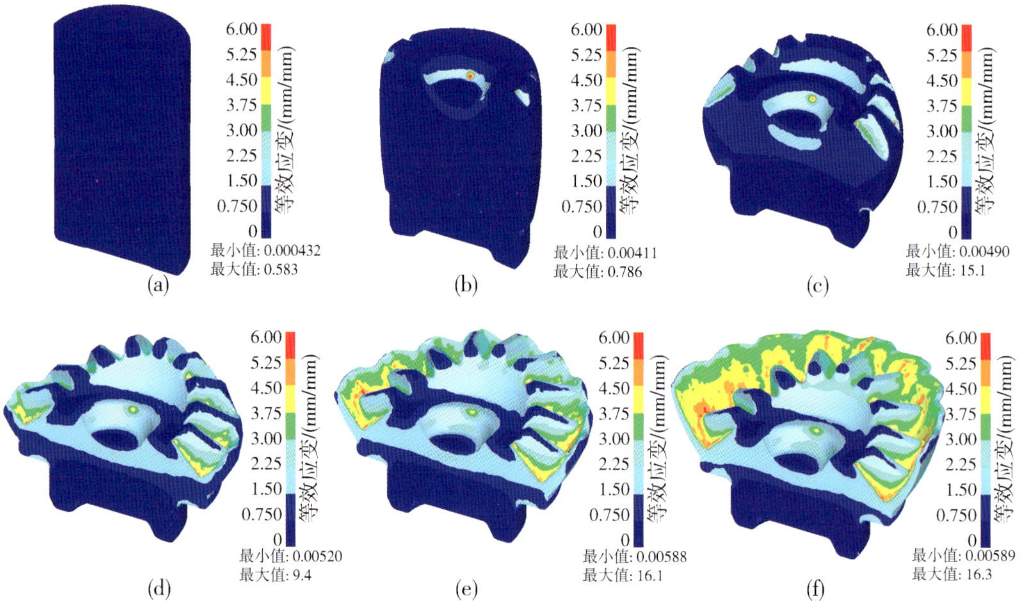

(a) $S=54.68$mm; (b) $S=31.72$mm; (c) $S=13.76$mm; (d) $S=5.46$mm; (e) $S=3.93$mm; (f) $S=3$mm

图 7-20 不同模具闭合间隙下直齿非圆锥齿轮等效应变分布云图

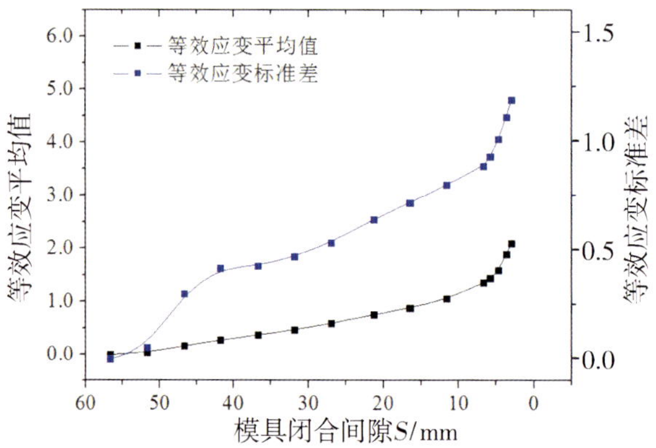

图 7-21 直齿非圆锥齿轮热锻成形过程中等效应变平均值与等效应变标准差演变曲线

图 7-22 为直齿非圆锥齿轮上各齿形表面等效应变分布规律曲线。由该图可以看出，各齿廓线上，由齿顶到齿根的等效应变值呈逐渐增大趋势。这是由于形成齿形的金属均是从齿根部位逐渐向齿顶型腔流动，因此齿根部位的金属经历了更剧烈的塑性变形，等效应变值不断增加。各齿面上，由小端齿形到大端齿形等效应变值呈逐渐增大趋势。为了对比各齿形间的等效应变分布规律，分析了从齿形 1 到齿形 5 齿面等效应变平均值和等效应变标准差的变化规律，如图 7-23 所示。从图 7-23 可以看出，从齿形 1 到齿形 5，齿面等效应变平均值略有增大，而齿面等效应变标准差却明显减小，即齿面等效应变分布越均匀。

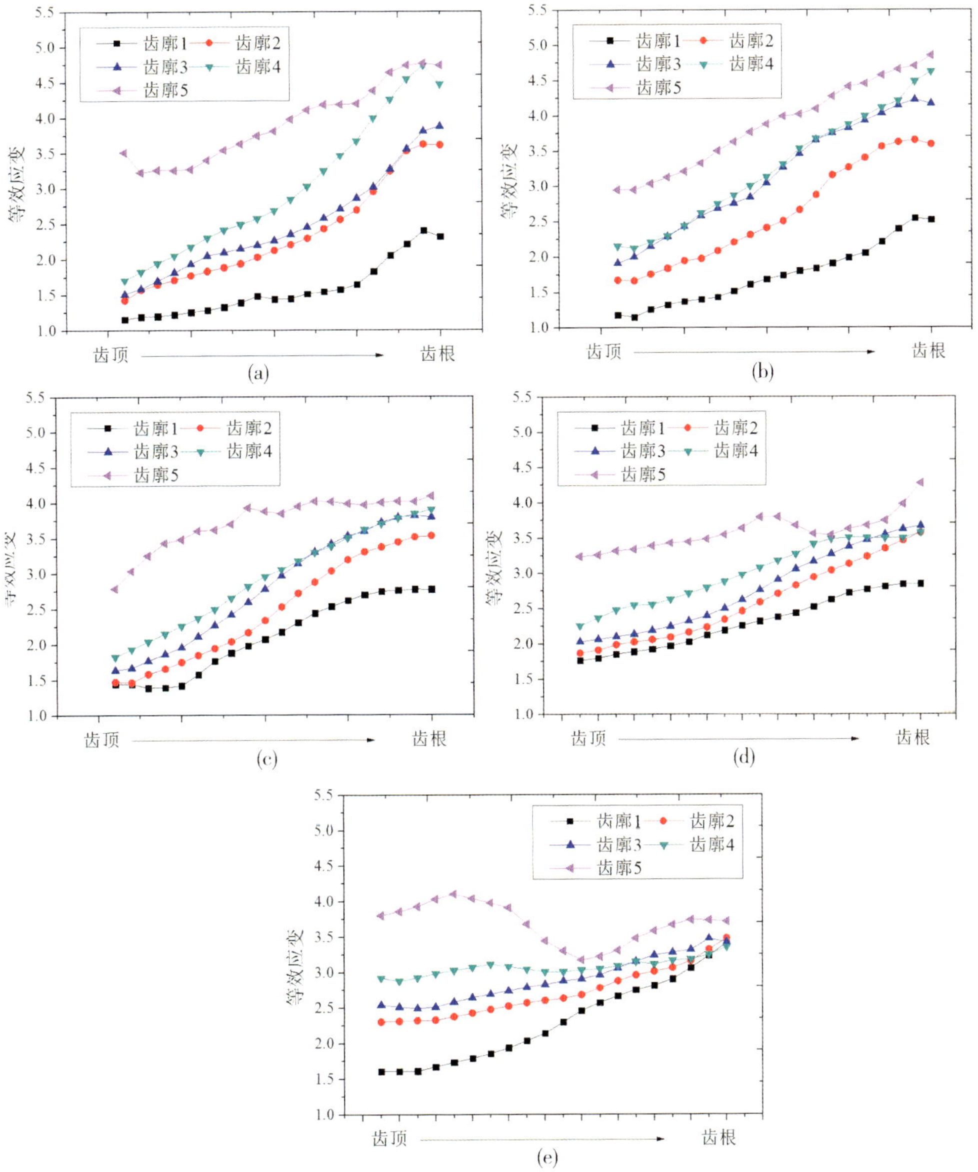

(a) 齿形 1；(b) 齿形 2；(c) 齿形 3；(d) 齿形 4；(e) 齿形 5

图 7-22　直齿非圆锥齿轮上各齿形表面等效应变分布规律曲线

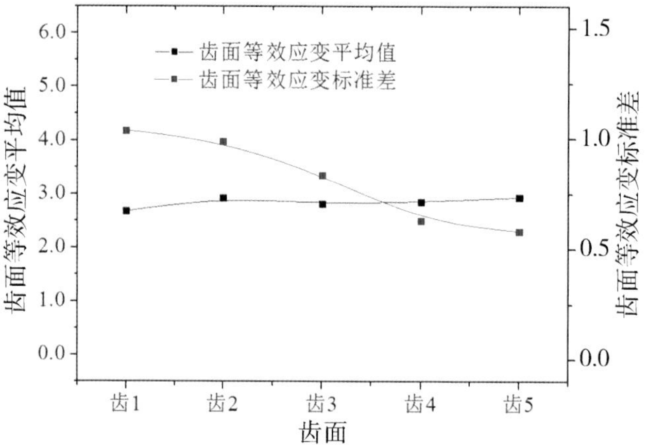

图 7-23 直齿非圆锥齿轮各齿面上等效应变平均值与等效应变标准差曲线

7.3.3 温度场分布与演化规律

图 7-24 为直齿非圆锥齿轮热锻成形过程中温度场变化演变云图。从图中可以看出，由于模具与坯料间存在明显温差，导致坯料表面金属的热量迅速热传导到模具上，因此坯料上下表面的温度明显降低。其次，坯料上部内部区域出现大于坯料初始温度的升温区，且随着模具闭合间隙的减小，升温区的范围逐渐扩大。该升温区的出现是由于塑性变形产热所致，且随着塑性变形程度的不断增大，升温区也不断扩大。对比图 7-24 与图 7-20 可以看出温度场分布与等效应变分布有相似趋势，亦是由于塑性变形产热对温度场影响所致。此外，飞边出现后，由于飞边金属的塑性变形非常剧烈，因此飞边的温度明显高于齿形区域温度。

图 7-25 为直齿非圆锥齿轮温度平均值与温度标准差随模具闭合间隙的变化曲线。从图 7-25 可以看出，随着模具闭合间隙的不断减小，温度平均值首先呈降低趋势，这是因为坯料与模具间热传导所散失的热量大于因塑性变形所产生的热量所致。在成形末期，由于塑性变形剧烈而导致塑性变形产热迅速增多，同时坯料与模具间的温差减小而导致热传导所散失的热量减少，因此锻件温度平均值迅速增大。其次，坯料的温度标准差随模具闭合间隙的减小而逐渐增大，这是由于坯料表面温度降低而坯料芯部温度升高，因此导致坯料温度均匀性明显下降所致。在成形末期，由于飞边的形成，导致温度均匀性进一步降低。

直齿非圆锥齿轮上各齿形表面温度分布规律曲线如图 7-26 所示。从图中可以看出，各齿廓线上，由齿顶到齿根温度均呈逐渐增大趋势。这是由于沿齿顶到齿根塑性变形程度逐渐增大。其次，对比同个齿形上不同齿廓线间的差异可以看出，从小端齿形到大端齿形，温度均呈现逐渐增高的趋势。这是因为齿形的填充顺序是从小端齿形向大端齿形逐渐完成，因此与模具的接触时间逐渐减小，同时由小端齿形到大端齿形的塑性变形程度逐渐增强，因此从小端齿形到大端齿形的温度逐渐增高。此外，由齿形 1 到齿形 5，齿面温度平均值明显增大，而温度均匀性变化不大，如图 7-27 所示。

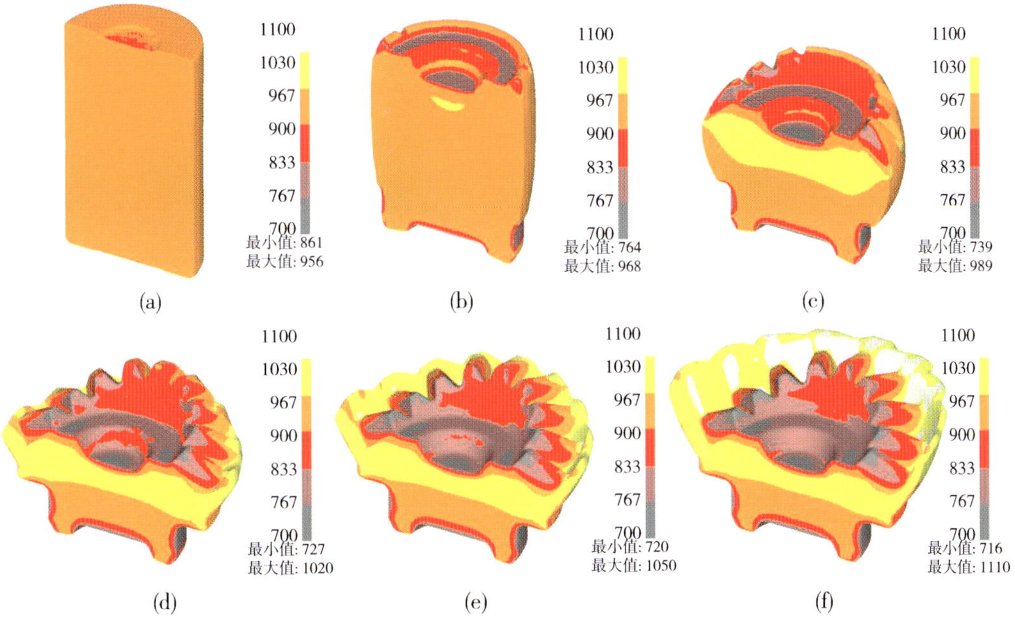

(a) $S=54.68$mm(b);$S=31.72$mm;(c);$S=13.76$mm;(d)$S=5.46$mm;(e)$S=3.93$mm;(f)$S=3$mm

图 7-24　直齿非圆锥齿轮热锻成形过程中温度场演变云图

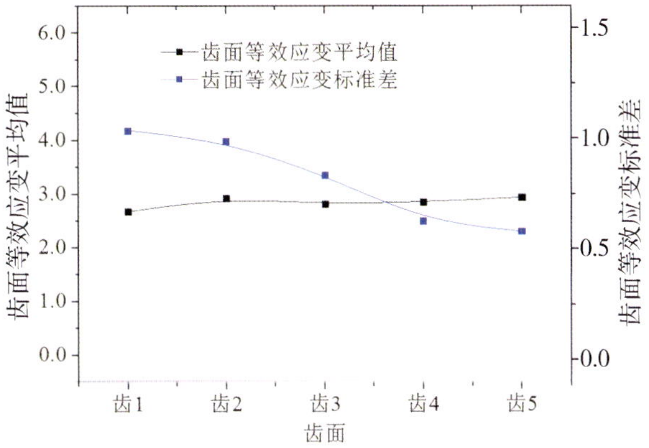

图 7-25　直齿非圆锥齿轮温度平均值与温度标准差随模具闭合间隙的变化曲线

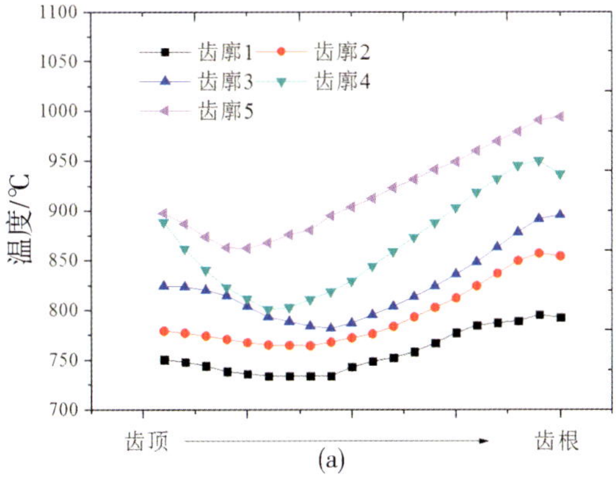

图 7-26　直齿非圆锥齿轮上各齿形表面温度分布规律规律曲线

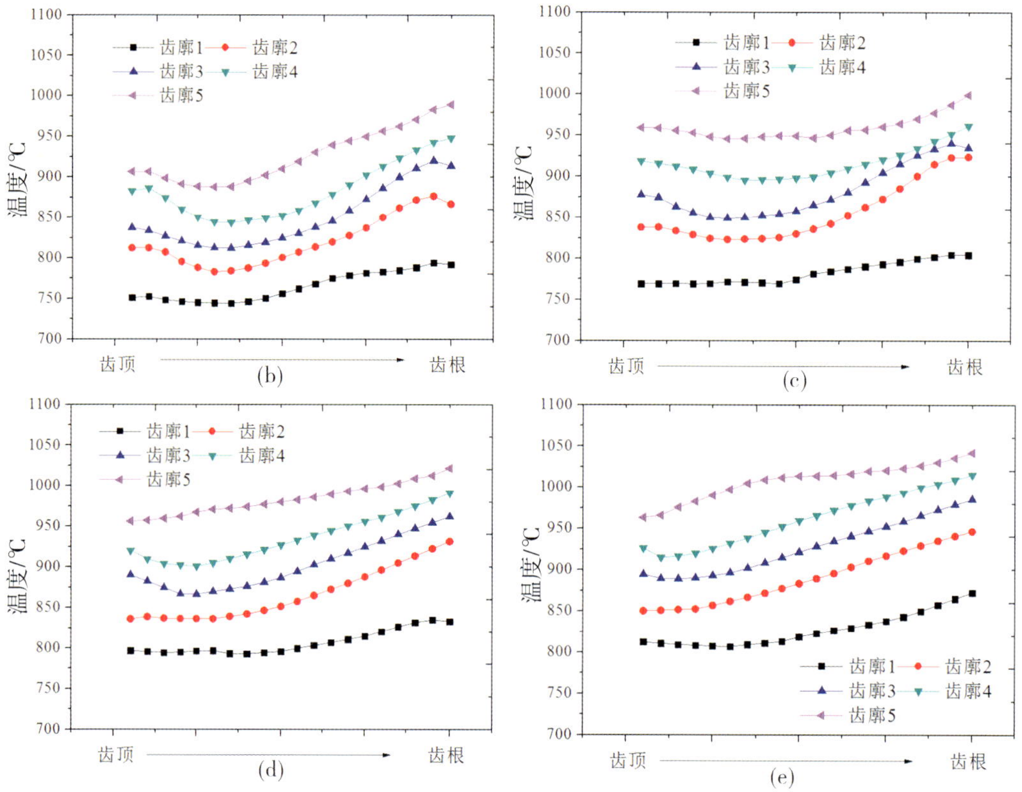

图 7-26(续) 直齿非圆锥齿轮上各齿形表面温度分布曲线

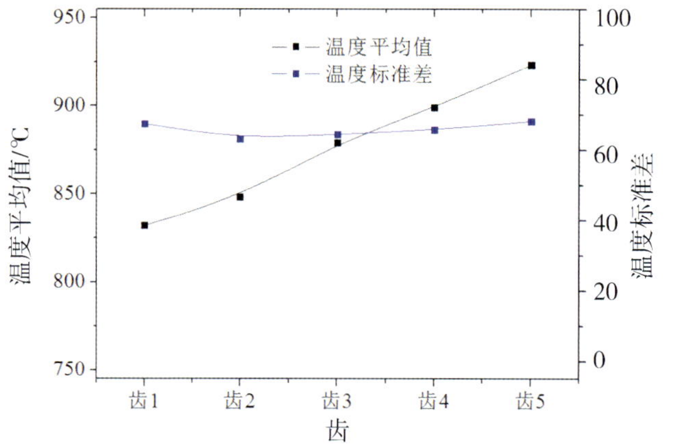

图 7-27 直齿非圆锥齿轮各齿面上温度平均值与温度标准差曲线

7.4 工艺参数对直齿非圆锥齿轮热锻成形的影响规律

7.4.1 研究方案

为了研究直齿非圆锥齿轮热锻成形过程中主要工艺参数对锻件成形性能的影响规律,本章节通过有限元模拟方法,研究上模进给速度 v,坯料与模具间的摩擦因子 m 以及

坯料初始温度 T_0 对直齿非圆锥齿轮锻件的等效应变、等效应力、温度以及力能参数的影响规律。具体研究方案如下：

方案 1：为了研究上模进给速度 v 对直齿非圆锥齿轮热锻成形的影响，设定 $m=0.3$，$T_0=950$℃，选取 $v=\{20,40,60,80,100\}$ mm/s 进行分析；

方案 2：为了研究坯料与模具间的摩擦因子 m 对直齿非圆锥齿轮热锻成形的影响，设定 $v=100$mm/s，$T_0=950$℃，选取 $m=\{0.1,0.3,0.5,0.7,0.9\}$ 进行分析。

方案 3：为了研究坯料初始温度 T_0 对直齿非圆锥齿轮热锻成形的影响，设定 $v=100$mm/s，$m=0.3$，选取 $T_0=\{850,900,950,1000,1050\}$ ℃进行分析。

7.4.2　工艺参数对等效应变影响规律

图 7-28 为不同工艺参数下直齿非圆锥齿轮等效应变分布云图。从图 7-28(a)可以看出，上模进给速度 v 对直齿非圆锥齿轮等效应变分布影响不大。从图 7-28(b)可以看出，随着摩擦因子的增大，飞边上的等效应变因金属流动阻力增大而有所增大，而小端齿形齿顶区域以及上表面中部区域的小等效应变区随摩擦因子 m 的增大而增大。从图 7-28(c)可以看出，坯料初始温度 T_0 对直齿非圆锥齿轮等效应变分布及大小无明显影响。

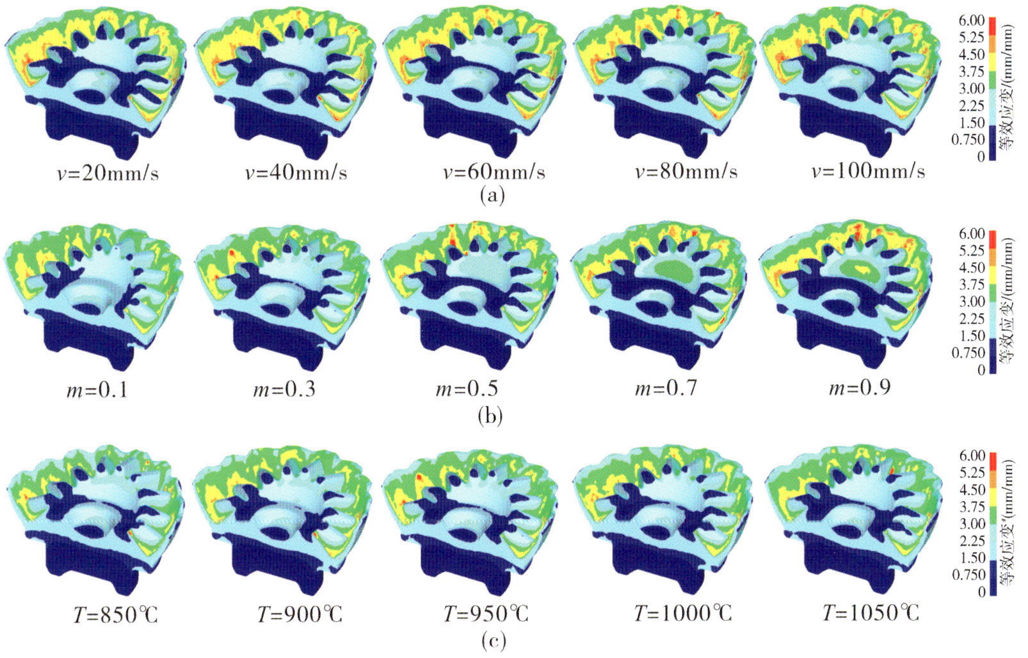

(a)上模进给速度 v 对等效应变影响规律；(b)摩擦因子 m 对等效应变影响规律；

(c)坯料初始温度 T_0 对等效应变影响规律

图 7-28　不同工艺参数对直齿非圆锥齿轮等效应变影响规律

7.4.3　工艺参数对温度分布影响规律

图 7-29 为不同工艺参数对直齿非圆锥齿轮温度影响规律。从图 7-29(a)可以看出，随着上模进给速度 v 的增大，整个直齿非圆锥齿轮的表面温度均呈逐渐升高趋势。这是

由于随着上模进给速度 v 的增大,成形时间明显缩短,因此坯料上因热传导而散失到模具上的热量明显减少。从图 7-29(b)可以看出,随着摩擦因子 m 的增大,飞边上的温度明显升高,同时齿形表面的温度也略有升高。摩擦因子 m 仅对齿轮表面温度分布有所影响,对其芯部的温度分布几乎没有影响。从图 7-29(c)可以看出,随着坯料初始温度 T_0 的增大,直齿非圆锥齿轮温度明显增高。

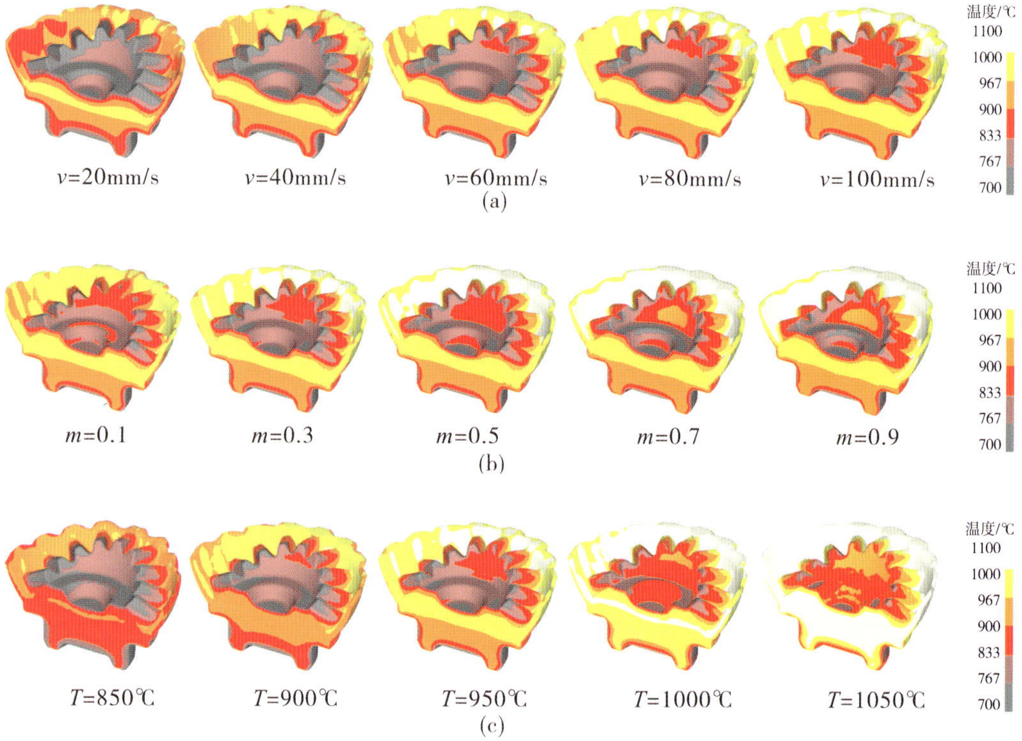

(a)上模进给速度 v 对等效应变影响规律;(b)摩擦因子 m 对等效应变影响规律;

(c)坯料初始温度 T_0 对等效应变影响规律

图 7-29　不同工艺参数对直齿非圆锥齿轮温度影响规律

7.4.4　工艺参数对成形载荷影响规律

从图 7-30(a)可以看出,随着上模进给速度 v 的逐渐增大,直齿非圆锥齿轮热锻成形载荷逐渐增大。这是因为随着上模进给速度 v 增大,单位时间内参与塑性变形的金属增多,从而导致消耗的能量增多,如图 7-30(b)所示。从图 7-30(c)可以看出,随着摩擦因子 m 的逐渐增大,直齿非圆锥齿轮热锻成形载荷和消耗功逐渐增大,这是由金属流动阻力增大造成的。从图 7-30(e)可以看出,随着坯料初始温度 T_0 的增大,直齿非圆锥齿轮热锻成形载荷和消耗功逐渐减小,这是由金属材料变形抗力逐渐减小造成的。

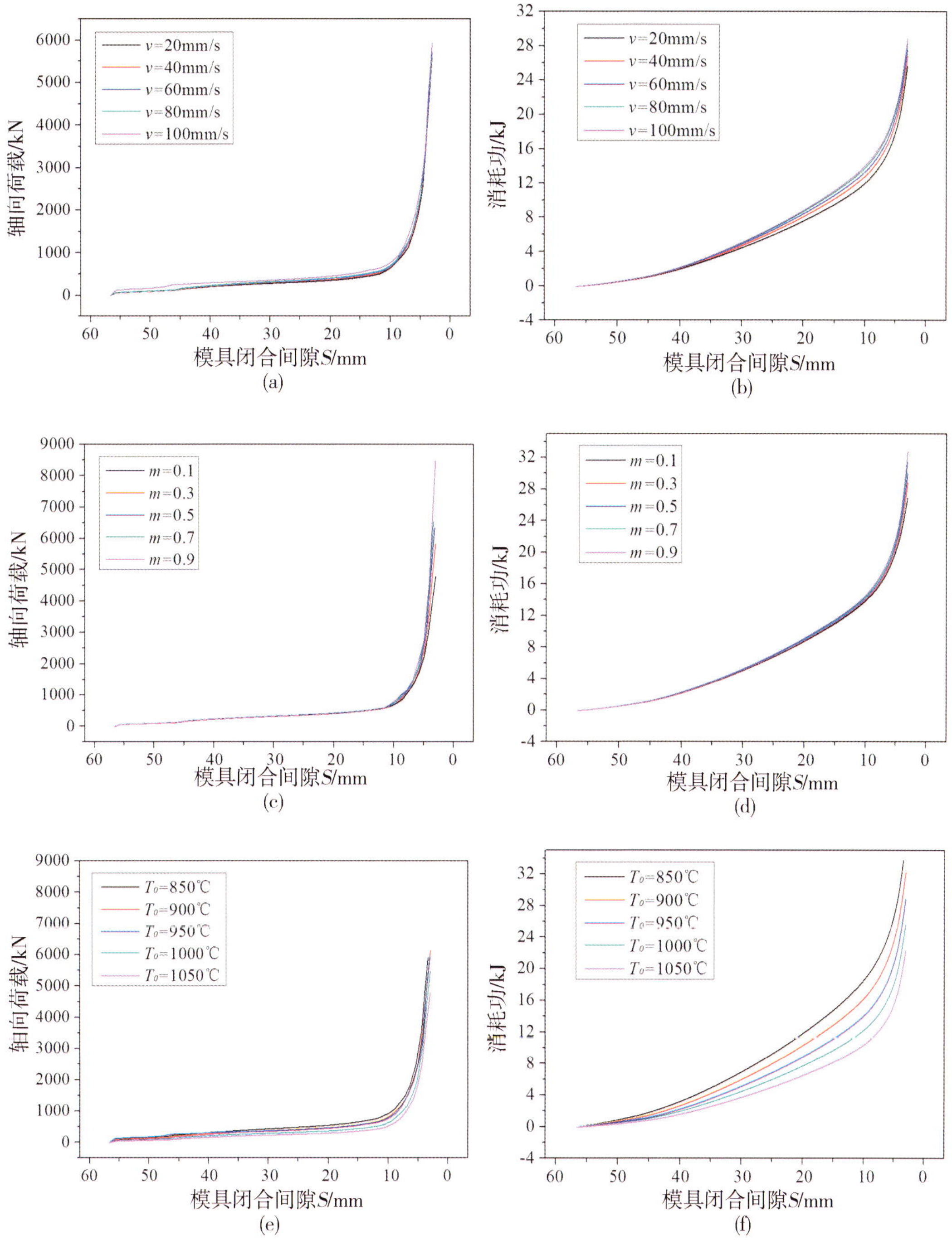

(a)上模进给速度 v 对成形载荷影响;(b)上模进给速度 v 对消耗功影响;
(c)摩擦因子 m 对成形载荷影响;(d)摩擦因子 m 对消耗功影响;
(e)坯料初始温度 T_0 对成形载荷影响;(f)坯料初始温度 T_0 对消耗功影响

图 7-30　不同工艺参数对直齿非圆锥齿轮热锻成形载荷影响规律

7.5 直齿非圆锥齿轮热锻成形精度演化规律与控制方法

7.5.1 直齿非圆锥齿轮热锻齿轮齿形偏差产生因素

直齿非圆锥齿轮热锻成形齿形偏差的产生主要包括以下几个因素。

(1)齿模预紧变形:模具预紧过程中,在模具预应力圈的作用下,齿模型腔将发生弹性变形,从而引入齿形偏差。

(2)齿模受载弹性变形:锻造过程中,齿模型腔将在成形力的作用下发生弹性变形,从而引入齿形偏差。

(3)齿模热膨胀变形:锻造过程中,由于模具与锻件间的热传导,导致模具表面温度升高产生热膨胀,从而引入齿形偏差。

(4)热锻齿轮回弹变形:锻件出模后,锻件内的应力将被释放发生回弹变形,从而引入齿形偏差。

(5)热锻齿轮冷却收缩变形:锻件出模后,在冷却过程中发生收缩变形,从而引入齿形偏差。

7.5.2 直齿非圆锥齿轮热锻成形中齿形精度演化规律

1. 齿模预紧变形所致齿形偏差演化规律

从图 7-31、图 7-32 可以看出,齿模预紧变形导致齿形型腔大部分区域的齿面法向偏差为正偏差,这说明齿形型腔齿面向齿形型腔内部偏移,对应的热锻齿轮的齿面向齿内偏移,因此热锻齿轮齿面位置偏差为负偏差。从图 7-31、图 7-32 还可以看出,从齿 1 到齿 9,齿形型腔齿面法向偏差先增大后减小,相应的热锻齿轮齿面位置偏差先增大后减小。由于齿模预紧导致齿形型腔齿面形状发生变形,最终导致锻造齿形的齿面产生齿面形状偏差 φ,如图 7-33 所示。从图 7-33 可以看出,各齿面上的偏差 φ 沿齿向方向[齿形小端(toe)到齿形大端(heel)]和沿齿廓方向[齿顶(tip)到齿根(root]均向齿内偏移。齿面形状偏差最大幅值为 $\Delta\varphi = 32\mu m$,小于齿面位置偏差最大幅值 $\Delta\delta = 68\mu m$,说明齿模预紧变形对直齿非圆锥齿轮齿面位置偏移的影响比对齿面形状变化的影响更显著。

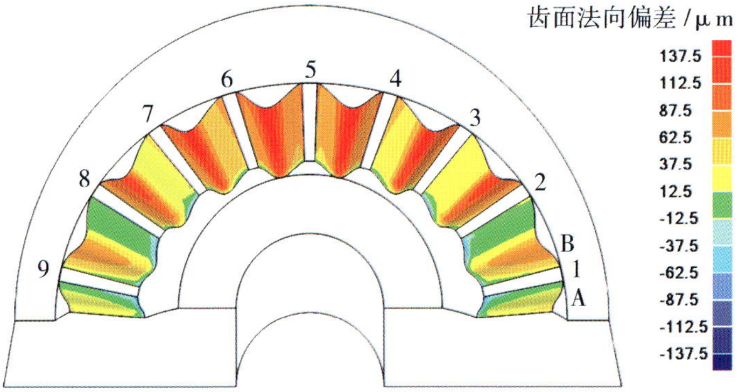

图 7-31 齿模预紧所致齿形型腔齿面法向偏差

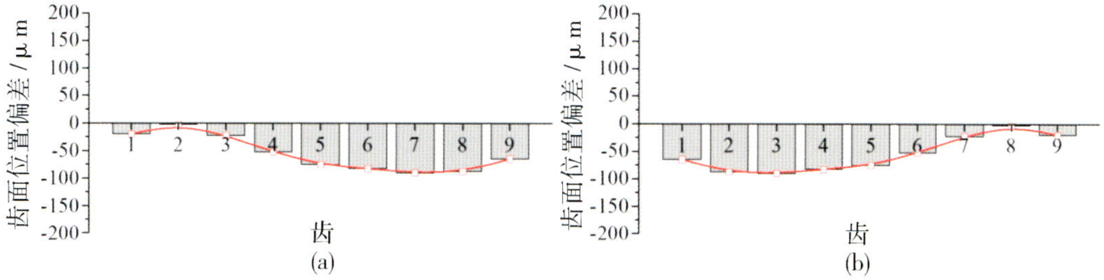

(a)A 齿面;(b)B 齿面

图 7-32　齿模预紧所致齿形型腔齿面法向偏差

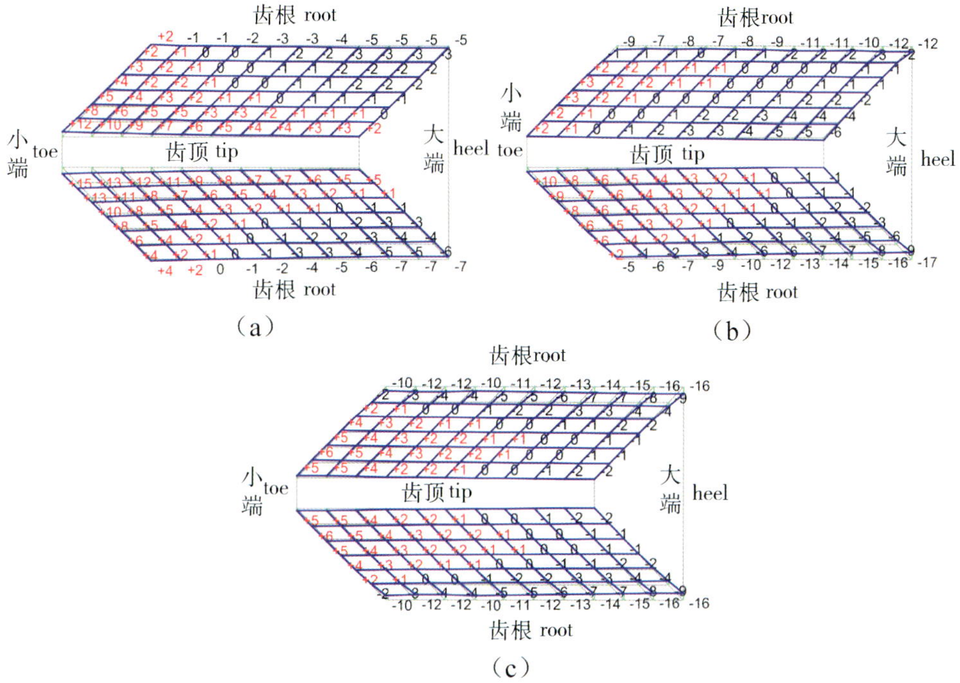

(a)齿 1;(b)齿 3;(c)齿 5

图 7-33　齿模预紧变形所致热锻齿轮齿面形状偏差

2. 齿模受载弹性变形所致齿形偏差演化规律

图 7-34 为齿模受载弹性变形所致齿形型腔齿面法向偏差。可以看出齿模左侧齿形(齿 1~齿 4)的 A 齿面法向偏差明显大于 B 齿面法向偏差,齿模右侧齿形(齿 6~齿 9)的 B 齿面法向偏差明显大于 A 齿面法向偏差,这说明在成形载荷的作用下,齿形型腔呈从直齿非圆锥齿轮短轴端向长轴端偏移的趋势。由于齿面的偏移,导致热锻齿轮从齿 1 到齿 9 的齿面位置偏差 δ 呈类正弦曲线变化规律,如图 7-35 所示。从图 7-36 可以看出,热锻齿轮在齿向方向上齿面偏差 φ 基本呈向内偏移的变化趋势,这是由于越接近齿形大端的齿形型腔越大,金属流动越容易,金属流动阻力相对减小,因此齿面变形相对较小。在齿廓方向上基本呈逐渐向齿形外偏移的趋势,这是由于齿顶的型腔受到齿模基体的限制,弹性变形较小,而越往齿根方向,齿形型腔离基体越远,因弹性变形所致的位移越明显。此外,齿面形状偏差最大幅值为 $\Delta\varphi = 42\mu m$,明显小于齿面位置偏差最大幅值 $\Delta\delta =$

193μm,说明齿模受载弹性变形对直齿非圆锥齿轮齿面位置偏移程度的影响明显比对齿面形状变化程度的影响更显著。

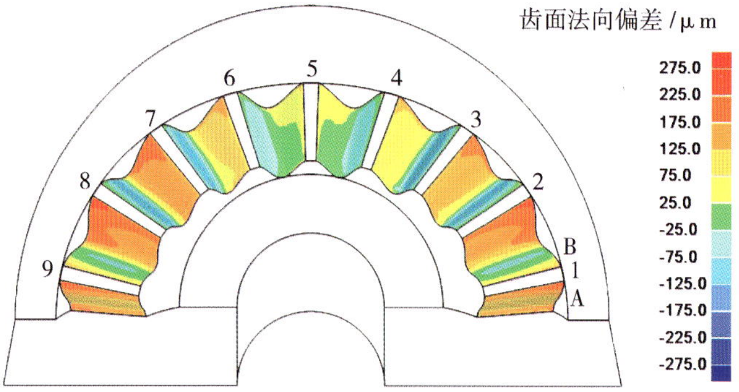

图 7-34 齿模受载弹性变形所致齿形型腔齿面法向偏差

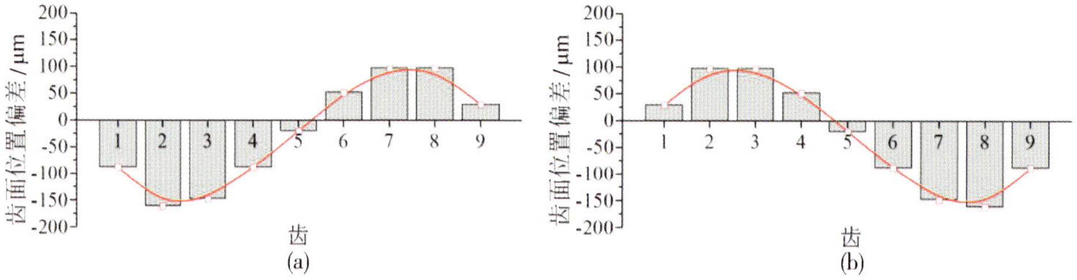

(a)A 齿面;(b)B 齿面

图 7-35 齿模受载弹性变形所致热锻齿轮齿面位置偏差

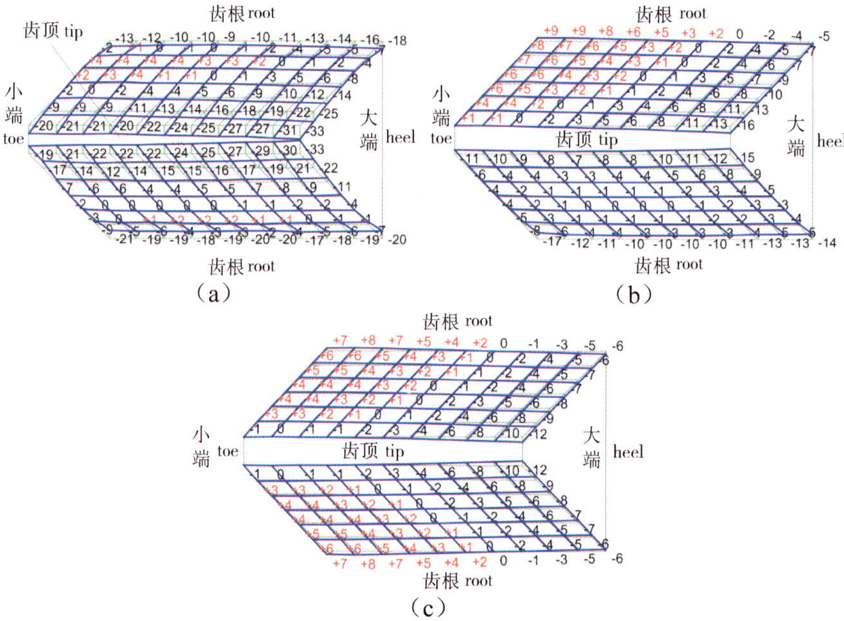

(a)齿 1;(b)齿 3;(c)齿 5

图 7-36 齿模受载弹性变形所致热锻齿轮齿面形状偏差

3. 齿模热膨胀变形所致齿形偏差演化规律

图 7-37 为齿模不均匀热膨胀所致的齿形型腔齿面法向偏差。从图中可以看出,整个

齿形型腔齿面法向偏差以负偏差为主，这说明模具热膨胀导致齿形型腔齿面向齿模内部偏移，对应的锻造齿轮齿面将向齿形外部偏移，因此锻造齿形齿面位置偏差基本呈正偏差，如图 7-38 所示。从图 7-38 可以看出，整体的齿面位置偏差值均小于 16μm，说明齿模热膨胀变形对齿面位置偏移程度影响微弱。从图 7-39 可以看出，齿模热膨胀变形导致的各齿面的 φ 偏差沿齿向方向呈逐渐增大的趋势，但沿齿廓方向呈逐渐减小的趋势。这是因为从齿形小端到齿形大端的模具温度呈下降趋势，从齿顶型腔到齿根型腔的模具温度呈逐渐增大趋势，越高的模具温度导致越大的模具膨胀变形，进而导致上述的锻造齿形齿面形状偏差分布规律。从整个齿面 φ 偏差分布云图可以看出，齿面形状偏差最大幅值 $\Delta\varphi = 10\mu m$，说明齿模热膨胀变形对热锻齿轮的齿面形状影响不显著。

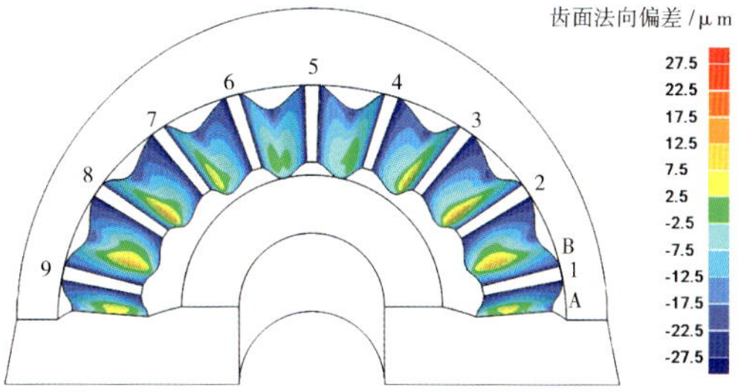

图 7-37　齿模热膨胀变形所致齿形型腔齿面法向偏差

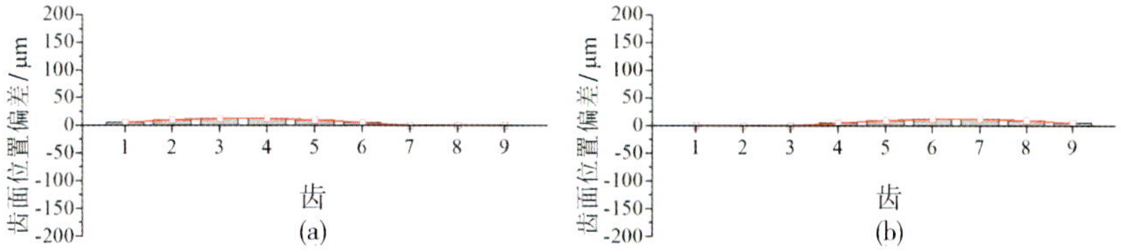

(a) A 齿面；(b) B 齿面

图 7-38　齿模热膨胀所致热锻齿轮齿面位置偏差

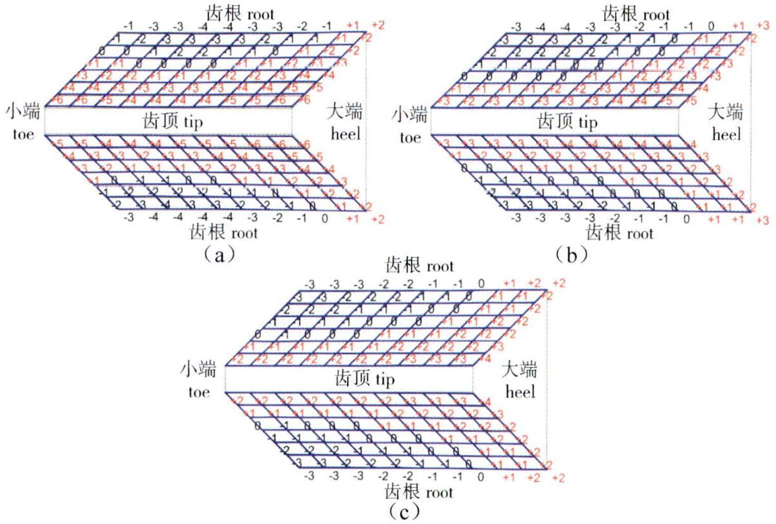

(a) 齿 1；(b) 齿 3；(c) 齿 5

图 7-39　齿模热膨胀变形所致热锻齿轮齿面形状偏差

4. 热锻齿轮回弹变形所致齿形偏差演化规律

图 7-40 为热锻齿轮回弹变形所致齿面法向偏差。从该图可以看出,齿面法向偏差基本呈正偏差,这说明齿面因回弹变形而向齿形外部偏移,因此相应的齿面位置偏差 δ(图 7-41)基本呈正偏差。图 7-40 中各齿的 A、B 齿面法向偏差呈明显的不对称分布。左侧部分的齿 A 齿面法向偏差明显大于 B 齿面;右侧部分的齿 B 齿面法向偏差明显大于 A 齿面,这表明各齿形沿齿轮短轴端向长轴端偏移。从图 7-41 可以看出,从齿 1 到齿 9 热锻齿轮 A、B 齿面的 δ 偏差均呈类正弦曲线的变化规律。图 7-42 为热锻齿轮回弹变形所致齿面形状偏差 φ。从该图可以看出,各齿面 φ 偏差沿齿向方向均呈逐渐减小的趋势,即所有齿面均主要呈现从齿形大端到齿形小端逐渐翘起的趋势。在齿廓方向上,靠近齿形小端区域的 φ 偏差呈先减小后增大的趋势,并且越靠近齿形大端区域的 φ 偏差沿齿廓方向的波动越小。此外,热锻齿轮回弹变形所致齿面形状偏差最大幅值约为 36μm,远小于齿面位置偏差最大幅值 84μm,说明热锻齿轮回弹变形对齿面位置偏移的影响程度比对齿面形状变化程度的影响更显著。

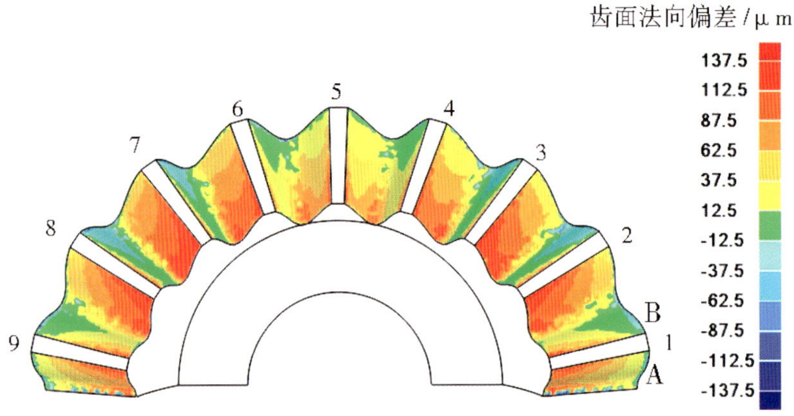

图 7-40 热锻齿轮回弹变形所致齿面法向偏差

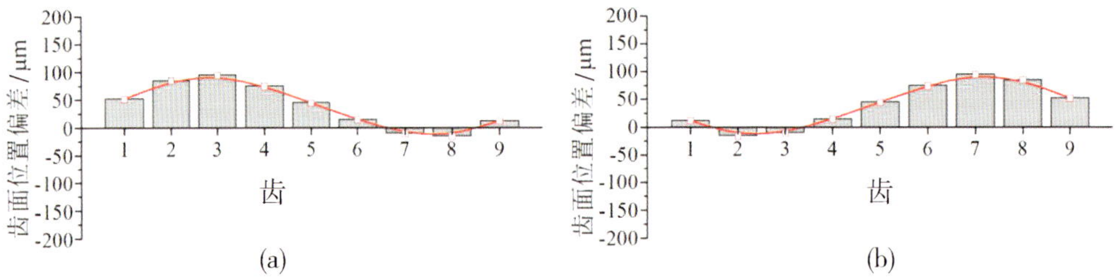

(a) A 齿面;(b) B 齿面

图 7-41 齿模热膨胀变形所致热锻齿轮齿面形状偏差

5. 热锻齿轮不均匀冷却收缩变形所致齿形偏差演化规律

图 7-43 为热锻齿轮不均匀冷却收缩变形所致齿面法向偏差。从该图可以看出,各齿面上大部分区域法向偏差呈正偏差,说明热锻齿轮不均匀冷却收缩变形后齿面略往齿形外侧偏移。这是因为该直齿非圆锥齿轮体积较小,热锻成形过程中齿形型腔内的金属所含热量少,在与齿形型腔接触后迅速散失到齿模中,因此齿形部分的温度显著降低。然

而,由于齿形内的温度场相比坯料初始温度的降幅均在 100℃以内,因此温度场不均匀分布对齿形冷却收缩变形的影响并不显著,热锻齿轮齿面形状偏差均小于 10μm,如图 7-44 所示。从图 7-44 可以看出,各热锻齿形齿面形状偏差分布规律相似,均呈现沿齿廓方向和齿向方向略有减小的规律,但齿面形状偏差最大幅值仅为 $\Delta\varphi=9\mu m$。此外,从图 7-45 可以看出,热锻齿轮各齿面位置偏差 $\delta\leqslant 20\mu m$。上述规律说明不均匀冷却收缩变形对齿面位置和齿面形状的影响均很小。

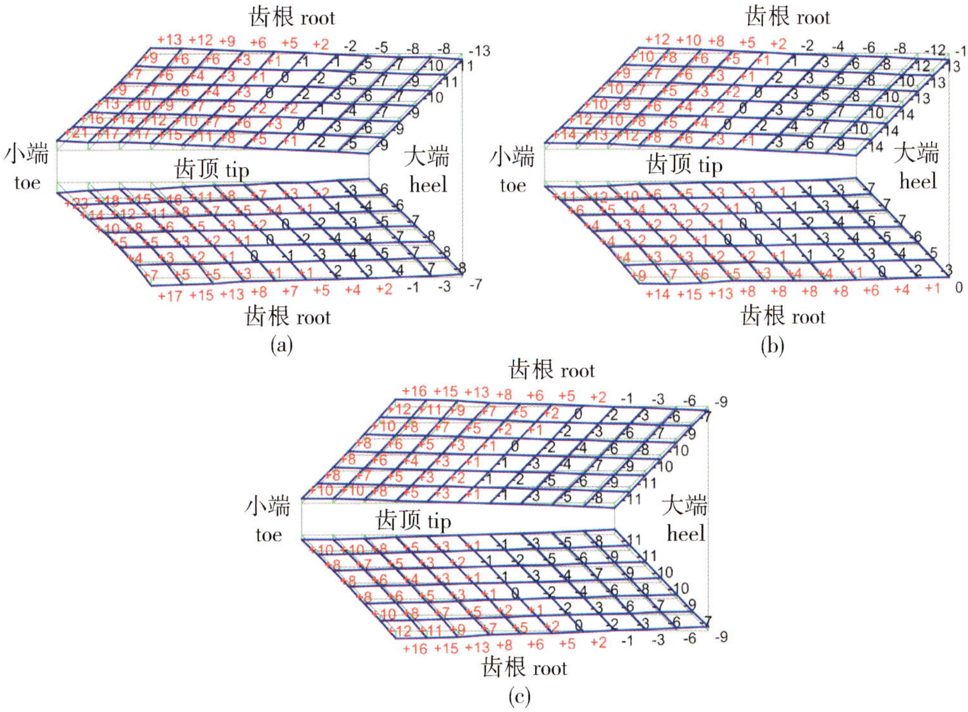

(a)齿 1;(b)齿 3;(c)齿 5

图 7-42　热锻齿轮回弹变形所致齿面形状偏差

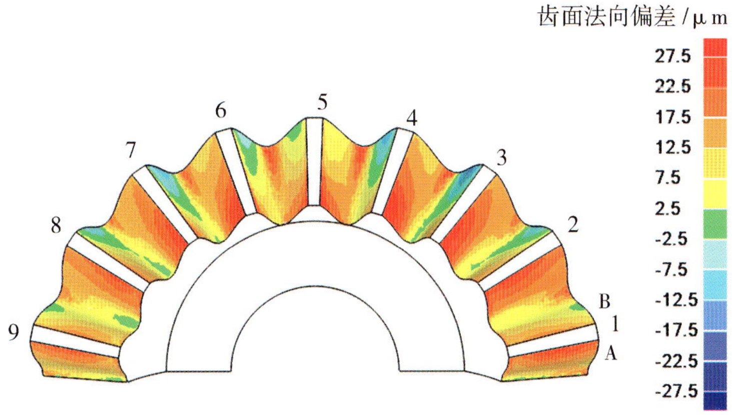

图 7-43　热锻齿轮冷却收缩变形所致齿面法向偏差

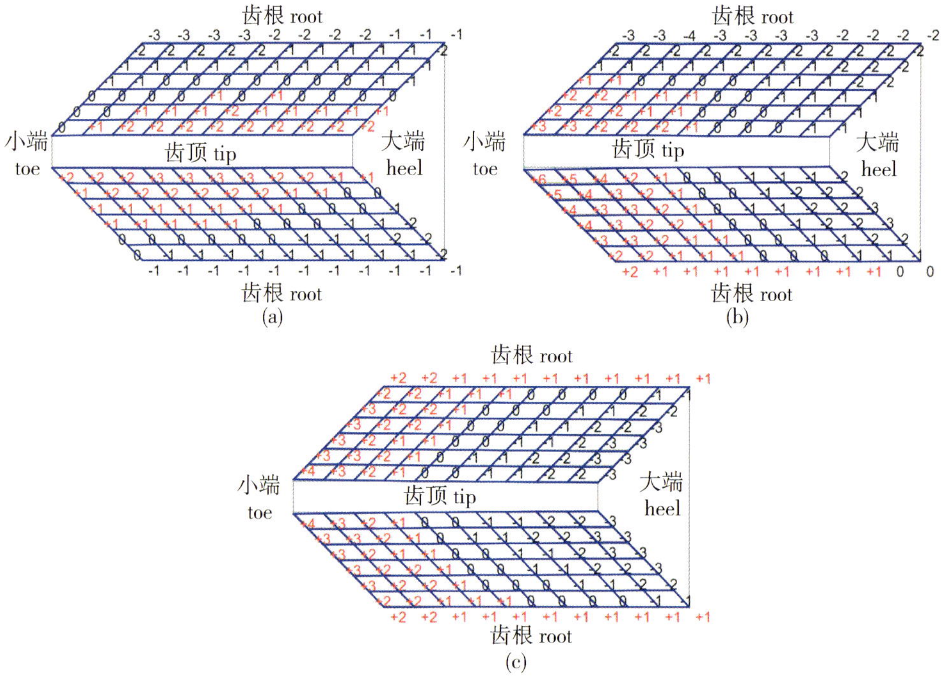

(a)齿 1;(b)齿 3;(c)齿 5

图 7-44　热锻齿轮冷却收缩变形所致齿面形状偏差

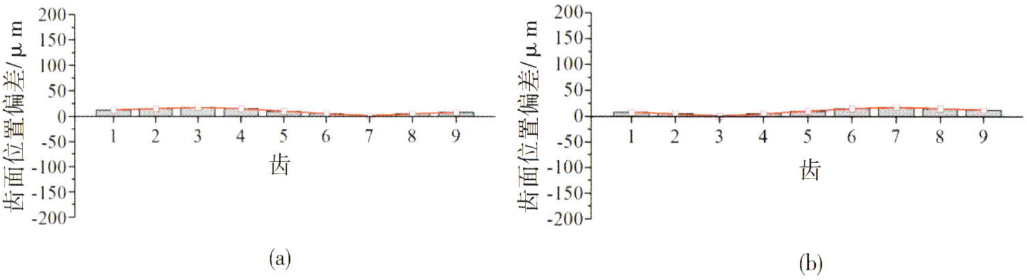

(a)A 齿面;(b)B 齿面

图 7-45　热锻齿轮冷却收缩变形所致齿面位置偏差

6. 各因素影响程度对比分析

图 7-46 为热终锻齿轮各齿面形状偏差 φ。从该图可以看出,所有齿面的 φ 偏差沿齿向方向和齿廓方向均呈向齿形内部偏移的趋势,并且沿齿向方向上的 φ 偏差变化幅度明显大于齿廓方向,说明热锻齿形齿向方向上的齿面形状变化更为显著。为了对比不同产生因素对 φ 偏差的作用程度,以所有齿面上 φ 偏差的标准差作为衡量指标进行对比分析,如图 7-47 所示。从该图可以看出,导致热锻齿轮齿面形状变化主要因素为齿模受载弹性变形、热锻齿轮回弹变形和齿模预紧变形。模具的热膨胀变形和热锻齿轮不均匀冷却收缩变形对齿面形状的影响相对较小。图 7-48 为热终锻齿轮齿面位置偏差 δ。从该图可以看出,δ 偏差曲线同样呈类正弦曲线的变化规律,这是因为各产生因素的影响规律均呈类正弦曲线规律所致。为了对比不同产生因素对 δ 偏差的影响程度,取各因素所致 δ 偏差绝对值的平均值进行对比分析,如图 7-47 所示。从该图可以看出,导致热锻齿轮齿

面位置变化的主要因素为齿模受载弹性变形,齿模预紧变形和热锻齿轮回弹变形。模具的热膨胀变形和热锻齿轮不均匀冷却收缩变形同样对 δ 偏差的影响较小。

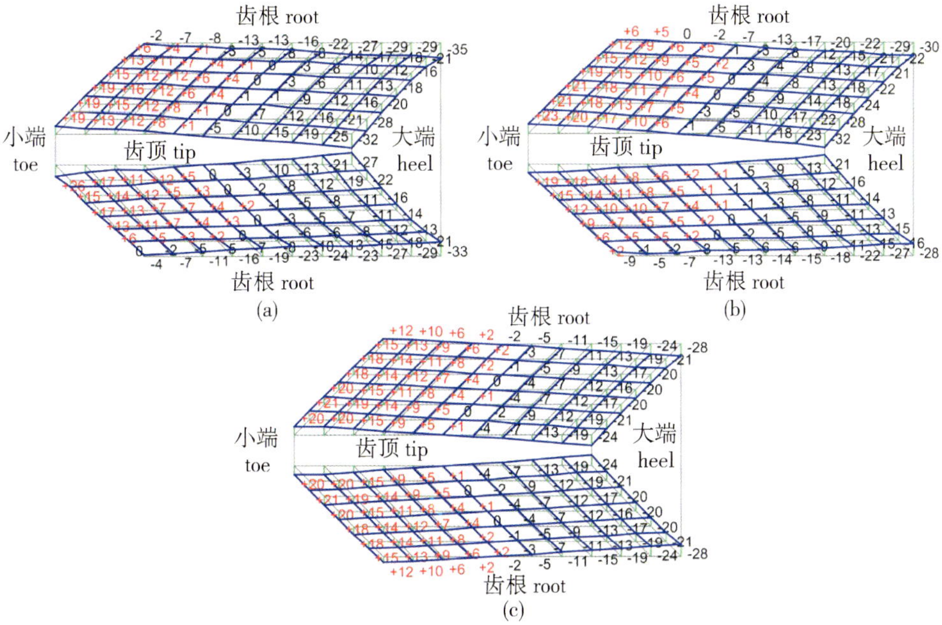

(a)齿 1;(b)齿 3;(c)齿 5

图 7-46　热终锻齿轮齿面形状偏差

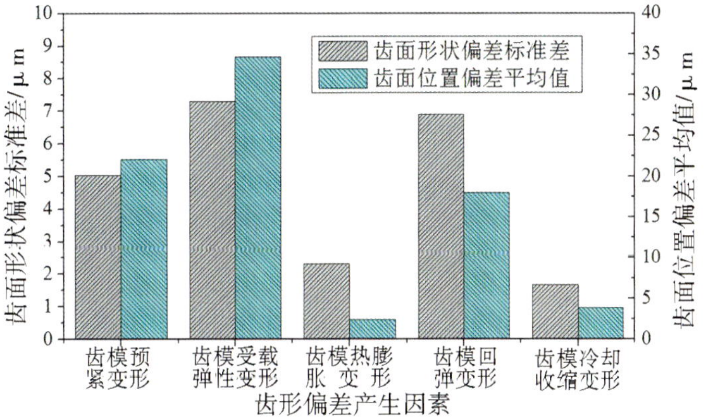

图 7-47　不同产生因素所致热终锻齿轮齿形偏差对比图

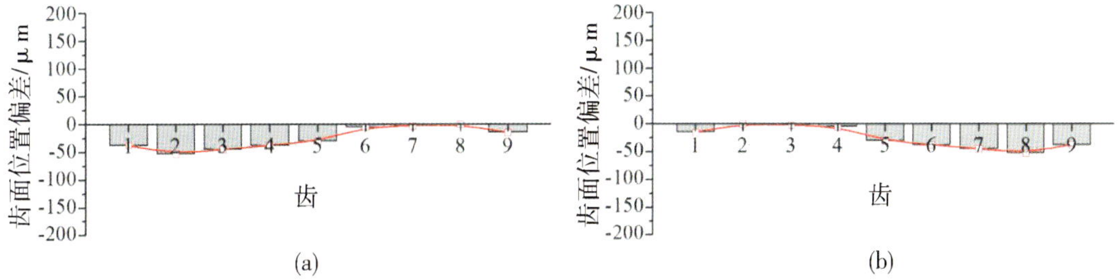

(a)A 齿面;(b)B 齿面

图 7-48　热终锻齿轮齿面位置偏差

7.5.3 系统误差对热锻直齿非圆锥齿轮精度影响规律

1. 关键系统误差定义

预紧量加工误差 e_{oval}：由于加工机床误差、刀具与夹具受载变形误差等众多因素的影响，应力圈内径和齿模外径存在加工误差，将实际加工所得的预紧量与理论设计的预紧量之间的加工误差定义为预紧量加工误差 e_{oval}，如图 7-49 所示。本节以加工误差中最为典型的椭圆形误差为研究对象开展预紧量加工误差 e_{oval} 对齿形精度影响规律研究，同时研究齿模之间的方位角 ψ_1 对齿形精度影响规律。

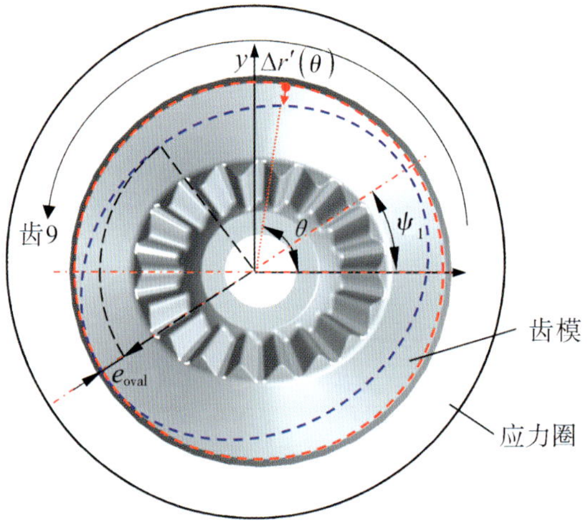

图 7-49 预紧量加工误差示意图

预紧偏轴度误差 e_{incl}：在齿模与应力圈压配过程中，齿模压入应力圈的方向与齿模轴线间产生偏差角，使得齿模受到不均匀预紧力而产生齿形精度误差。本研究将齿模压入方向与齿模轴线间的偏差角定义为预紧偏轴度误差，如图 7-50 所示。本节研究偏差与齿模型腔间的方位角 ψ_2 对齿形精度影响规律。

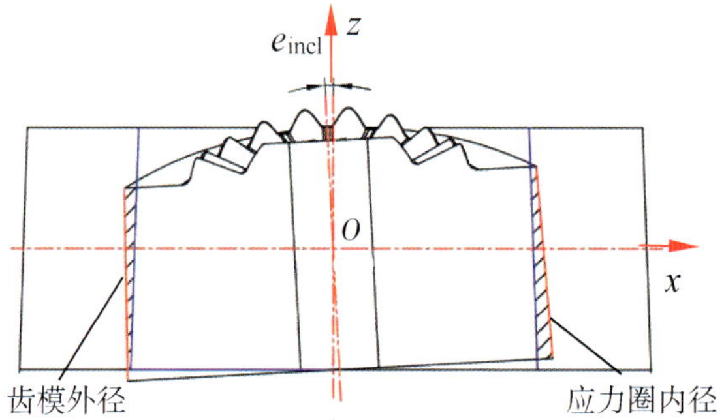

图 7-50 预紧偏轴度误差示意图

模具平行度误差 e_{paral}：在直齿非圆锥齿轮热锻成形过程中，上下模间不满足相互平行关系，即存在水平度误差 e_{paral}，如图 7-51 所示。e_{paral} 偏差的方位角 ψ_3 对齿形精度存在影响，本节将分析不同 ψ_3 下 e_{paral} 偏差对齿形精度影响规律。

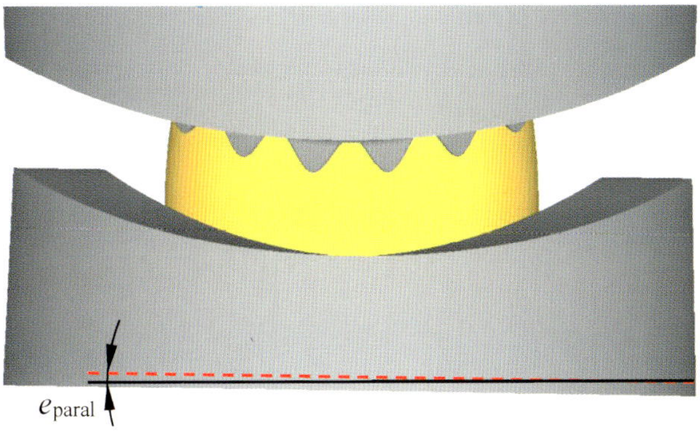

图 7-51　上下模平行度误差示意图

2.预紧量加工误差对齿形精度影响规律

从图 7-52 可以看出，e_{oval}所致的直齿非圆锥齿轮偏差曲线呈类正弦曲线趋势，并且存在两个 δ 偏差演化周期。这是由于从齿形型腔长轴到短轴方向上，齿形型腔越突出，齿模受到预紧力后的变形越显著。随着 e_{oval} 的增大，δ 曲线的波动幅值明显增大，但 e_{oval} 的增大对曲线的整体变化趋势影响微弱。

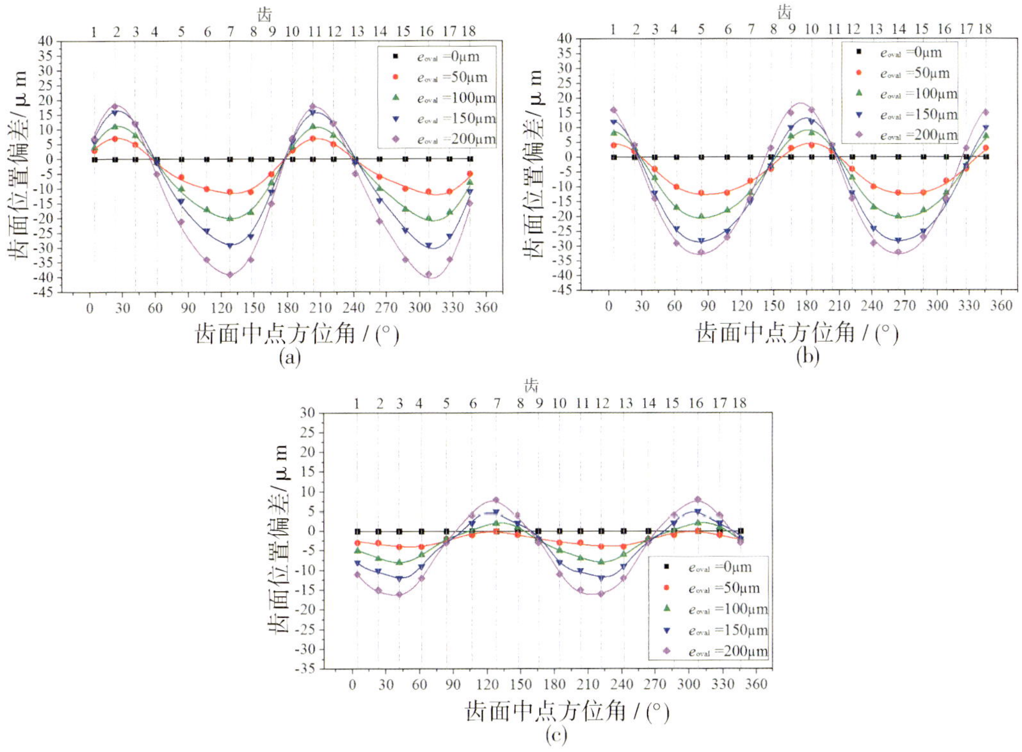

(a)$\psi_1 = 0°$；(b)$\psi_1 = 45°$；(c)$\psi_1 = 90°$

图 7-52　e_{oval}对直齿非圆锥齿轮齿面位置偏差影响

从图 7-53 可以看出，随着应力圈方位角 ψ_1 的增大，曲线的位置明显发生偏移，表明 ψ_1 的改变将影响各齿间 δ 的相对变化趋势。随着 ψ_1 的增大，曲线的波动幅度呈先减小后增大的趋势，即当应力圈椭圆长轴与直齿非圆锥齿轮长轴越接近正交，齿面位置偏差曲线的波动幅度越小。较小的齿面位置偏差曲线波动幅度意味着越小的齿距累积偏差较小，因此直齿非圆锥齿轮精度损失越小。

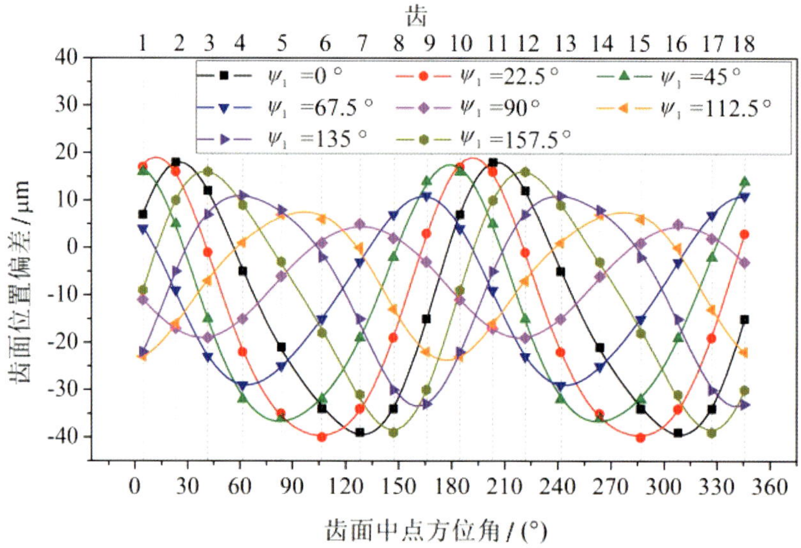

图 7-53 e_{oval} 方位角 ψ_1 对齿面位置偏差影响

从图 7-54 可以看出，随着 e_{oval} 的增大，齿距累积偏差呈线性增大的趋势，随着 ψ_1 的增大，齿距累积偏差呈类余弦函数变化规律。

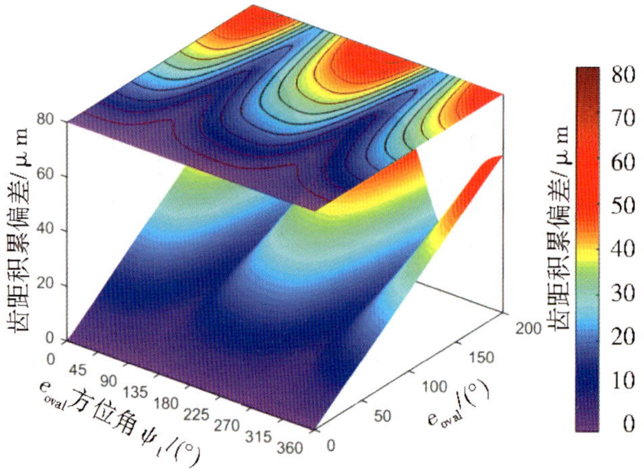

图 7-54 e_{oval} 及其方位角 ψ_1 对齿距累积偏差影响云图

3. 预紧偏轴度误差对齿形精度影响规律

从图 7-55 可以看出，随着 e_{incl} 的增大，各齿的齿面位置偏差均呈增大趋势，但并不影响偏差演化曲线的变化规律，这是因为在给定 ψ_2 条件下，仅改变不会改变齿模所承受的预紧力分布规律，仅改变预紧力的大小。

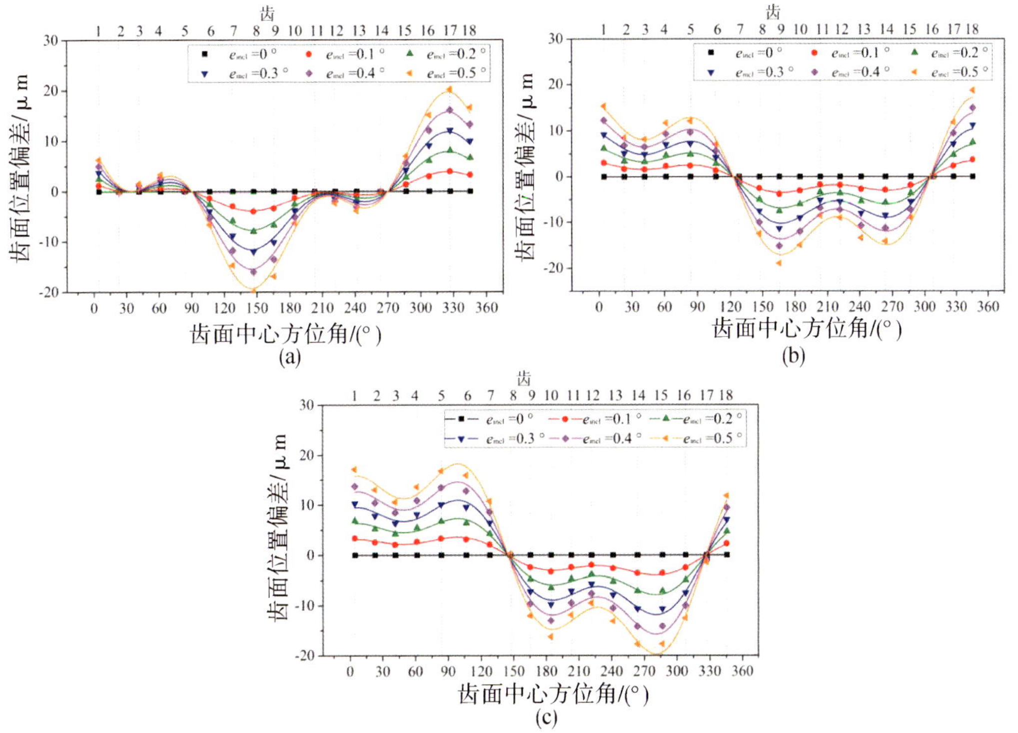

(a)$\psi_1=0°$;(b)$\psi_1=45°$;(c)$\psi_1=90°$

图 7-55　e_{incl}对齿面位置偏差影响

从图 7-56 可以看出,e_{incl}的方位角 ψ_2 对曲线的变化趋势有显著影响。这说明不同 ψ_2 下各齿间的齿面偏移趋势存在显著差异。这是由于各齿面中点的方位角与 ψ_2 的相对位置随着 ψ_2 的改变而发生改变所致。其次,ψ_2 对曲线的波动幅度影响并不明显,这说明 ψ_2 对齿距累积偏差的影响微弱。图 7-57 为及其方位角 ψ_2 对齿距累积偏差影响云图,从该图可以看出,随着 e_{incl}的增大,齿距累积偏差呈线性增大的趋势。随着 ψ_2 的增大,齿距累积偏差略有波动,但波动较小,说明 ψ_2 对齿距累积偏差的影响并不显著。

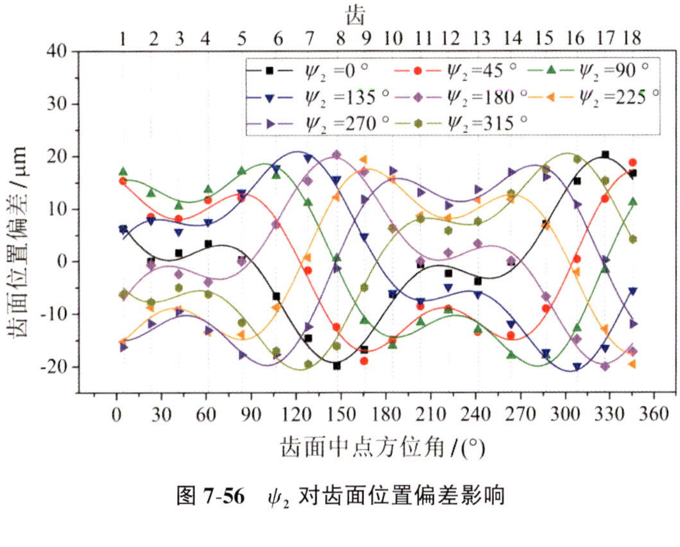

图 7-56　ψ_2 对齿面位置偏差影响

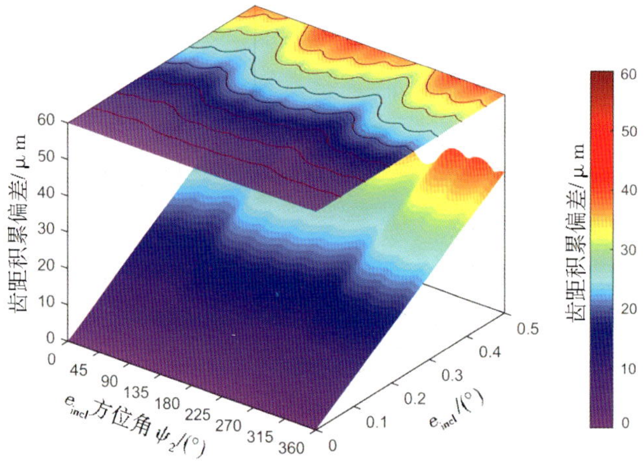

图 7-57　e_{incl}及其方位角 ψ_2 对齿距累积偏差影响云图

4. 模具平行度误差对齿形精度影响规律

从图 7-58 可以看出，随着 e_{paral}的增大，各齿的齿面位置偏差均呈增大趋势，这是由于 e_{paral}的增大导致齿模和锻件上所受到的偏载越明显，因此各齿面由于偏载所造成的偏移程度越显著。但在给定 e_{paral}方位角 ψ_3 条件下，e_{paral}的增大并不影响 δ 偏差演化曲线的变化规律，这是因为 e_{paral}的改变不会改变齿模和齿轮锻件受到偏载的方向，因此不会对 δ 曲线的变化规律造成影响。

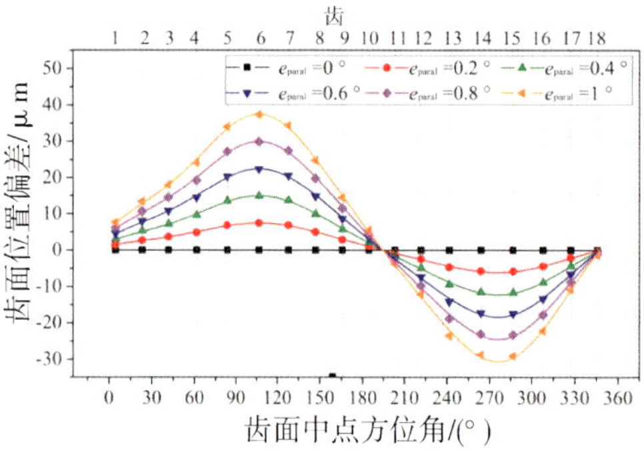

(a)

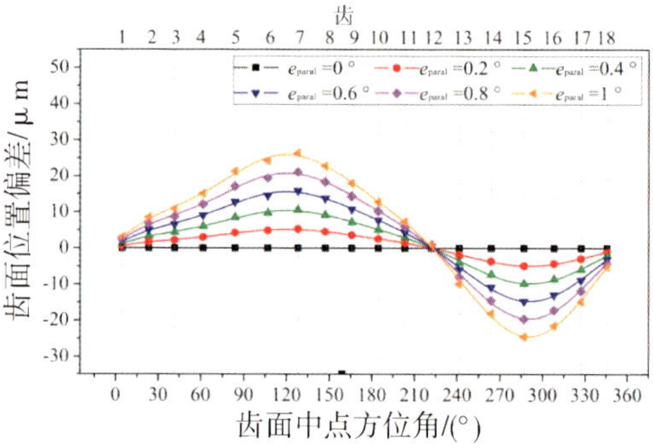

(b)

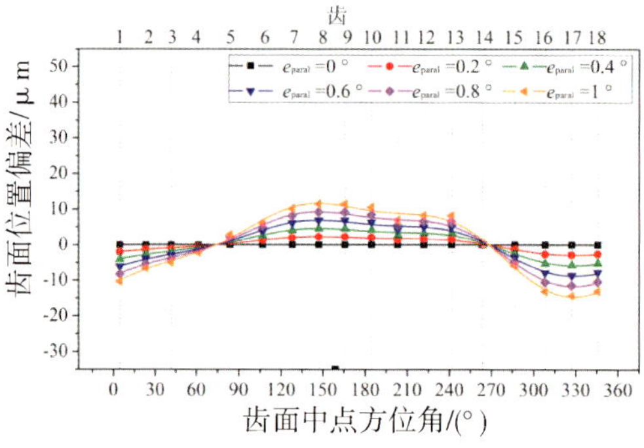

(c)

(a)$\psi_1=0°$；(b)$\psi_1=45°$；(c)$\psi_1=90°$

图 7-58　e_{paral}对齿面位置偏差影响

从图7-59可以看出，e_{paral}的方位角ψ_3对δ曲线的变化趋势有显著影响，这说明不同ψ_3下各齿间的齿面偏移趋势存在显著差异，这是因为随着ψ_3的改变，各齿面中点的方位角θ与ψ_3的相对位置发生改变，进而影响各齿面的受力状态，最终导致齿面位置偏移程度和偏移方向发生改变。随着ψ_3的增大，δ曲线的波动幅度呈先减小后增大的趋势，即当应力圈椭圆长轴与直齿非圆锥齿轮长轴越接近正交，齿面位置偏差曲线的波动幅度越小。

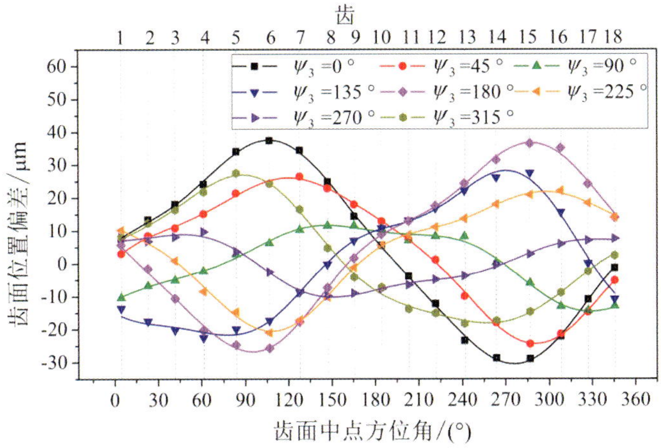

图7-59　ψ_3对齿面位置偏差影响

从图7-60可以看出，随着e_{paral}的增大，齿距累积偏差呈线性增大的趋势，随着ψ_3的增大，齿距累积偏差呈类余弦曲线变化。这说明当模具平行度误差的方向与直齿非圆锥齿轮长轴越接近正交，e_{paral}对齿距累积偏差的影响越小。

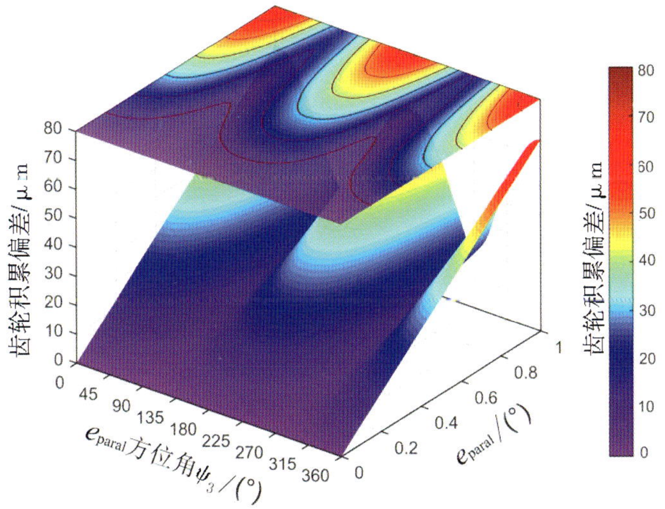

图7-60　e_{paral}及其方位角ψ_3对齿距累积偏差影响云图

7.5.4　直齿非圆锥齿轮热锻齿形偏差控制方法

1. 直齿非圆锥齿轮热锻齿形偏差补偿方法

根据上述所得直齿非圆锥齿轮终锻件齿形偏差，本节采用反向补偿方法将齿形偏差值补偿到齿轮热锻件上,并根据补偿后的热锻件设计热锻齿模,从而达到对热锻齿轮齿形偏差修正的目的。将热锻直齿非圆锥齿轮齿形上任一点 $P(x_0, y_0, z_0)$ 的坐标值沿着齿面法向反向偏移,即可得到补偿后的点坐标 $P'(x, y, z)$,如式(7-1)所示。根据反向补偿后的点坐标进行曲线和曲面拟合,最终建立补偿后的直齿非圆锥齿轮锻件。图 7-61 为直齿非圆锥齿轮齿形精度补偿示意图。以补偿后的锻件造型为基准对模具进行布尔求差运算,即可生成考虑齿模偏差补偿的修正齿模。图 7-62 为补偿前后齿轮锻件齿形法向偏差分布云图,从该图可以看出,补偿后的齿轮锻件齿面偏差值基本小于 10μm,说明所提出的直齿非圆锥齿轮齿形偏差补偿方法能够有效提高锻造齿轮精度。

$$\begin{bmatrix} x \\ y \\ z \end{bmatrix} = -\Omega \boldsymbol{n}_{r0}(u,v)\begin{bmatrix} x_0 \\ y_0 \\ z_0 \end{bmatrix} \tag{7-1}$$

式中,Ω 为测量点处齿形综合偏差;$\boldsymbol{n}_{r0}(u,v)$ 为该点处齿面法向量。

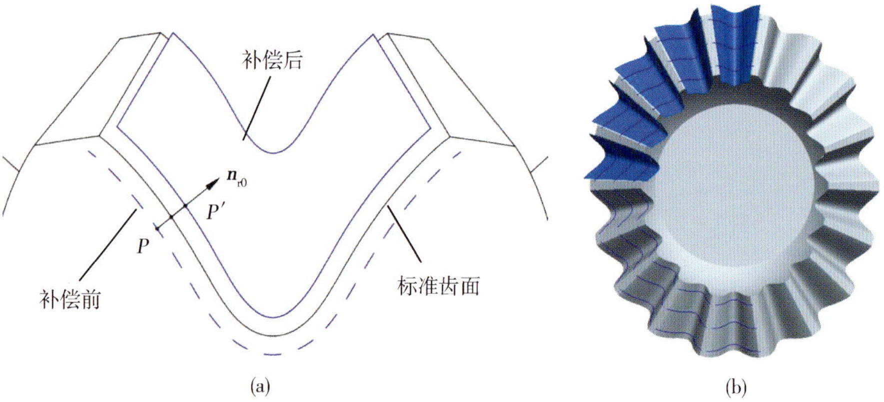

(a)齿面偏差补偿原理图;(b)补偿齿面建模示意图

图 7-61　直齿非圆锥齿轮齿形精度补偿示意图

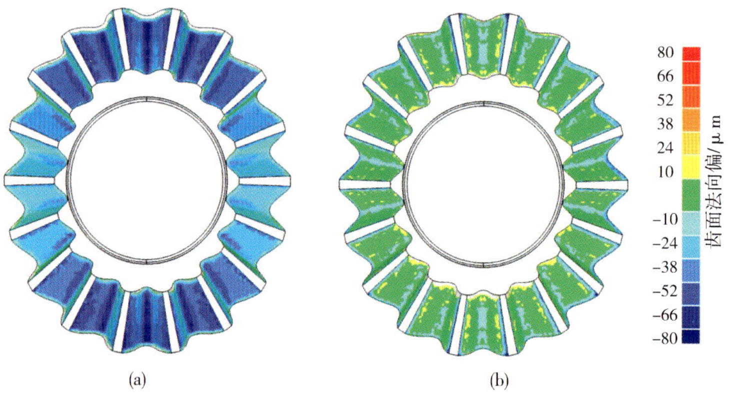

(a)补偿前;(b)补偿后

图 7-62　补偿前后齿轮锻件齿形法向偏差分布云图

2. 基于系统误差匹配的齿形精度调控方法

上述三类系统误差的方位角 ψ_1、ψ_2、ψ_3 对齿形精度有显著影响,并且 ψ_1、ψ_2、ψ_3 之间的相互位置关系可以进行精确控制,因此本节提出一种基于三类系统误差方位角匹配的齿形精度控制方法。该方法的主要原理为:通过寻找三类系统误差方位角间的一组匹配方案,使得三类系统误差所致的齿形偏差间产生相互抵消的效果,从而达到提高齿形精度的目的。采用优化算法对三类系统误差方位角进行寻优,获得最优方案为 $\psi_1 = 92.5°$、$\psi_2 = 153.3°$、$\psi_3 = 239.5°$。图 7-63 为基于系统误差最优匹配的齿面位置偏差修正效果图。从该图可以看出,直齿非圆锥齿轮终锻件的齿面位置偏差在±6μm 以内,齿距累积偏差 $F_p = 11.6$μm,齿形精度提升效果显著。

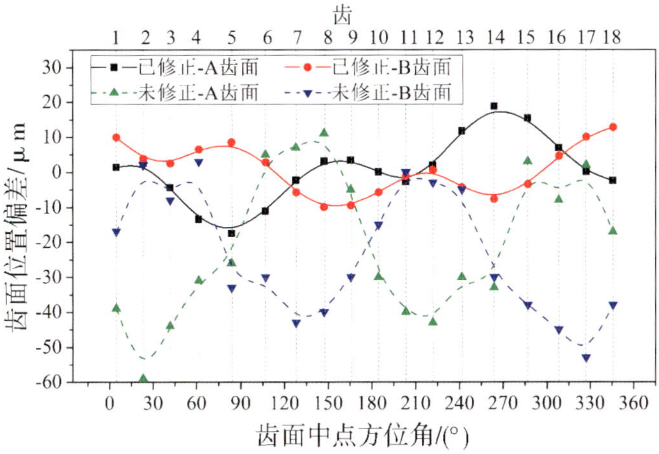

图 7-63　基于系统误差最优匹配的齿面位置偏差修正效果图

3. 验证试验

直齿非圆锥齿轮热锻成形验证试验如图 7-64 所示。采用三坐标测量仪对直齿非圆锥齿轮锻件进行精度测量,获得热锻齿轮样件齿面形状偏差在[13,15]μm 以内,齿面位置偏差平均波动幅值约为 37μm,相比修正前齿面形状偏差[-44,30]μm 和齿面位置偏差平均波动幅值 70μm,提升效果明显,试验结果有效验证了所提出的齿形偏差控制方法是有效的。

(a)　　(b)

(a)热锻成形试验;(b)齿轮锻件精度测量

图 7-64　直齿非圆锥齿轮热锻成形精度控制验证试验

参考文献

[1] 邓小宾.锥齿轮冷摆辗精密成形规律和工艺参数优化设计[D].武汉:武汉理工大学,2010.

[2] 董丽颖.直齿锥齿轮冷摆辗宏观变形与微观组织研究[D].武汉:武汉理工大学,2015.

[3] 冯玮,李明丽.浮动凹模温精密成形圆柱斜齿轮变形规律分析[J].精密成形工程,2017,9(1):35-40.

[4] 冯玮,徐富家.20CrMnTiH 热压缩微观组织演变及动态再结晶模型[J].塑性工程学报,2014,21(3):78-84.

[5] 冯玮.圆柱螺旋齿轮精密成形规律与工艺优化的研究[D].武汉:武汉理工大学,2011.

[6] 冯玮.圆柱螺旋齿轮冷精锻成形的三维刚塑性有限元模拟[J].热加工工艺,2010,39(11):91-93,96.

[7] 冯玮.圆柱螺旋齿轮温精密成形的三维热力耦合温度场有限元分析[J].热加工工艺,2012,41(15):93-95,98.

[8] 何祝斌,初冠南,张吉,等.锻造技术的发展:从前八届国际塑性加工会议看锻造技术的发展[J].塑性工程学报,2008,15 (4):13-18.

[9] 胡忠民.齿轮精密锻造技术的发展[J].塑性工程学报,2002,9 (4):79-82.

[10] 金俊松,夏巨谌,王新云,等.螺旋圆柱齿轮冷挤压成形三维有限元分析与工艺优化[C]//中国机械工程学会塑性工程分会.第三届全国精密锻造学术研讨会论文集.盐城:2008,12:85-91.

[11] 李元洪,刘华,刘丹,等.斜齿圆柱齿轮冷精确成形数值模拟研究[J].机械传动,2010,34 (3):1-3.

[12] 吴昊.螺旋齿轮温精密塑性成形数值模拟[D].合肥:合肥工业大学,2008.

[13] 夏巨谌.典型零件精密成形[M].北京:机械工业出版社,2008.

[14] 肖红生,林新波,张质良,等.温锻精密成形技术及其有限元模拟[J].锻压技术,2000,(2):3-6.

[15] 薛克敏,李晓冬,李萍,等.圆柱斜齿轮浮动凹模冷挤压成形仿真与实验研究[J].中国机械工程,2012,23 (4):464-468.

[16] 张心昌.汽车齿轮成形装备运动学分析和结构优化设计[D].武汉:武汉理工大

学,2015.

[17] 张质良.温塑性成形技术[M].上海:上海科学技术文献出版社,1986.

[18] 中国锻压协会.锻造工艺模拟[M].北京:国防工业出版社,2009.

[19] DEAN T A.The net-shape forming of gears[J].Materials and Design,2000,21(4):271-278.

[20] DONG L Y,HAN X H,HUA L,et al.Effects of rotation speed ratio of double eccentricity bushings on rocking tool path in cold rotary forging press[J].Journal of Mechanical Science and Technology,2015,29 (4):1619-1628.

[21] FENG W,FU Y H.High temperature deformation behavior and constitutive modeling for 20CrMnTiH steel[J].Materials and Design,2014,57:465-471.

[22] FENG W,HUA L,HAN X H.Finite element analysis and simulation for cold precision forging of a helical gear[J].Journal of Central South University of Technology,2012,19 (12):3369-3377.

[23] FENG W,HUA L,MAO H J,et al.Numerical simulation of the dynamic recrystallization behaviour in hot precision forging helical gears[C]//Proceedings of the 4th International Conference on New Forming Technology,2015,21:120-126.

[24] FENG W,HUA L.Multi-objective optimisation of process parameters for the helical gear precision forging by using Taguchi method[J].Journal of Mechanical science and Technology,2011,25(6):1519-1527.

[25] FENG W,HUA L.Process Parameters Optimisation for Helical Gears Precision Forging with Damage Minimization[C].International Conference on Digital Manufacturing & Automation,Changsha,China,2010,2:117-120.

[26] FENG W,MEI Y F,YAN K,et al.Billet design optimization of helical gears precision forging based on response surface method and FEM simulation[J].Advanced Materials Research,2011,189-193:4168-4172.

[27] FENG W,QI D J ,WANG F,et al.Three-dimensional FE simulation of cold precision forging of helical gear with the flow relief-hole method[J].Advances in Engineering Research,2016,1095:1416-1421.

[28] HAN X H,DONG L Y ,HUA L,et al.Microstructure and texture evolution in cold rotary forging of spur bevel gears of 20CrMnTi alloy[J].Journal of Materials Engineering and Performance,2016,25 (3):1182-1190.

[29] HAN X H,HU Y X,HUA L.Cold orbital forging of gear rack[J].International Journal of Mechanical Sciences,2016,117 (10):227-242.

[30] HAN X H,HUA L,ZHUANG W H,et al.Process design and control in cold rotary forging of non-rotary gear parts[J].Journal of Materials Processing Technology,2014,214 (11):2402-2416.

[31] HAN X H,HUA L.3D FE modeling of cold rotary forging of a ring workpiece[J].Journal of Materials Processing Technology,2009,209 (12-13):5353-5362.

[32] HAN X H,HUA L.Effect of size of the cylindrical workpiece on the cold rotary-forging process[J].Materials & Design,2009,30(8):2802-2812.

[33] HAN X H,HUA L.Friction behaviors in cold rotary forging of 20CrMnTi alloy[J].Tribology International,2012,55 (11):29-39.

[34] HAN X H,HUA L.Prediction of contact pressure,slip distance and wear in cold rotary forging using finite element methods [J]. Tribology International, 2011, 44 (12): 1742-1753.

[35] HAN X H,ZHANG X C,HUA L.Calculation method for rocking die motion track in cold orbital forging[J/OL].Journal of Manufacturing Science and Engineering-Transactions of the ASME,2016,138 (1),014501:1-9.

[36] IRANI M,TAHERI A K.Effect of forging temperature on homogeneity of microstructure and hardness of precision forged steel spur gear[J].Materials Chemistry and Physics, 2008,112(33):1099-1105.

[37] OHGA K,KONDO K,JITSUNARI T.Research on precision die forging utilizing divided flow(5th report,application to actual machine parts)[J].Bulletin of the JSME,1985,28 (244):2451-2459.

[38] OSAKADA K,WANG X,HANAMI S.Precision forging of helical gear with axially driven die[C]//Advanced Technology of Plasticity 1999.Nuremberg,Germany,1999:787-792.

[39] OURA M,KONDO K.Precision forging of helical gears utilizing divided-flow method[C]. The Seventh Asia Symposium on Precision Forging.Guilin,China,2000:67-70.

[40] WU S T,FENG W,XUAN U.Constitutive modeling for flow behavior of 20CrMnTiH steel considering strain effects[J].IRONMAKING & STEELMAKING,2015,42(7):481-48.